みんなの
モーターサイクル工学講座
運動のひみつ

[監修]

自動車技術会

二輪車の運動特性部門委員会

公益社団法人 自動車技術会

はじめに

本書をお手に取っていただいておられる方のほとんどは，モーターサイクルあるいは自転車に乗ることができるでしょう．しかし，自転車を含む二輪車の運動特性について説明を求められたときに，経験的に言及することはできても，科学的に論じることは難しく，説明に苦労される方が多いと思います．二輪車の運動を扱った工学書はいくつかありますが，数式による理論的な解説を主としたものが多く，運動を専門とした研究者以外にはなかなかなじみの薄いものとなっているのが現状です．また，二輪車を開発するメーカーにおいては，運動特性の解析はコンピュータシミュレーションを活用するようになってきています．しかし，二輪車の運動は考慮すべき動きが多く複雑であるため，解析理論がブラックボックスとなっているシミュレーション・ソフトウェアも少なくありません．こういった背景から，二輪車の基礎運動理論を理解したエンジニアが減少しているのが現状です．

自動車技術会では，2017 年から「モーターサイクル工学基礎講座」を開講し，二輪車の開発に携わる若手の技術者育成の場として活用されています．この講座に設けられた，「運動性能」「タイヤ工学」「人間・二輪車系」「サスペンション」という運動特性に関わる 4 つの科目の教材作成を，国内二輪メーカー，部品メーカーおよび学術機関の委員で構成される二輪車の運動特性部門委員会が担当しました．この講座向けに作成した教材は，多くの受講者から「二輪車の運動理論の基礎をやさしく解説されている」と評価されました．そこで，2020 年 2 月には教材を活用し，一般の二輪ユーザーに向けた工学講座「みんなのモーターサイクル工学講座」を開催するに至りました．

この「モーターサイクル工学基礎講座」の教材を基にした記事を，自動車技術会の会誌「自動車技術」2020 年 4 月号から 21 年の 3 月号までの全 10 回で連載．さらに，「ブレーキ工学」の記事を新たに作成し，2021 年 9 月および 10 月号に掲載しました．本書は，それらの記事を中心に，基礎講座のカリキュラムに含まれる内容を網羅する形で加筆修正した構成となっています．特に，誰もがその面白さに気づいていただけるよう，シンプルなイラストを大きく配し，専門用語を極力避けて平易な言葉で説明するなど，工学的予備知識のない方でも理解しやすく，読みやすい内容を目指しました．ですから，運動を専門としない技術者やデザイナーでも，読み進めやすいものになっているでしょう．一方で，運動を専門とする技術者にとっては物足りないと感じられる方がおられるかもしれませんが，専門外の同僚，後輩に説明する際には，有用な書籍になると考えております．

また，ご家族のお子様から「なんで自転車は倒れないの？」，「どうして曲がるときに自転車は倒れるの？」といった質問を受けて，答えに窮した方も多いのではないでしょうか．ぜひ，本書をご家族とのコミュニケーションの一助としていただければ幸いです．

2022 年 3 月　二輪車の運動特性部門委員会
委員長　内山　一

目 次

第3章　二輪車の運動性能 #2

第4章　人間・二輪車系

第5章　サスペンション

第6章　ブレーキ工学

講座の進行をサポートしてくれるキャラクタを紹介します

キャラクタデザイン／イラスト：アオキシン

くろまめ博士

モーターサイクル工学講座の指南役．正体不明の謎の生物だが，工学博士らしい． 鼻が「大きい黒豆」のような形状から，そのあだ名が付いた．

はじめくん

オートバイ乗り代表。
オートバイ歴7年というごくごく普通の平均ライダ．最近メカのことに興味津々．愛車のモーくんが大好き．

モーくん

はじめくんの愛車．
意思を持ってしゃべりますが，くろまめ博士だけには言葉が通じる様子．メーカ，車種，排気量などは一切不明。

第1章
二輪車の運動性能 #1

1.1 運動の特徴とメカニズム

運動の基礎と四輪車との違い

二輪車の運動って，どんな特徴があるの?

二輪車の運動の特徴

二輪車は，四輪車に比べコンパクトで小回りがきく，機動性の高い乗り物です．そのため，今日においても新聞や郵便，食品などの配達に多く用いられているとともに，パーソナルな移動手段として使われています．

利便性の高い二輪車ですが，上図に示すように，その操縦や運動は四輪車に比べると特徴的です．低い速度ではフラフラして適切に操作しないと倒れてしまいます．しかし，速度を上げていくとまっすぐ走ります．曲がるときは車体を倒し込まなければならず，強くブレーキをかけると大きく前のめりになります．二輪車がおもしろい乗り物と感じるのは，これらの特有の運動をライダが自身の身体で操るという特徴があるからではないでしょうか．

これらの特徴的な二輪車の運動について，これまでにさまざまな学術的研究が行われており，すべての現象が解かれているわけではありませんが，基本的な運動性能は明らかにされています．

二輪車の運動性能を工学的に理解することができれば，感覚的には分かっていることを理論的に論じることができ，もっと安全に二輪車を楽しむことができるはずです．そこで，本書を通して，二輪車の運動の基礎を楽しく学んでいきましょう．

着目する運動

一般的に車両の運動は，「走る」「止まる」「曲がる」の三つの要素に分けて考えることができます．ここでは，特に「曲がる」について勉強していきます．

工学的に「曲がる」というのはどういうことかを説明します．図 1-1 は，二輪車を上空から見た図になります．二輪車が一定の速度で走っているとします．まず考えなければならないのは，進行方向に対して進路を変えることで，図 1-1A に示すように横に移動することです．これを「横運動」といいます．しかし，二輪車で「曲がる 」ことを想像した場合，この図に違和感を覚える方が多いかと思います．車体が進行方向に対して，平行に横移動しているからです．図 1-1C に示すように，横に移動すると同時に車体の向きを変える動きが加わります．これを「ヨー運動」や「ヨーイング」といいます．車両が「曲がる」とは，横運動とヨー運動を足し合わせることで表現できたことになります．

ここまでの説明は，実は四輪車の「曲がる」でも同じ話です．では，二輪車ならではの「曲がる」とは一体どこにあるのでしょうか．一つ目のポイントは，ハンドルの動きです．ハンドルを切る動作を操舵といいますが，四輪車では曲がりたい方向に操舵するのに対し，二輪車ではその操舵に加え，ハンドルが自然に切れるという特徴をもっているからです．

二輪車の「曲がる」を上空から見た平面で考える場合，横運動，ヨー運動に加え，操舵も合わせて考えていかなければなりません．

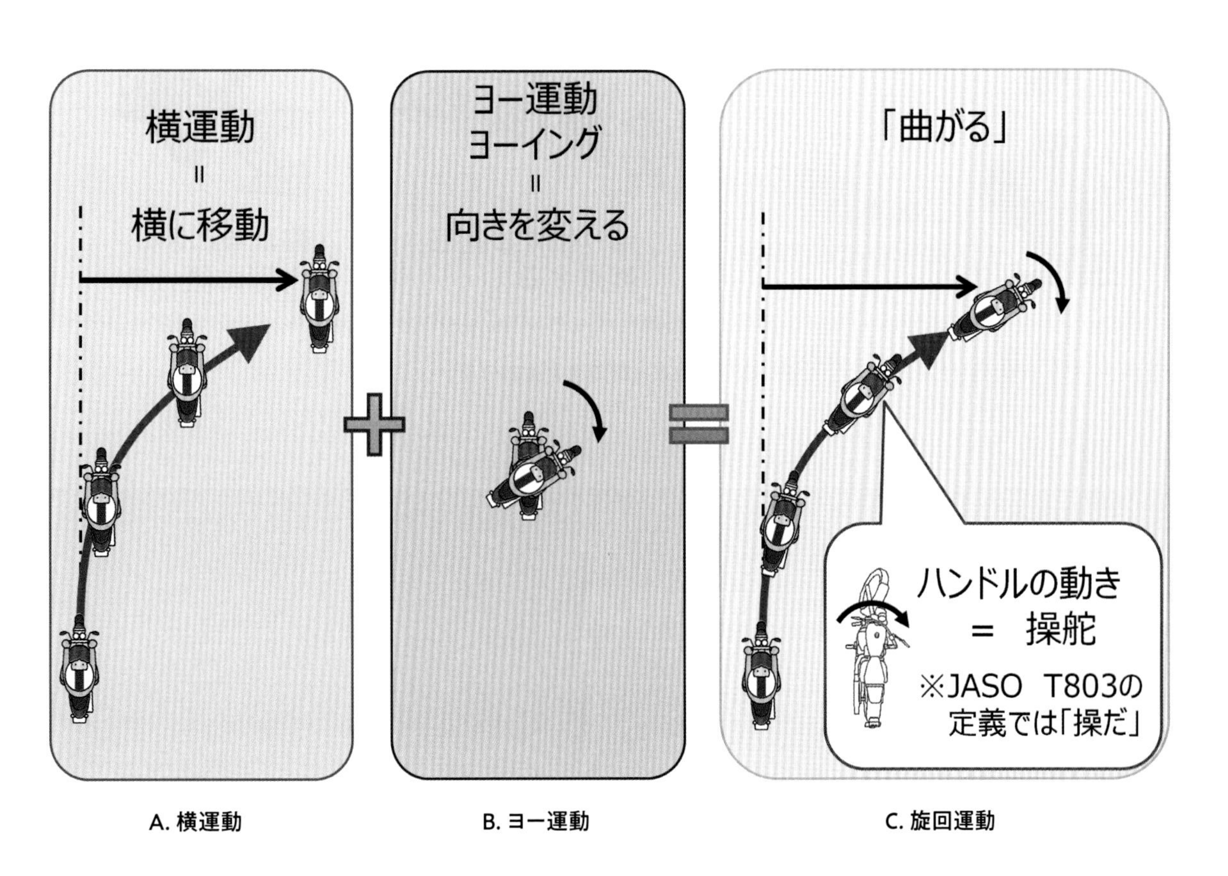

図 1-1　着目する運動

特徴的な運動

二輪車ならではの「曲がる」運動の二つ目のポイントは,「倒れる」という動きです．四輪車は名前の通りタイヤが四つ存在します．当たり前ですが，止まった状態でも「倒れる」ことはありません．しかし，二輪車はタイヤが二つしかなく，しかも，地面と接する面積も小さいですから，止まった状態では倒れてしまいます．この倒れる方向の動きを考える必要があります．この動きを「ロール運動」,「ローリング」あるいは「バンク」といいます．

停止状態では倒れてしまう二輪車ですが，走り出すと直立が維持でき，まっすぐ走ることができます．そして,「曲がる」ときに四輪車では旋回の外側に車体が傾いてしまいますが，二輪車では積極的に車体を逆方向である内側に傾けます．

二輪車の運動は,「曲がる」と「倒れる」が組み合わさって成り立っているのです．また，倒れずに直立するメカニズムについても理解する必要があります．

図 1-2　二輪車と四輪車の運動の違い

数字で見る二輪車の特徴

図 1-5 は，ある国産スポーツカーと国産スーパースポーツモーターサイクルの主要諸元データを比較したものです．一般的に加速性能を表すパワーウェイトレシオ(質量を出力で割った数値：小さいほど加速性能が良い)を算出し，比較してみましょう．

モーターサイクルの値はスポーツカーの 1/3 程度ですので，モーターサイクルの加速性能はスポーツカーのおおむね 3 倍くらい性能が良いといえます．また，重心高はモーターサイクルがやや高く，ホイールベースは約半分ですので，強烈な加速性能をもったパワーユニットを短い車体で受け止める必要があり，大きなピッチングが発生しやすいのです．

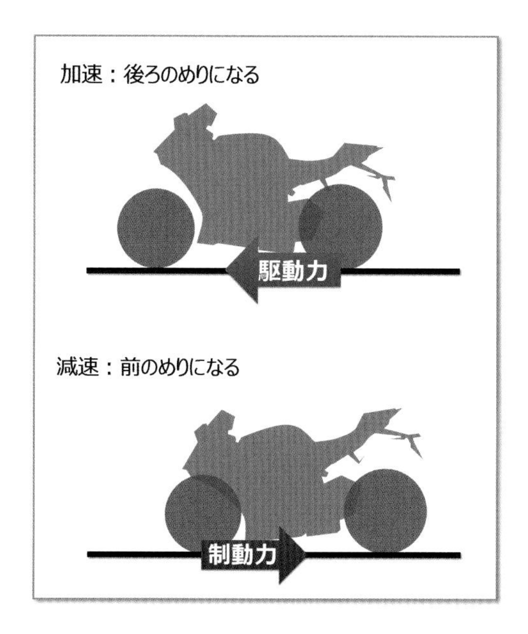

図 1-3　ピッチング運動

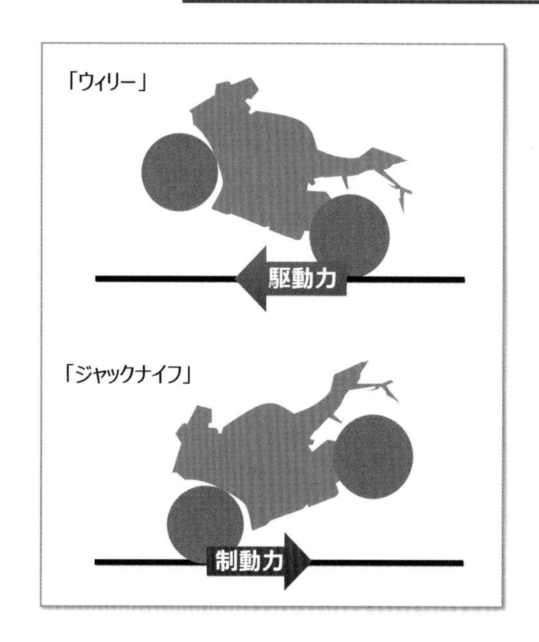

図 1-4　急操作によるピッチ運動

二輪車特有の運動としてもう一つ忘れてはならないのが，前後方向の動きに伴う回転運動です．一般的に，二輪車は四輪車と比べて前後車軸間の距離(ホイールベース)が短く，車体が軽量であるために，図 1-3 のように加速時に後のめりになったり，減速時に前のめりになったりする運動が大きく，速く発生します．こうした運動を，「ピッチ運動」あるいは「ピッチング」といいます．

図 1-4 は，ライダが意図的に急操作をした場合や，二輪車の中でも高出力なパワーユニットをもっている車両で発生しやすい挙動を示しています．加速のときに車体全体が後方に倒れ，前輪が地面から離れてしまう挙動を「ウィリー」，減速時に加速とは逆に車体全体が前にのめり，後輪が地面から離れてしまう挙動を「ストッピー」，「エンドー」または「ジャックナイフ」などといいます．

二輪車は横運動とヨー運動，操舵の動きに加えて，ロール運動とピッチ運動を考える必要があるのだよ

	四輪車 スポーツカー	二輪車 スーパー スポーツ車
車体質量 [kg]	1780	201
パワーユニット出力 [kW]	427	147
パワーウェイトレシオ [kg/kW]	4.17	1.37
ホイールベース [mm]	2630	1405
重心高 [mm]	440	530

図 1-5　二輪車と四輪車の諸元比較

なぜ二輪車は倒れないの?

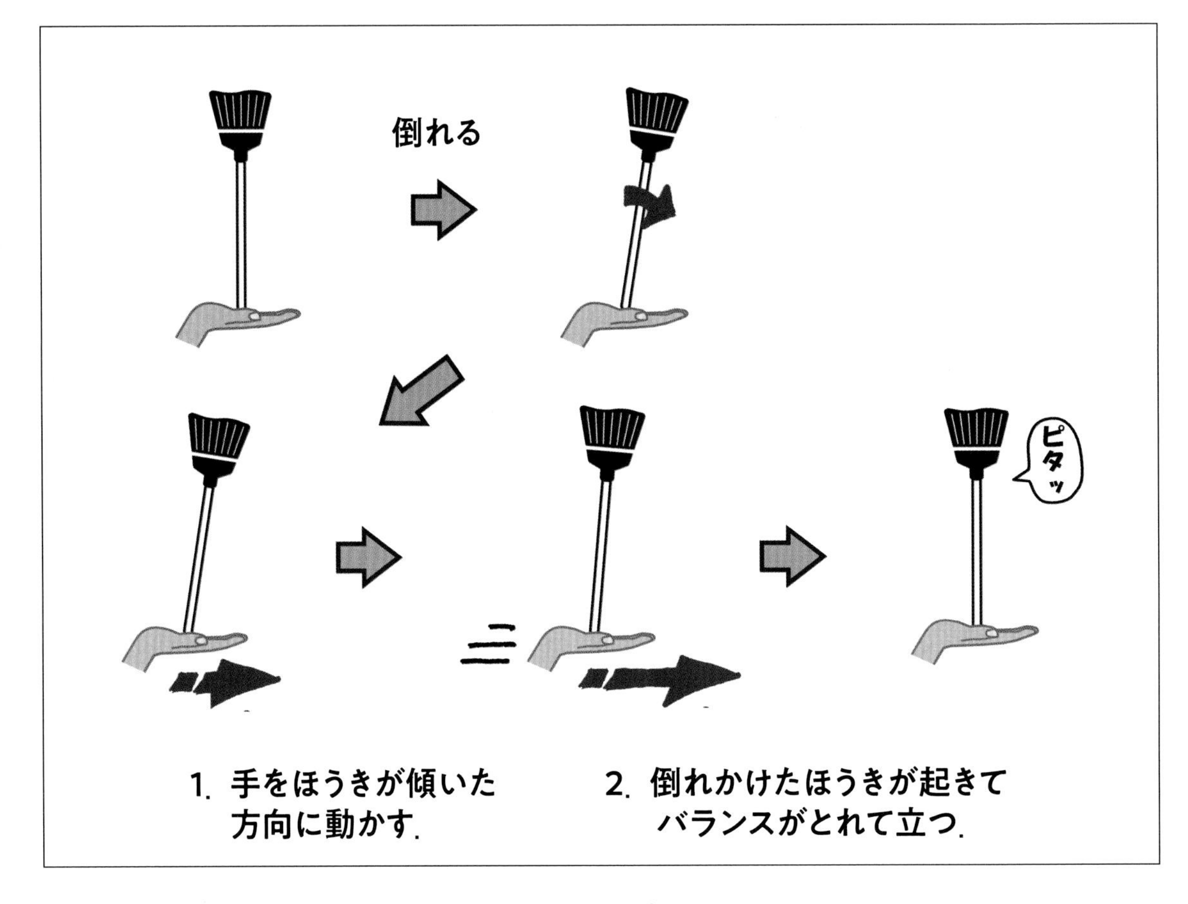

図 1-6　手のひらの上のほうき

倒れるものを立たせるには

二輪車の運動が「倒れる」ことに大きな特徴があることを説明しましたが，ではなぜ，二輪車は「倒れず」に走れるのでしょうか．倒れるものを立たせるにはどうしたらよいか，手のひらの上でほうきを立たせてみると分かります．図 1-6 のように，ほうきの柄の端を手のひらの上に載せてバランスをとってみましょう．倒れようとするほうきをまっすぐに立てるためには，ほうきを支える手を倒れる方向に動かします．結果，ほうきは元の位置とは違いますが，直立させることができます．このような逆さにしたほうきを工学的な専門用語で倒立振子(とうりつしんし，または，とうりつふりこ)と呼びます．これは，二輪車が走行しているときに直立するメカニズムと同じなのです．

では，二輪車はどのようにして直立を保てるのでしょうか．ほうきを使った倒立振子の動きを二輪車の運動に見立てると，ほうきが二輪車の車体，地面が手のひらに相当します．しかし，ほうきと違って，地面が動くことはできません．ですので，同じメカニズムで立つには，二輪車が傾いた方向に動く必要があるのです．

走行中の二輪車には，車体が傾いた方向にハンドルが切れようとする自動操舵機構(自己操舵機能ともいう)が備わっています．これは「セルフステア」と呼ばれています．この倒立振子の原理とセルフステアという機構で，二輪車は直立を保つことができます．その過程を説明していきましょう．

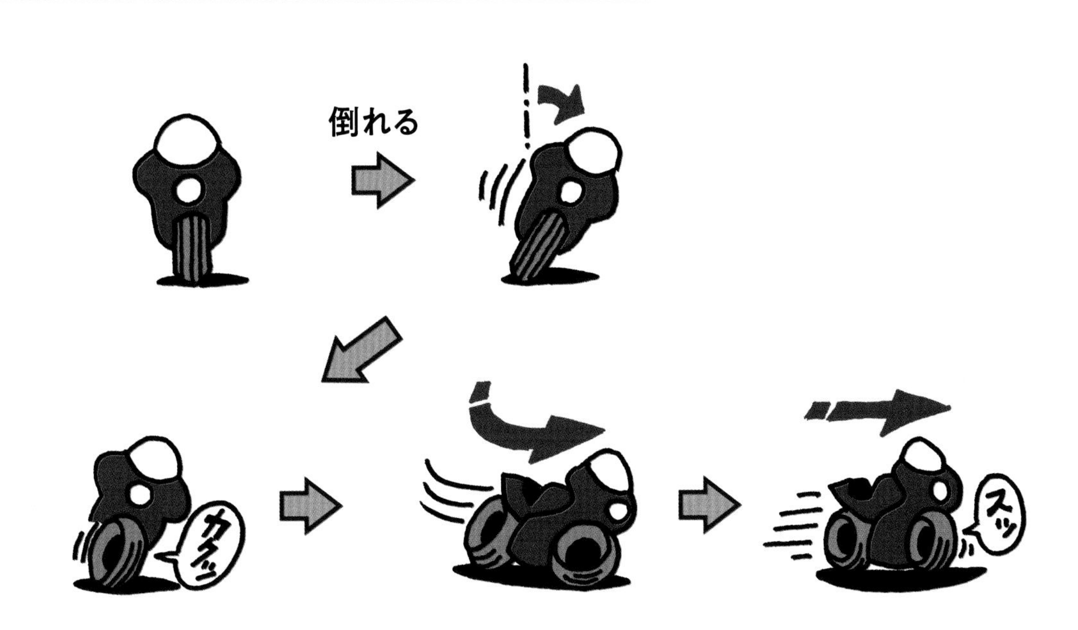

1. 二輪車には車体が傾いた方向にハンドルが切れようとする自動操舵機構が備わっている
⇒セルフステア

2. 傾いた方向にハンドルが切れることにより，わずかに左に旋回し車体が起きる．
⇒直立を保つ

図 1-7　二車輪が直立するメカニズム

二輪車が直立を保つメカニズム

図 1-7 は，二輪車を正面から見た図になります．直立して走行中の二輪車が左に倒れたとします．このとき，セルフステアにより倒れた方向である左にハンドルが切れます．この状態で前進すると，車体がわずかに左に旋回します．すると，倒れかけた車体が起き上がり，バランスがとれることで直立します．この運動が繰り返されることで直立が保たれるのです．

普段，二輪車や自転車でまっすぐに走行しているときに，私たちは倒れないように意識して操作をすることはありません．まっすぐ走ろうと思ったら，なんとなくまっすぐ走ることができると思います．それは，こうした自ら直立しようとする機能が走行中の二輪車自体に備わっているからであり，走行している二輪車は，わずかですが，常に左右に操舵しているのです．

二輪車の立つメカニズムは，
倒立振子とセルフステアで説明できるのだよ

キャスタ角の働き

二輪車が立つうえで重要となるセルフステアという機能ですが，二輪車のどこから発生するのでしょうか．

図 1-8 は，二輪車を真横から見た図です．ホイールやフォークなどの部品を前輪系あるいは操舵系といいます．通常，二輪車の操舵系の回転軸(操舵軸)は，地面に対して直角ではなく，角度がついています．これをキャスタ角と呼びます．また，前輪を支えるサスペンションの位置も操舵軸と同じ位置ではなく，若干ずらした位置に配置されています．このずれ量をフォークオフセットと呼びます．

セルフステアは，こうした操舵系の幾何学的設定(ステアリングジオメトリ)によって生み出されています．これらの設定値は，車両の運転のしやすさやライダにとっての安心感に直接的に影響を及ぼすだけでなく，その二輪車の狙いとする操縦特性を決定づけます．これらの設定による効果は大きく分けて二つあります．

1. キャスタ角／トレールによる効果
二輪車が横方向に傾くとき，タイヤが地面に接地する点が操舵軸より後方にあるため，地面とタイヤの間の荷重反力によって，操舵系が路面から回される力が発生します．

2. フォークオフセットと操舵系重心位置による効果
操舵系全体の重心位置が操舵軸よりも前方にあるために，自重によって回される力が発生します．

これらの二つの回転力の組み合わせによって，二輪車は自立することができるようになります．

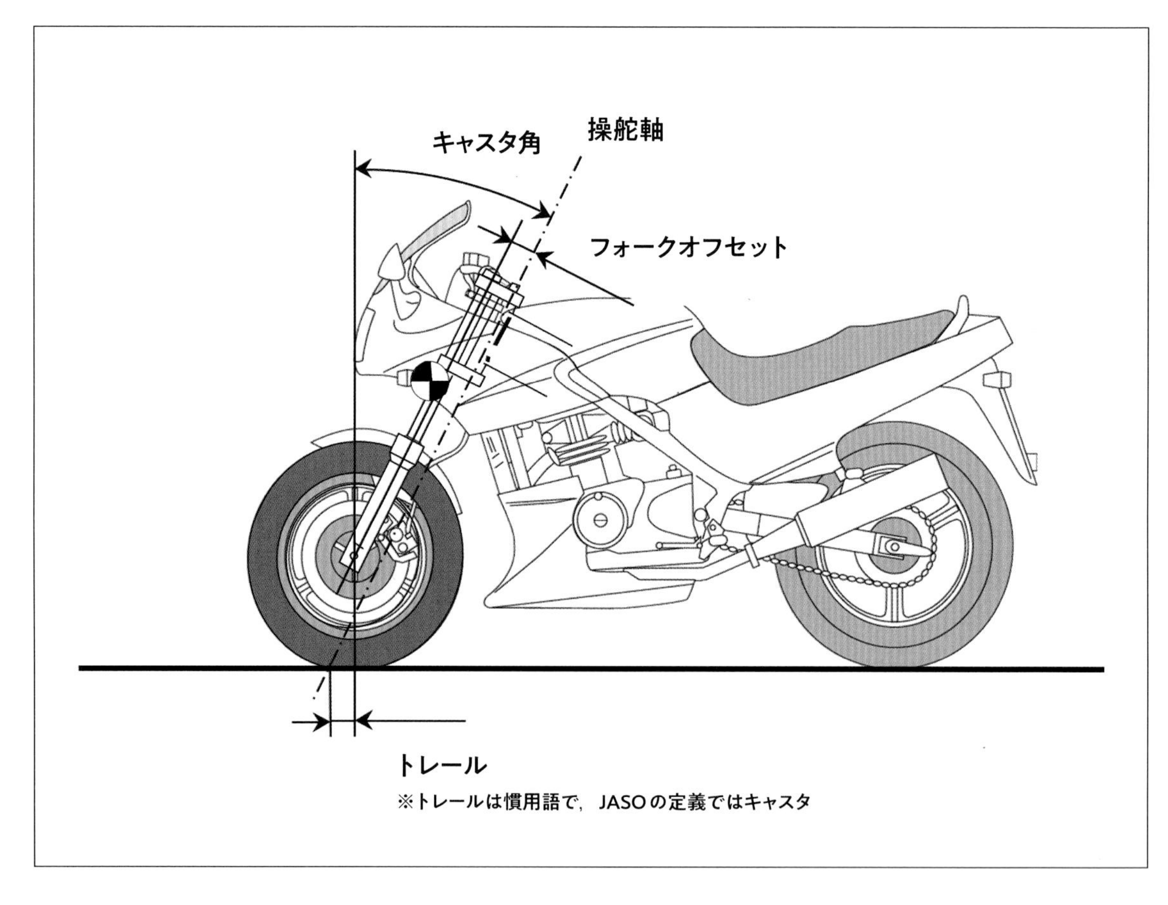

図 1-8　ステアリングジオメトリ

自転車で実験してみた

キャスタ角の働きによってセルフステアが発生することを勉強しました．では，キャスタ角をゼロに設定するとどうなってしまうのでしょうか．実験用にキャスタ角をゼロにした自転車を製作し，スタンダードな自転車とその運動特性を比較してみました．

実験は，自転車後部の荷台を手で保持し，車体をゆっくりと傾けるという要領で行ないました．どのような違いがあるか下図で見ていきましょう．

［スタンダード車］

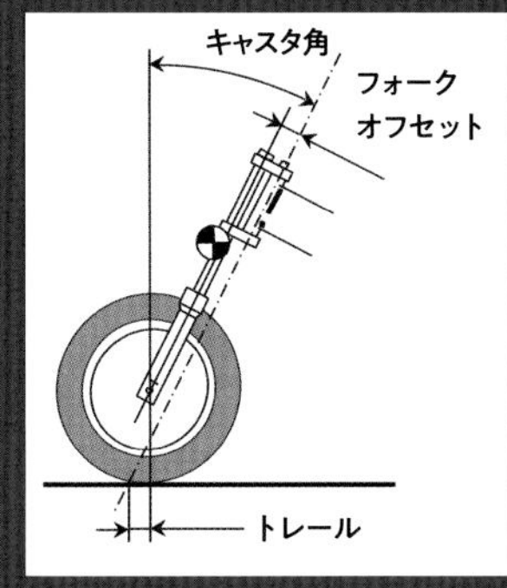

キャスタ角は 20 度，トレールは 41mm に設定されています．

スタンダード車では，傾けると自然にハンドルが切れていきます．

［ゼロキャスタ角車］

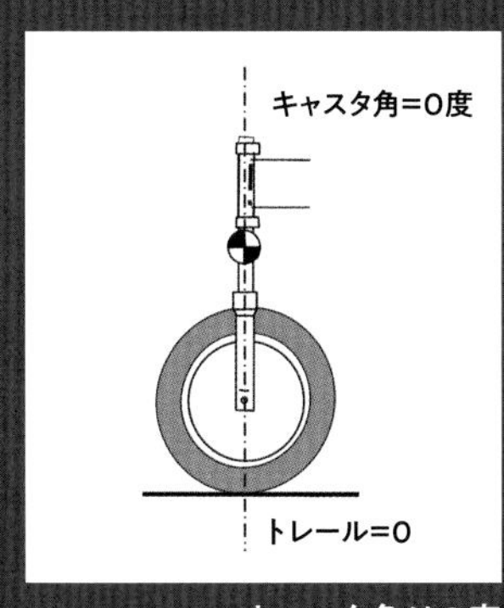

キャスタ角は0度，トレールも 0mm になるよう設計，改造しました．

ゼロキャスタ角車では，車体を傾けてもハンドルはまったく切れていかないのです．

ジャイロ効果とは？

速度が高くなると，ステアリングジオメトリ以外にも直立を保つ働きをする力が発生するようになります．それがジャイロ効果です．

二輪車の前輪で考えてみましょう．車輪は車軸周りに回転しながら転がっていますが，そのとき車体が右に傾くと，自然と舵(だ)が右に切れようとします．これをジャイロ効果といいます．この効果は，回転している車輪に向きを変化させるモーメントが加わると，車輪の回転軸とモーメントの回転軸に対し 90 度ずれた軸周りに，車輪を回転させるジャイロモーメントが生じるために起こります．冒頭で説明した前輪のジャイロ効果は，セルフステアと同じように二輪車が直立を保つ働きを持ちます．また，右に傾いて転がっている車輪がセルフステアで右に切れようとした場合，ジャイロモーメントは車輪を左に傾かせる方向に発生します．すなわち，車輪を起こすような働きをするのです．

ジャイロモーメントは車輪だけでなく回転をする部品に発生し，車体に連結されているとモーメントとして車体へ伝わります．そのため，エンジンやモーターなどのパワーユニットの回転も，車両の運動に影響を及ぼすことがあります．

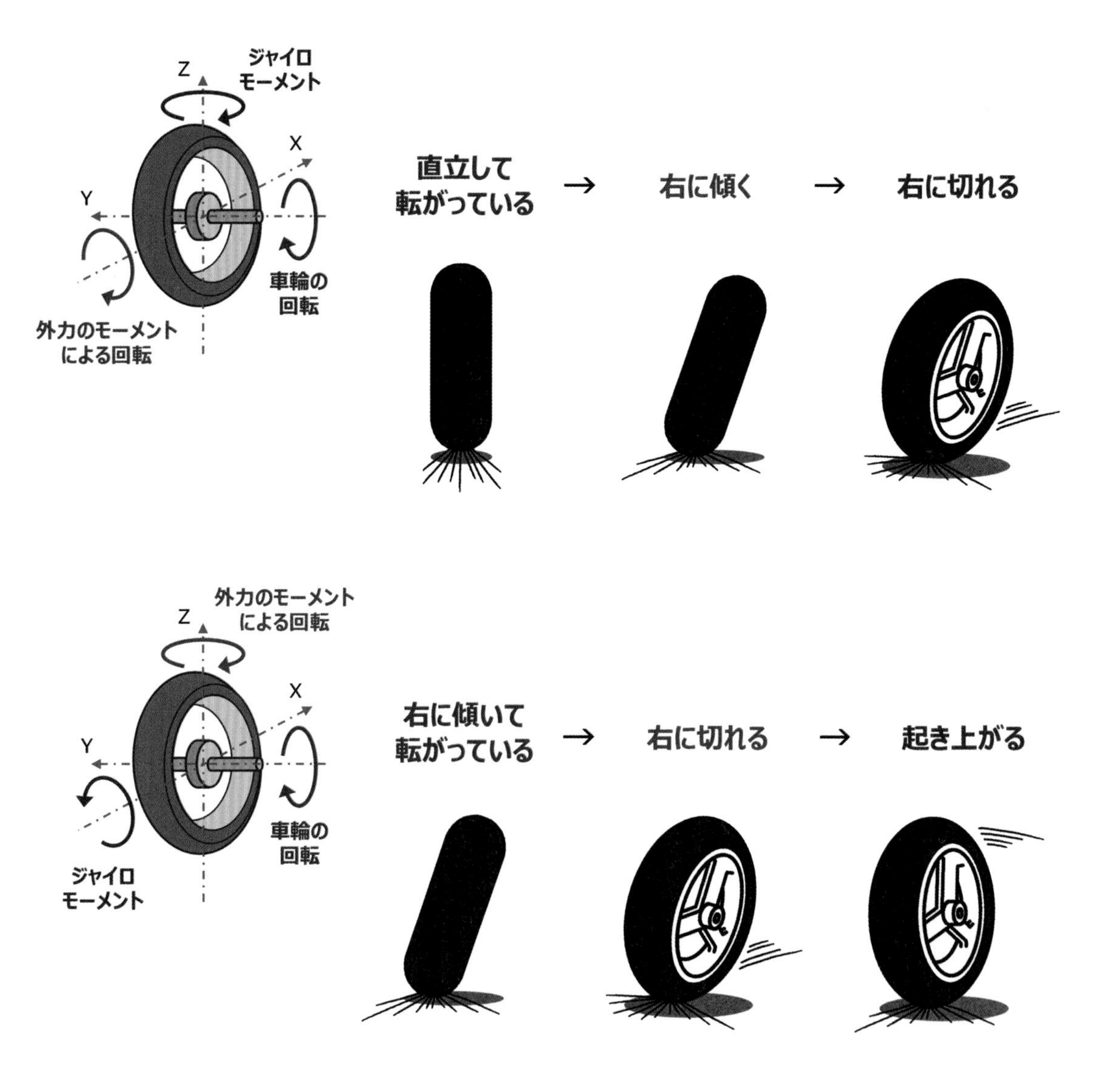

図 1-9　車輪の回転におけるジャイロ効果

運動の自由度って？

「曲がる」運動を学ぶ準備として，運動の方向について整理しておきます．まず，図 1-10 に示す四輪車で説明します．一般的に，車両をひとつの物体と考えて運動を説明する場合，車両に固定した 3 つの軸で考えます．車両前後方向の軸を X 軸，左右方向を Y 軸，上下方向を Z 軸とし，それぞれの軸が直交しているならば独立した変数になります．さらに，各軸廻りに回転します．これら 6 つの変数で，運動の状態を説明することができます．この運動の状態を決定するのに必要な独立した変数の数を自由度といい，この場合は 6 自由度といいます．「6 軸センサ」という言葉をよく耳にしますが，これは，この 6 自由度の動きを検出していることを意味しています．

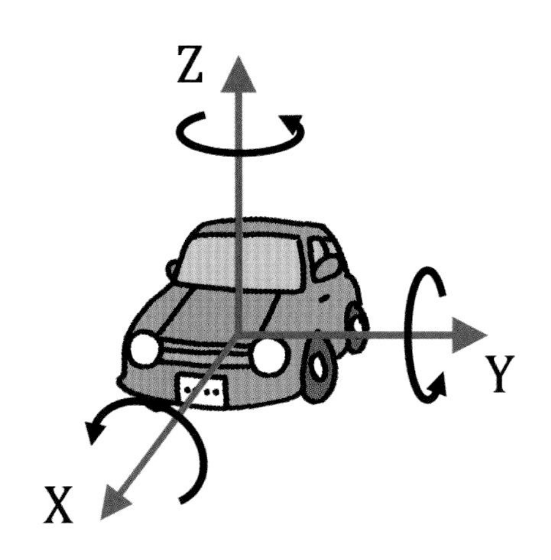

図 1-10　運動の自由度

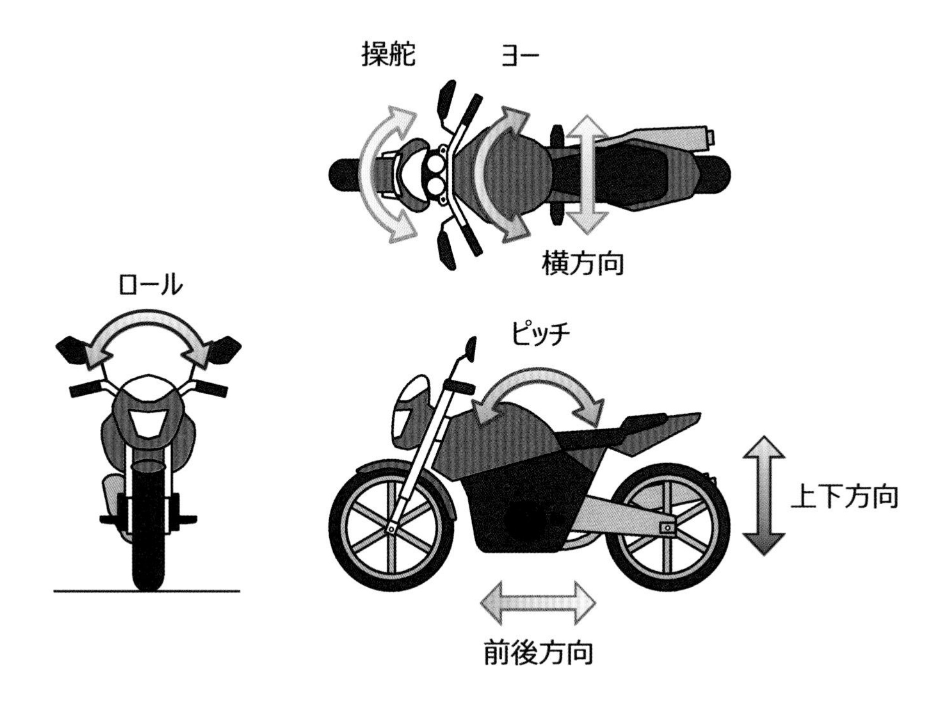

図 1-11　二輪車の運動自由度

では，図 1-11 に示す二輪車で考えてみましょう．「曲がる」運動は，横運動（y 軸方向の並進運動）とヨー運動（z 軸廻りの回転運動）の足し合わせであるとともに，倒れる動きであるロール運動（x 軸廻りの回転運動）を伴います．また，二輪車の操舵軸は，車体の動きとは別の動きができます．すなわち，操舵軸廻りの回転運動を考えなければならないのです．平坦な路面の上を一定の速度で走行する二輪車の「曲がる」運動を考える場合には，最低でもこれらの 4 自由度で考える必要があるのです．

これに加え，加減速を伴う場合や走行路面に凹凸がある場合は，ピッチ運動（y 軸廻りの回転運動），前後運動（x 軸方向の並進運動），ならびに上下運動（z 軸方向の並進運動）を考慮する必要があります．

1.2 二輪車の旋回運動

二輪車が「曲がる」基本

そもそも「曲がる」って何なんだ?

実は「曲がる」にも種類がある

二輪車が「曲がる」運動は，横運動，ヨー運動，操舵そしてロール運動の足し合わせであることを説明しましたが，足し合わせにはどんな法則あるのでしょうか．上図は，二輪車が曲がりながら走行する様々なシーンを描いたものです．狭いガレージからゆっくりと出てくるシーン．カーブが連続するワインディング路を気持ちよさそうに走行するシーン．そして，オーバルサーキットのような路面に傾斜(カント，バンクという)がついたカーブを高速で走行するシーンです．

こうした「曲がる」運動は，どんなときでも同じ法則に従うのでしょうか．ガレージのシーンではゆっくりとした速度で，あまり車体をロールさせずに大きく操舵しています．一方，ワインディング路では車速がより速く，車体も大きくロールしています．バンクのあるカーブでは水平に対してさらに大きくロールし，ほとんど操舵をしません．ロールの大きさ，操舵の大きさが走行シーンによって異なっています．

このように旋回する速度の違いで「曲がる」法則を分けて考えることができそうです．どのように分けて考えれば良いのか，その違いを踏まえてメカニズムを説明していきましょう．

極低速における「曲がる」

はじめにガレージのシーンに代表されるような，歩くようなゆっくりとした速度(極低速という)で「曲がる」場合を考えてみましょう．

極低速の「曲がる」走行では，車体に作用する遠心力(旋回中の外向きにかかる見かけの力)はとても小さいので，無視して考えることができます．このようなシーンで旋回する車体の走行軌跡は，タイヤの向きとの幾何学的な関係で表すことができます．

図 1-12 は，車体をロールさせずに旋回している二輪車を上から見た図です．車体の走行軌跡は円を描き，その円の中心(旋回中心)は前後それぞれのタイヤ中心点を通り，タイヤの向きと直角な２つの線の交点となります．したがって，前輪舵角が決まれば，旋回半径はホイールベースを用いて求められます．図中の式から分かるように，ホイールベースが長くなると旋回半径は大きくなり，前輪舵角が大きくなるほど，旋回半径は小さくなります．なお，極低速における最大舵角での旋回半径を，最小回転半径といいます．

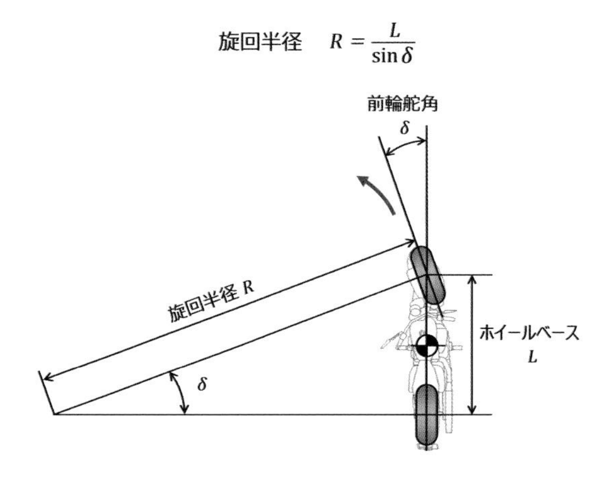

図 1-12　車体をロールさせず旋回させたときの旋回半径

数字で見る二輪車の特徴

図 1-13 は，配達等に使われる一般的な原付車と，大型スポーツ車が，住宅地に良く見られる狭い路地(4 m 幅の道路が多い)でＵターンをしている風景を描いたものです．配達車では一発でＵターンすることができますが，大型車では曲がりきれませんので，大型車で配達するのは少々大変かもしれません．

表には，それぞれの車両のホイールベース，前輪の最大舵角と計算上の最小回転半径を示します．大型車の最小回転半径が約 3 m であるのに対し，配達車は 2 m より小さいですから，4 m 幅の道路でも十分に余裕を持ってＵターンできるのです．このように，二輪車は，ユーザーの使い方を考慮して設計されています．

	配達用原付車	大型スポーツ車
ホイールベース [mm]	1180	1480
前輪最大舵角 [度]	45	30
最小回転半径 [m]	1.67	2.96

図 1-13　車種の違いによる最小回転半径の比較

速度を上げて曲がると何が起きるの？

一定速度で「曲がる」

次に，速度が速い場合の「曲がる」を考えていきましょう．速い速度で曲がる二輪車を想像した場合，加減速を伴うワインディング走行をイメージされると思います．この一連の運動はとても複雑ですので，単純化するために，図 1-14 に示すような一定の速度と旋回半径で「曲がる」運動を考えることにします．このような走行条件を「定常円旋回」といい，車両の特性を考えるうえで基本となる運動です．

アンダーステア，オーバーステアという言葉を聞いたことがあるかと思います．四輪車では定常円旋回に基づいた考え方として，ステア特性という指標がよく用いられます．これは，定常円旋回の状態から舵角を一定とし，徐々に旋回速度を上げた際の挙動を評価するものです．図 1-15 に示すように，速度の増加とともに旋回半径が大きくなる特性をアンダーステア，小さくなる場合をオーバーステア，変化が無い場合をニュートラルステアといいます．二輪車においてもステア特性に関する研究が行われていますが，二輪車における定常円旋回ではこれから説明する現象を踏まえて考える必要があります．

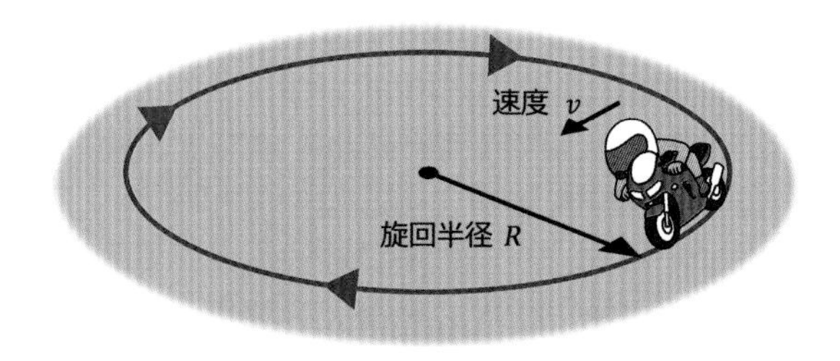

図 1-14　定常円旋回

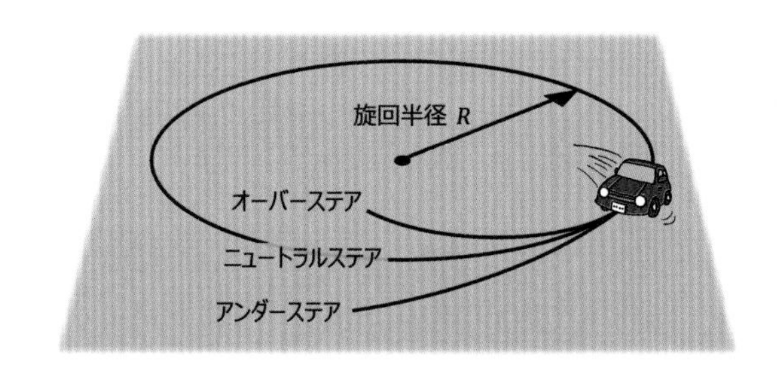

図 1-15　ステア特性

旋回中の車体にかかる力

旋回している車両に加わる力とその釣り合いについて考えてみましょう．図 1-16 は，定常円旋回する二輪車を上から見た図です．旋回中の車両には，見かけの力である遠心力が重心に働きます．その力の大きさは，図中の式に示すように速度と旋回半径で表すことができます．そのため，同じ半径で旋回した場合，速度が速いほど遠心力は大きくなります．

したがって，速度を上げた旋回を考える場合，極低速の旋回とは異なり車体に作用する遠心力の影響を無視することはできなくなります．

なお，遠心力については，コラム『遠心力とはどんな力？』にて解説しましたので読んでみてください．

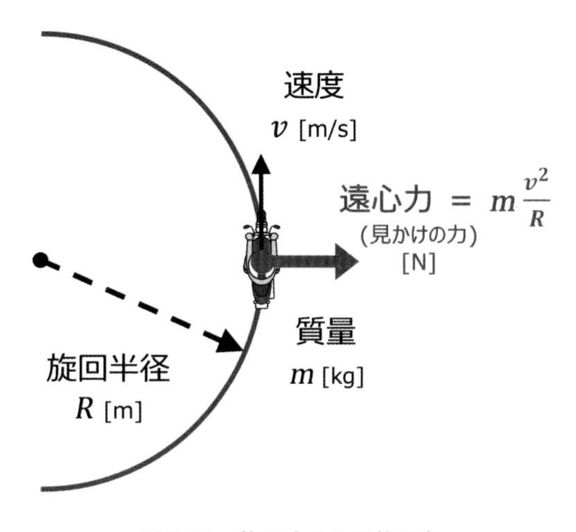

図 1-16　旋回中の力の釣り合い

遠心力とはどんな力？

二輪車の定常円旋回運動を理解するため，一定の円運動について糸とおもりの例で考えてみます．糸は非常に軽く伸びないものとし，その先端におもりをくくりつけます．図 1-17 のようにおもりがついていない端を手に持ち，一定の速度で回してみましょう．おもりは手を中心に回転運動します．このとき，おもりが進む速度は一定ですが，糸に引っ張られることによって進む向きが時々刻々変化していきます．この変化によって生まれる旋回中心の方向に向かう加速度を，向心加速度といい，速度と回転半径で求められます．この加速度と質量の積で求められる力を向心力といいます．

ところで，このとき糸を持つ手は引かれるように感じると思います．また，車両に乗って旋回すると外向きの力を感じると思いますが，これらが遠心力といわれるものです．この力は旋回運動で生じる向心加速度によって感じられる慣性力であり，向心力と同じ大きさで逆向きの見かけの力として表されます．

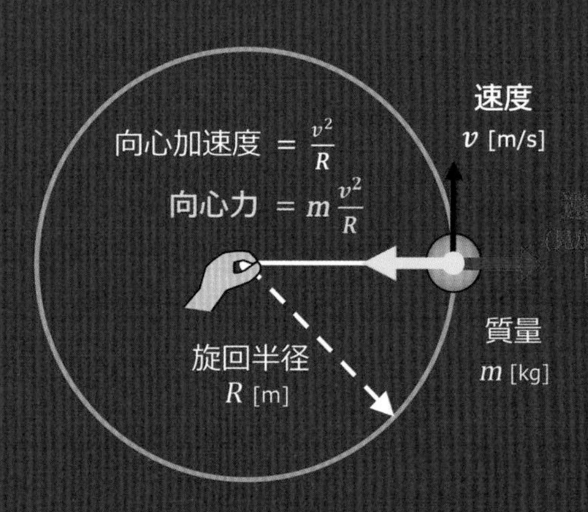

図 1-17　円運動における遠心力

四輪車の旋回とロール運動

車両は遠心力を受けて，どのような運動を示すのでしょうか．四輪車を例にとって考えてみます．図 1-18 は，左に旋回している四輪車を後ろから見たものです，

遠心力は，車体の重心点に作用しています（図 1-18 赤矢印）．さらに，重心点には重力が作用しており（図 1-18 青矢印），二つの合力は右下向き（図 1-18 緑矢印）の力になります．重心点はタイヤが接地する地面に対してある高さを持っていますから，この力によって，車体は右に倒れようとします．つまり，ロール運動を起こします．四輪車は，二つのタイヤが車体横方向に幅（トレッドという）をもってついていますから，即座に倒れてしまうことはありません．しかし，合力の方向が旋回の外輪接地点の外側となったとき，車体は転覆してしまいます．特に，トレッドの半分を重心高さで割ったものに重力加速度をかけたものを転覆限界加速度といい，車両の安定性指標として使われます．旋回による加速度がこの値を超えると転覆するのです．

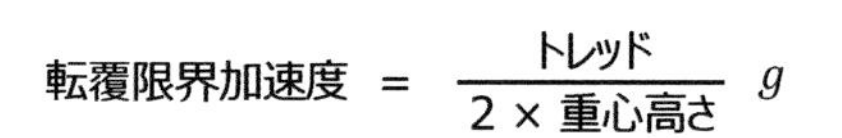

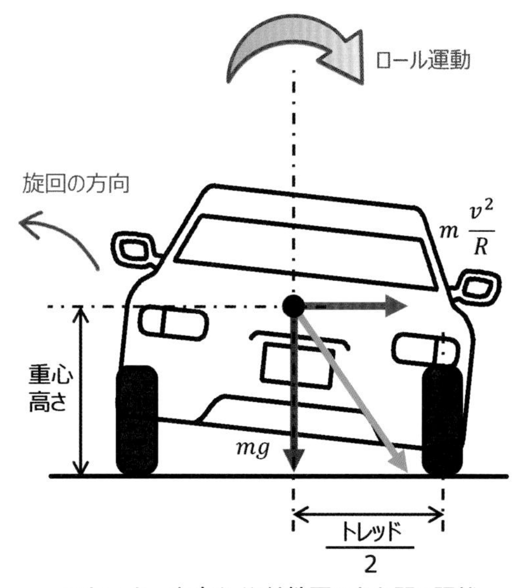

図 1-18　四輪車のロール運動

旋回とロール運動の関係

では，旋回する二輪車のロール運動について考えていきましょう．図 1-16 で示した，車体が直立したまま旋回している状態を，後ろから見て描いたものが，図 1-19A になります．

四輪車と同様に，遠心力は車体の重心点に作用しています(図 1-19A 赤矢印)．さらに，重心点には重力が作用しており(図 1-19A 青矢印)，二つの合力は右下向き(図 1-19A 緑矢印)の力になります．しかし，二輪車は前後に二つしかタイヤがありませんから，このままではタイヤ接地点を中心に，遠心力が作用する右回りの方向に車体が倒れてしまいます．どうすれば車体は遠心力で倒れないようになるのでしょうか．

まず，タイヤの力は無視して，重心点に作用する遠心力と重力だけを考えることにします．遠心力で倒されないようにする方法が，図 1-19B のように，倒される方向とは逆の旋回内側に車体を傾けることです．

これは，重力の分力(図 1-19B 紺色矢印)と遠心力の分力(図 1-19B 橙色矢印)を釣り合わせることを意味しています．この状態における重力と遠心力の合力は，タイヤの接地点を通ります．したがって，車体に乗っているライダから見ると，下向きに押し付けられる力のみが作用するようになり，バランスがとれて一定のロール角を維持できます．このバランスするロール角は力の釣り合いから計算することができ，力学的バンク角 (ロール角) と呼ばれます．また，前述したカーブの路面にカントやバンクを設けることで，車体をロールさせて合力の向きを接地点にあわせるのと等しい効果が得られるのです．

さて，ここまでは，車体の重心点に作用する力の釣り合いだけを考えてきました．しかし，図 1-19B の状態では，車両は緑色矢印で示した合力の方向に運動してしまいます．では，この合力はどんな力と釣り合うのでしょうか．

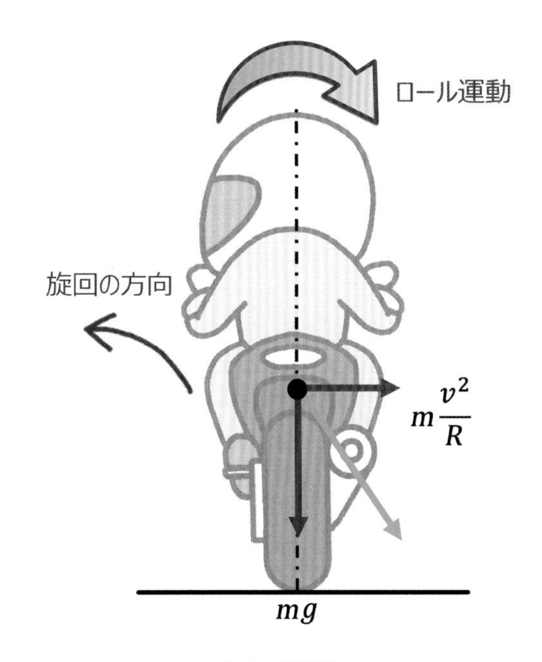

A. 直立した状態

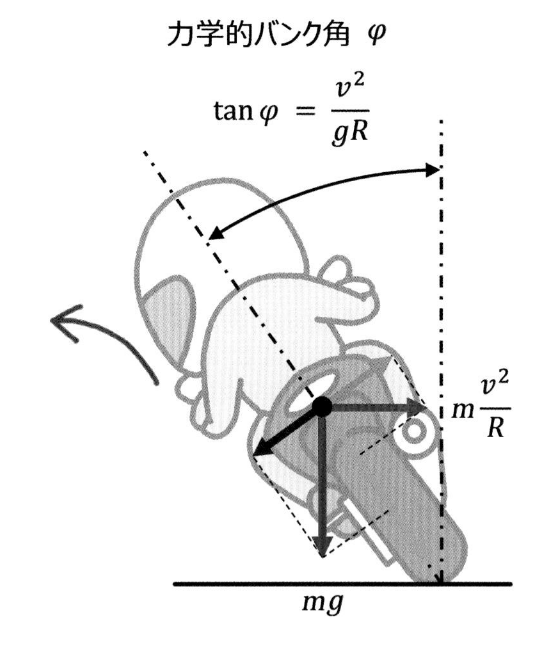

B. 車体をロールさせバランスした状態

図 1-19　二輪車のロール運動

「曲がる」ときの力の釣り合い

旋回中の二輪車を前から見たものが図 1-20A になります．先ほどの疑問であった遠心力と重力の合力に釣り合う力とは，路面から受ける垂直抗力とタイヤの発生する横力です．この垂直抗力と横力の合力が重心点に作用する合力と同じ大きさであるときにはじめて，タイヤ横力が向心力となり遠心力と釣り合い，一定のロール角での旋回運動が保たれます．では，車体をロールさせて定常円旋回している状態を上から見てみましょう（図 1-20B）．タイヤ横力は，前タイヤおよび後タイヤに発生します．このとき，前後タイヤ接地点は重心点から離れた位置にあるため，これらの力は，同じように遠心力に対して釣り合っていても，物理的な意味が異なってきます．

回転軸から力が作用する点までの距離に力をかけた「回す力」のことをモーメントといいます．前輪に発生する横力は，重心点よりも前方に作用するため，車体を反時計回り（＝ヨーイングを増加させる方向）のモーメントになります．一方，後輪は，重心点よりも後方に作用するため，車体を時計回り（＝ヨーイングを抑制させる方向）のモーメントとなります．これら前後のモーメントの釣り合いによって旋回状態が決まります．

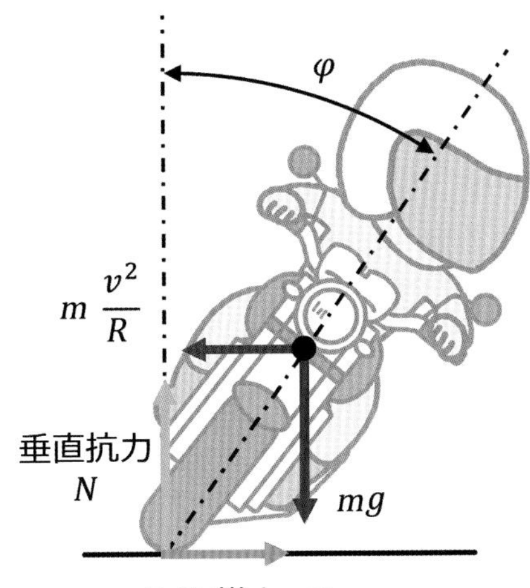

A. 前方から見た図

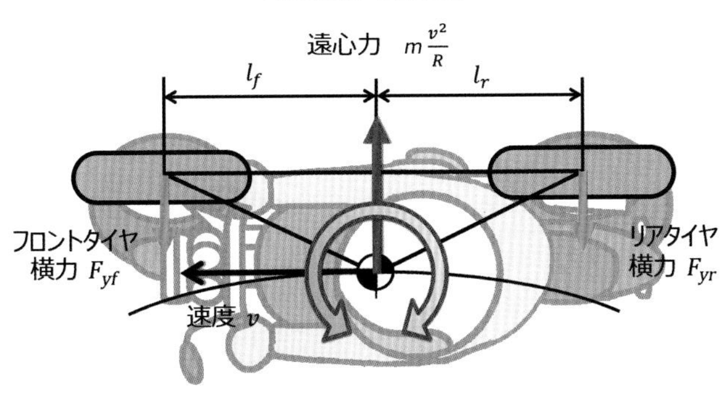

B. 上方から見た図

図 1-20　旋回運動におけるタイヤ力との釣り合い

重力と遠心力の合力の向きと車体のロール角が合うと車体がバランスし，このときすべての力は釣り合うのだよ

見かけと違う実際のロール角

二輪車のロール運動を考えるうえで，大事な要素があります．図 1-21 に示すように，二輪車用タイヤの断面形状は四輪車と大きく異なり，丸い形をしています．これは，二輪車が車体を積極的にロールさせて旋回するためであり，大事な要素とは，この丸い断面形状に起因します．

幅が非常に狭い円盤のようなタイヤがロールする場合，タイヤの接地点は一点を中心に回転していきます．しかし，図 1-22 のように，実際の二輪車が装着しているような幅を持ったタイヤがロールしていくと，タイヤの接地点は直立状態からロールするにしたがって横に移動します．これをタイヤの接地点移動といいます．接地点から車体重心点を結んだ線と，路面との角度である実際のロール角は，接地点移動により，見かけのロール角よりも小さくなってしまいます．この見かけのロール角は幾何学的バンク角（ロール角）と呼ばれ，実際のロール角である力学的バンク角と区別しています．なぜ，ロール角を区別するのでしょうか．

図 1-21　タイヤの断面形状

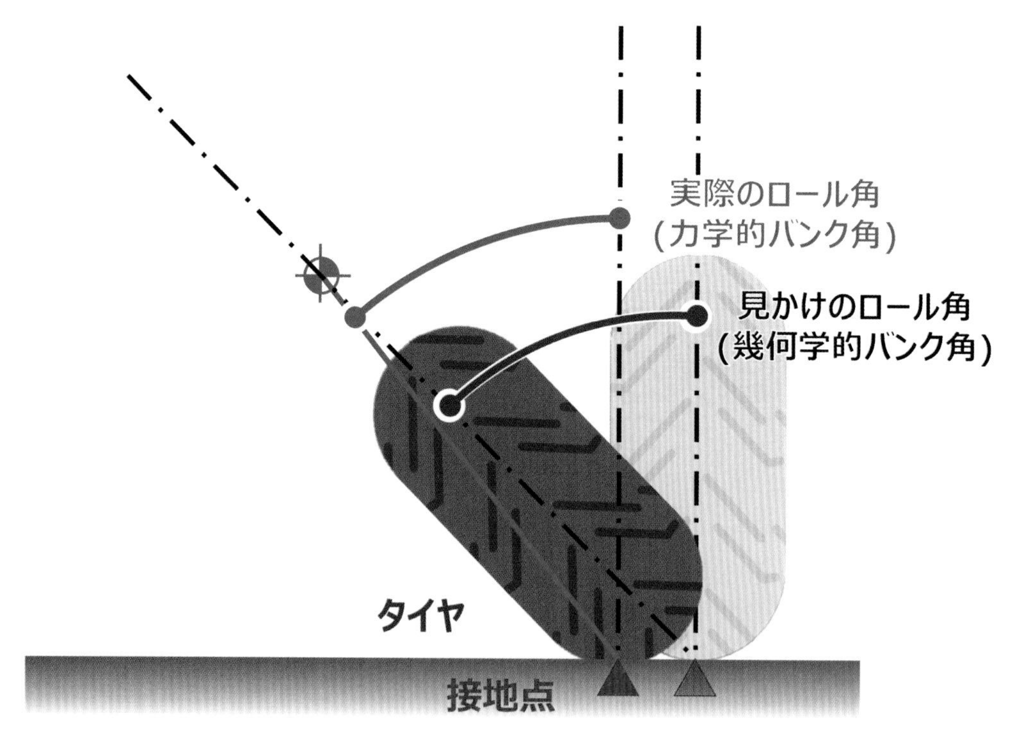

図 1-22　力学的バンク角と幾何学的バンク角

重心高さとロール角

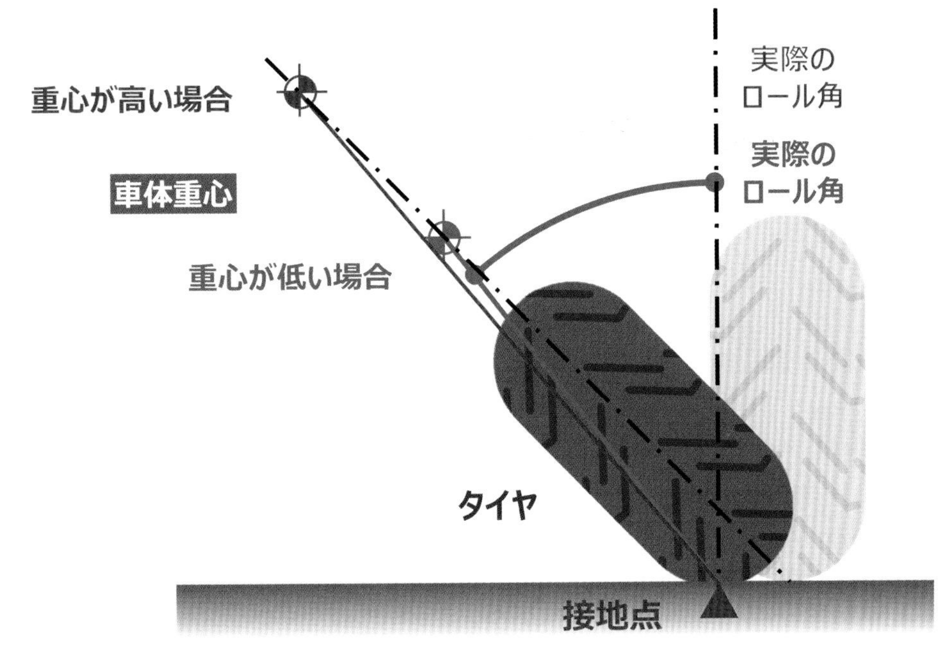

図 1-23　重心高さとロール角の関係

図 1-23 に示すように，車体重心の高い車両と低い車両が，同じ幾何学的バンク角でロールしているとします．接地点から車体重心点を結んだ線と，路面との角度が力学的バンク角ですから，重心高さによって角度に差が生じます．つまり，力学的バンク角は車体重心の高さの影響を受けて変化するロール角といえます．ですから，旋回など，横加速度が重心点に作用する運動を考える場合には，力学的バンク角を用いて考える必要があるのです．

では，重心の違いが，運動にどのような影響を与えるのでしょうか．定常円旋回における力の釣り合いの関係で，検証してみましょう．

図 1-24 は，定常円旋回をする二輪車を後方から見た図です．図 1-19 と同様に，赤矢印が遠心力，青矢印が重力，緑矢印が二つの合力です．A の重心が高い車両で，合力はタイヤの接地点を通っていますから，釣り合っている状態になります．一方，B の重心が低い車両では，同じ幾何学的バンク角で旋回しているとすると，力の合力は接地点より旋回外側に向いています．つまり，車体が起きる方向に回転してしまい，旋回が保てません．したがって，さらに車体をバンクさせて旋回する必要があるのです．

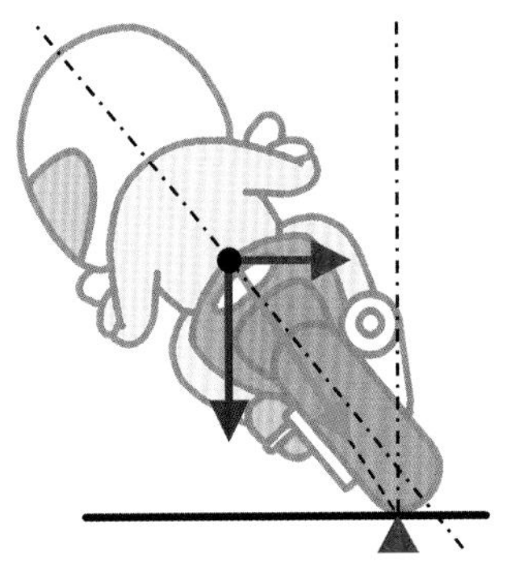

A 重心が高い車両

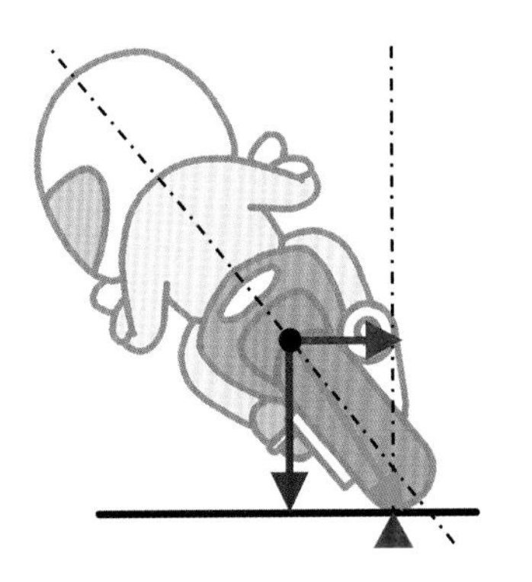

B 重心が低い車両

図 1-24　重心高さの影響

自転車で実験してみた

■ホイールベースと最小回転半径

ホイールベースによって最小回転半径が変化することを勉強しました．では，実際にどのくらい半径が変化するのでしょうか．実験用にホイールベースを延長した自転車を製作し，スタンダードな自転車とその運動特性を比較してみました．

実験は，自転車を直立した状態で最大舵角まで操舵し，ゆっくりと押して歩くという要領で行ないました．どのような違いがあるか下図で見ていきましょう．

［スタンダード車］

ホイールベースは 1.128 m に，最大前輪舵角は，47 度に設定されています．

最小回転半径は 1.59 m でした．

［ロングホイールベース車］

車体後部を 0.2 m 延長し，ホイールベースは 1.328 m に改造しました．最大前輪舵角はスタンダード車と同じ 47 度です．

最小回転半径は 1.89 m，スタンダード車に比べ 0.3 m 大きくなります．

バイクタレントの美環さんに，実際にこの自転車を乗り比べてみてもらいました．最小回転半径の違い以外に，ロングホイールベース車は少し車体が重く感じ，8 の字走行をすると安定して曲がることができると感じたそうです．なぜ，そのように感じたのかを考えてみると面白いと思います．

■速度を上げた旋回

最後に，速度を上げて旋回するとどういう運動になるのか，定常円旋回の実験をしてみました．半径 3.3 m の円旋回が行えるようにパイロンを配置．スタンダード車を用い，一定の速度で旋回走行します．

最初はゆっくりとした 7 km/h で，その後，11 km/h まで速度を上げて走行しました．走行中の姿勢を背後から撮影し，その画像から自転車のロール角の違いを確認してみました．

7 km/h では，車体は 7 度ほど倒れていました

11 km/h では，車体の傾きは 15 度に増加してました

当たり前の結果ではありますが，自転車でも同様に，速度を上げて旋回するには車体を大きくロールさせる必要があることが見て取れます．

では，図 1-19B に示した理論式に実験条件の旋回半径と車速を代入して，力学的バンク角を計算してみましょう．7 km/h(1.9 m/s) では計算値は 6.7 度，11 km/h(3.1 m/s) では 16.1 度と，理論値と実験結果は概ね一致することが分かります．

加減速でどんな運動が起きるの?

前後力によるピッチング運動

ここまで，一定の速度での旋回運動について考えてきました．しかし，一般的な走行である交差点やワインディング路などで旋回する場合，多くの場面においてカーブに減速して進入し，加速して脱出するでしょう．このような加減速を伴う運動は，車体姿勢の時間変化やライダの操作入力が大きく影響します．特に，車体姿勢変化は，車体のジオメトリやサスペンションの特性によって決まるため，ここまで説明してきたように簡易化して考えることは難しくなります．では，加減速による運動について解説していきましょう．

まず，減速時の運動について考えてみます．減速させるための力である制動力は前後輪の接地点に働きますが，慣性力は車体の重心点に生じるので(剛体運動と考えた場合)，力の作用する高さが異なります．そのため，車体を回す力であるモーメントが前のめりになる方向に発生し，そのモーメントによって前輪にかかる荷重が増加，後輪にかかる荷重が減少します．

加速時は，駆動力が制動力とは反対に働きますから，車両は後ろのめりになろうとし，前輪にかかる荷重が減少し，後輪にかかる荷重が増加します．以上の影響は減速時と逆の変化ですが，加速時に忘れてはならない駆動力による影響がもう一つあります．

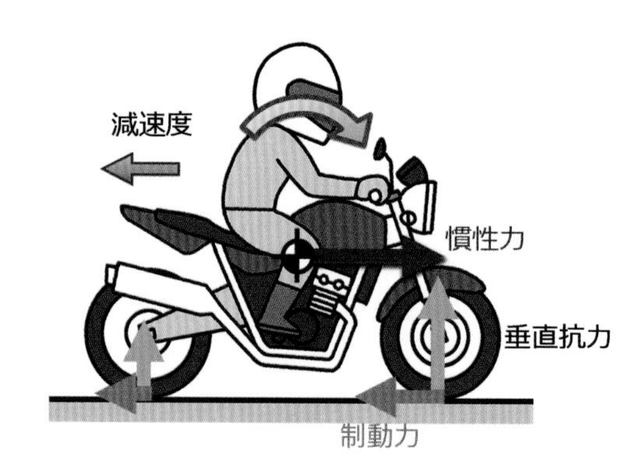

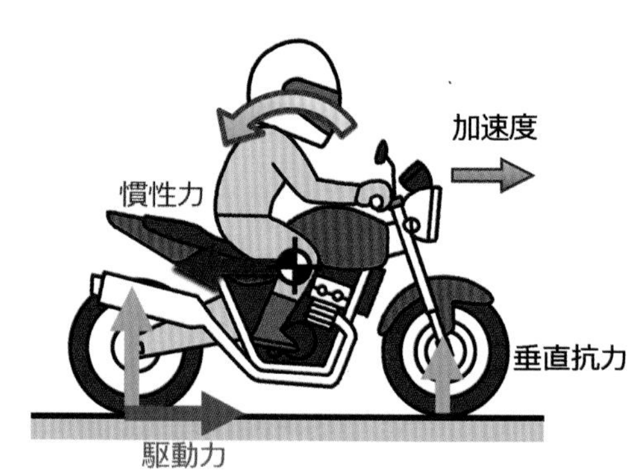

図 1-25　制動力や駆動力のよる運動

加減速による慣性力

電車に乗っているときに，車内でつり革を観察すると，駅を出発した電車が加速している間はつり革が進行方向と逆側に傾いていることに気がつくでしょう．電車が次の駅に近づきブレーキがかかると，今度はつり革は進行方向に傾きます．この働きは慣性力と呼ばれる力で説明されます．質量 m の物体に加速度 a が発生しているとき，この物体に働く慣性力の大きさは ma，向きは加速度の向きの逆向きとなります．

減速時の吊り革の動きを，駅のホームで観察していると，吊り革は電車と一緒に加速運動をしていますから，吊り革には ma の力が加わることが分かります．

一方，車内で，吊り革を観察した場合，観察している人も電車と一緒に減速運動していますから，つり革は傾いた状態で止まっているように見えます．つまり，吊革には慣性力が働いて釣り合っていると説明することができます．

アンチスクワット

駆動力によるリアサスペンションの挙動変化を抑制することをアンチスクワット（スコット）と呼び，加速時の運動を議論するうえで考慮すべき要素の一つです．

図 1-26 に四輪車におけるアンチスクワットの概念図を示します．接地点に働く駆動力は，タイヤ中心に働く前後力と駆動トルクに分けて考えることができます．このうちタイヤ中心に働く前後力 F は，角度 θ で車体に取り付けられたサスペンションアームを介して車体後部を $F\tan\theta$ で押し上げます．この力によって，加速時の姿勢変化を増減させることができ，その度合いは，サスペンションアーム取付け角によって決まります．

二輪車でも，アンチスクワットはスイングアームの取付け角の影響を受けます．さらに，図 1-27 に示すように，二輪車の多くは後輪をチェーンで駆動しているため，アンチスクワットを考える場合，チェーンの張力を考慮する必要があります．

駆動する側のスプロケットとスイングアームの回転中心（ピボット）が同じ軸ではなかったり，駆動する側のスプロケットと駆動される側のスプロケットの直径が異なったりと，条件によってチェーンが引っ張られる方向は，スイングアームピボットと後輪車軸を結ぶ直線に対して角度がつきます．このため，エンジンの駆動トルクによってチェーンが引っ張られる際に，スイングアームにはピボットを中心に回される力が発生します．その力は，スイングアームとチェーンのなす角度や駆動力の大きさにより変化します．

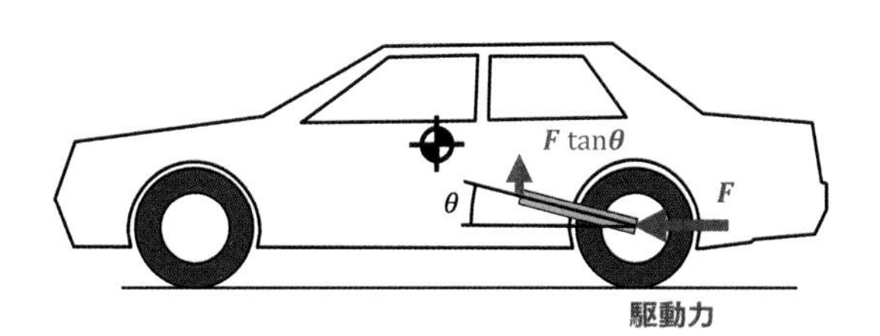

図 1-26　四輪車におけるアンチスクワットの概念

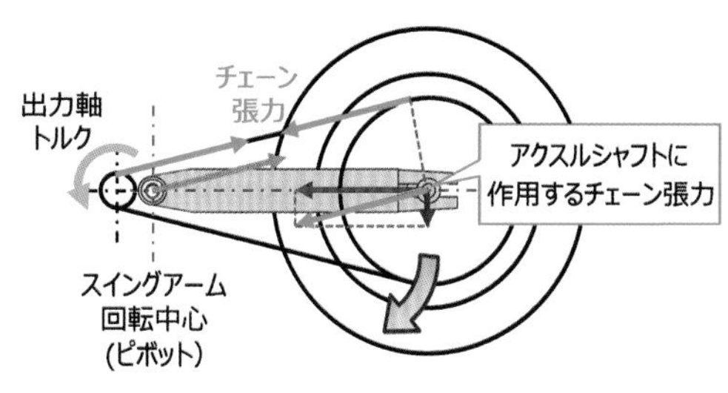

図 1-27　チェーン駆動の二輪車におけるアンチスクワット

ホームで観察したつり革の運動

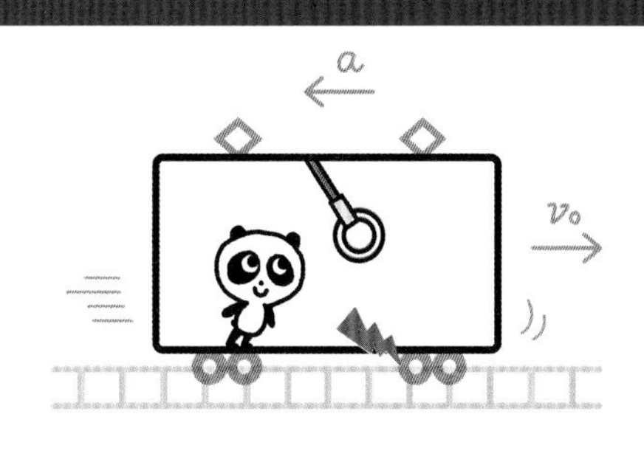

車内で観察したつり革の運動

加減速しながら曲がるときは何が起きるの?

減速時の挙動変化

加減速をしながら旋回する場合に，旋回運動にどのような変化が起こるのか，フロントサスペンションのみが動く二輪車で考えてみましょう．

減速時は制動力によって，前輪にかかる荷重が増加し，後輪にかかる荷重が減少しますから，フロントサスペンションが大きく縮みます．これにより，車体全体がピッチングさせられます．フロントサスペンションはキャスタ角がついていますから，サスペンションがストロークすることによる車体姿勢に加えて，ホイールベースが変化することになります．この変化は，前輪の接地点が，車体の重心点に近づくことを意味し，車体の向きを変化させるモーメントが小さくなります．

また，路面に対するキャスタ角も変化します．結果としてトレールも変化するために，自動操舵機構の効果に対しても影響を及ぼすことになります．さらに，ピッチ運動によっても，前後輪にかかる荷重は変化しますので，前後輪の発生するタイヤ力の大きさや，そのバランスが変化します．

図 1-28 に，簡易的な計算例を示します．一定速で走行する二輪車が，0.7 G の減速(車速 80 km/h から 30 km/h まで，2 秒で減速)を行ったとき，フロントサスペンションが 80 mm 縮んだとします．この場合，ホイールベースは 32 mm 短くなり，キャスタ角は 3 度起きるという変化が生じるのです．

このように様々な変化が生じますが，一般的に，減速状態においては，前輪のタイヤ力が大きくなるため，車体は向きを変えやすい傾向となります．

加速時の挙動変化

加速時は駆動力によって前輪にかかる荷重は減少し，後輪にかかる荷重は増加します．これによりフロントサスペンションが伸び，車体姿勢が変化します．例えば，加速によりサスペンションが 40 mm 伸びたとすると，ホイールベースは 16 mm 長くなり，キャスタ角は 1.5 度寝ることになります．

加速時は後ろのめりの挙動となるため，リアサスペンションの動きを考えることも重要となります．スイングアーム式サスペンションでは，後輪がスイングアームピボットを中心に回転するようにストロークします．加速による荷重変化でリアサスペンションは縮もうとしますから，ホイールベースに変化が生じます．

最後に，アンチスクワットによる挙動変化を解説します．アンチスクワット力は，駆動力によってスイングアームピボットを中心に下向きに回転させる力と説明しました．しかし，後輪は地面に接地しているため，この力は結果的にスイングアームピボットを持ち上げる力になります．本来，加速時は慣性力によってリアサスペンションが縮もうとしますが，アンチスクワット力はそれを打ち消すため，結果として，姿勢変化が小さくなります．この作用は，駆動力に応じてタイヤを路面に押し付けることになり，タイヤは路面にくいつこうとする(グリップが得られる)のです．

ライダがスロットル操作を行うときは駆動力を路面に効率的に伝えたい状態ですから，ライダの要求に見合ったアンチスクワット力が働くように，サスペンションのジオメトリを設定する必要があります，

加速や減速に伴うピッチ運動により，
旋回挙動が変化するのだよ

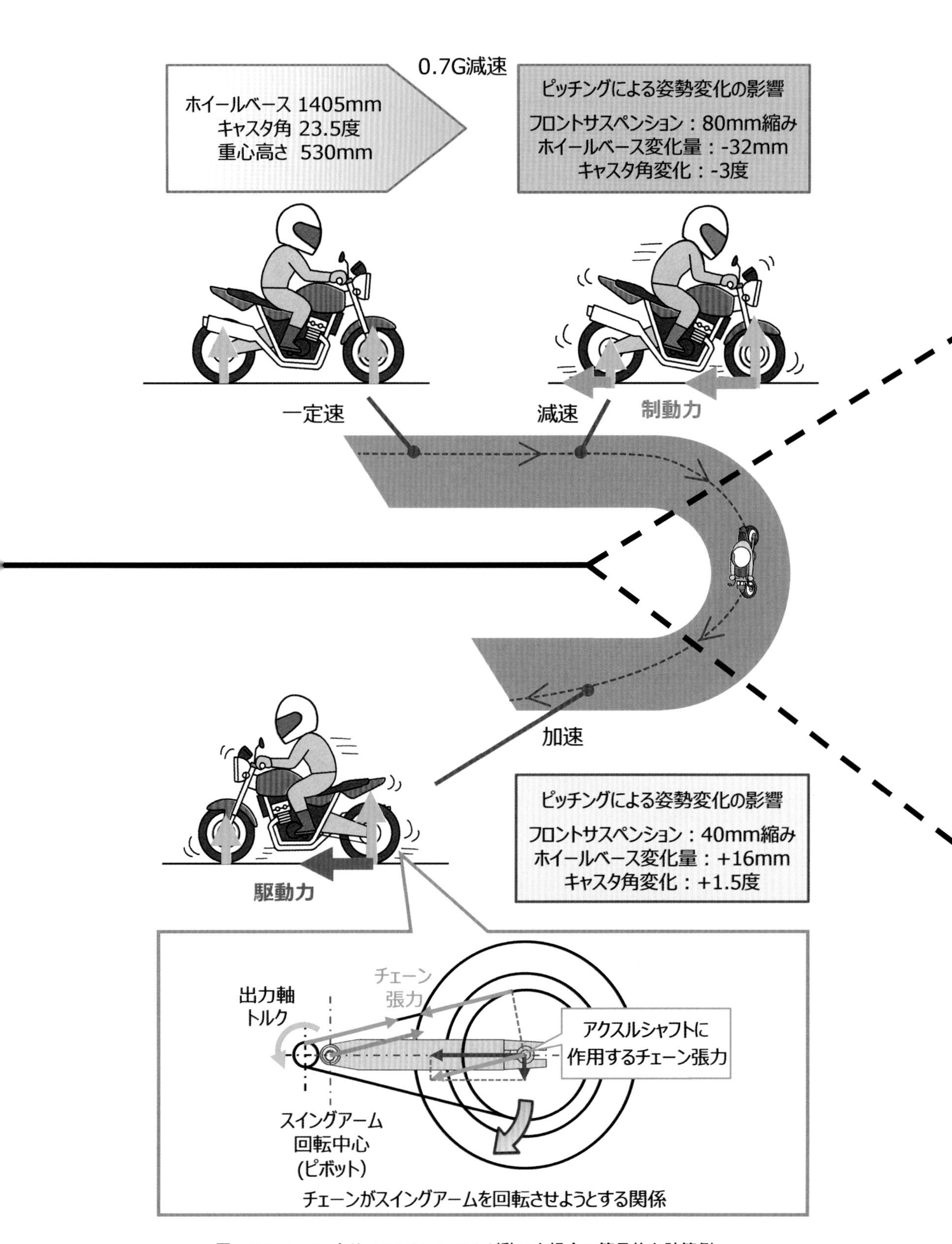

図 1-28　フロントサスペンションのみが動いた場合の簡易的な計算例

上手く曲がるために知っておくべきこと

曲線部が短いカーブでの旋回を見てみると，
一定で曲がっている区間はとても短いのだ．

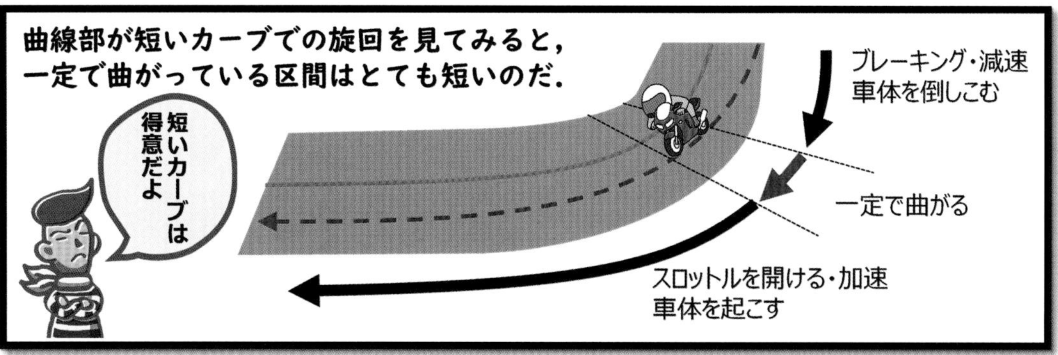

曲線部が長いカーブでの旋回では，
長い時間，長い距離，一定で曲がることになる．

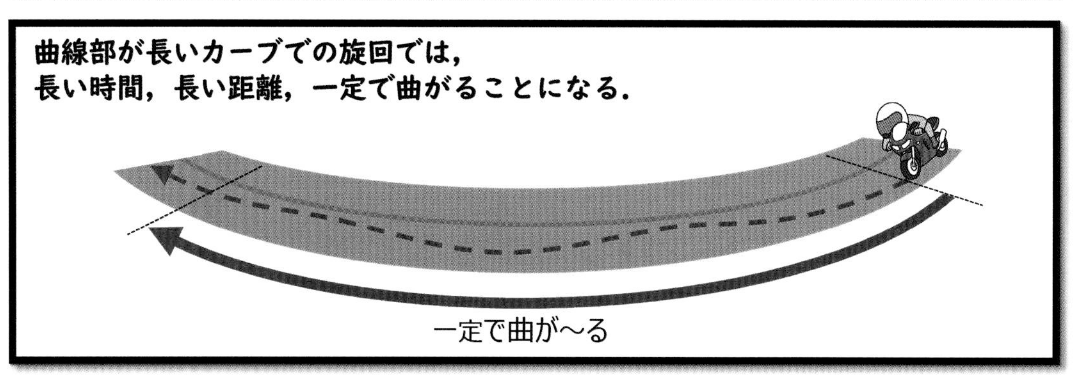

一定の速度と旋回半径で曲がることを，
定常円旋回という．

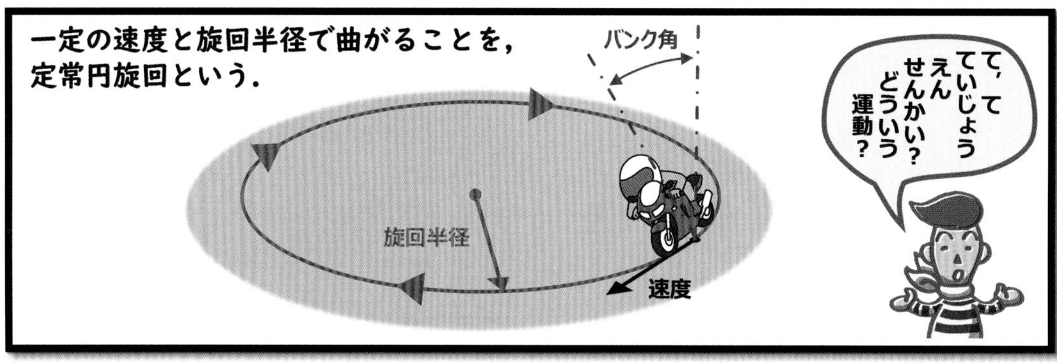

定常円旋回するためには，力が釣り合っていなければならない．
そして，このとき考えなければならないことが4つあるのだよ．

① 速度

② 倒しこむ量＝バンク角

③ 走行ライン＝旋回半径

④ これらをバランスさせる操縦

上手に一定で曲がるためには，これらの関係性を理解することが大事なのだ．

第2章

タイヤ工学

2.1 タイヤの基礎

タイヤの役割と構造

タイヤはどんな仕事をしている?

路面と接する唯一の部品

皆さんは，タイヤにどのような印象をお持ちでしょうか．二輪車の部品の中でも，タイヤは内部の構造やしくみを分解して見ることが難しいため，ただの丸くて黒いゴムの塊というイメージを持たれている方もいらっしゃると思います．

しかし，タイヤは車両が路面と接触する唯一の部品であり，車両の運動性能に大きな影響を与えます．例えば，パワーユニットの出力が 150 kW（200 ps）のスーパースポーツ車に配達用原付車のタイヤを装着した場合，発生した高い出力を路面に伝えられず，タイヤがスリップしてしまうでしょう．また，不整地路面を得意とするモトクロッサーにスーパースポーツ車のタイヤを装着した場合，ぬかるんだ泥道ではタイヤが滑ってしまい，直進することも難しくなります．このように，車体の特性や用途に適したタイヤを選択し，適切な条件で使用することが重要です．車体に見合ったタイヤは，車両の運動性能を最大限に引き出すという仕事をしてくれるのです．

では，タイヤがどのように車両の運動性能と関連しているのかを理解するため，その機能や構造について，詳しく説明していきましょう．

タイヤの役割は?

タイヤに必要な機能は？

『走る』『曲がる』『止まる』の三つの要素で分けられる車両の運動ですが，車両運動に関する工学専門書は『タイヤ』の解説から始まっているものが多く，難しいと感じられた方がいるかもしれません．前述したように，路面と唯一，接触するのがタイヤです．二輪車は路面の上を走行する車両ですから，路面とタイヤの間で起きていることを理解することは，車両運動を考えるうえで必要不可欠です．では，タイヤのどのような機能によって車両が運動できるのでしょうか．

一つ目の機能は，車の構成部品である車体，エンジンやライダおよび積載物などの質量を『支える』ことです．これは，停止中の車の質量だけでなく，走行中の車体に働く加速度による力もタイヤが支えています．

二つ目の機能は，路面の凹凸による衝撃を『和らげる』ことです．これにより，乗り心地を確保し，不快な車体振動を抑制しているのです．

三つ目は，『伝える』という機能です．車両が加速し走り出すためには，エンジンによる駆動力を適切に路面に伝えます．逆に減速時にはブレーキによる制動力を駆動のときと同じように路面に伝えるのです．

そして，第１章の運動性能編で説明したように，二輪車が旋回したり安定して直進したりするためにも，タイヤの力が必要となります．これが四つ目の機能である方向を『転換・維持する』というものです．

これらの機能をまとめて，タイヤの４大機能と呼びます．これらは，タイヤが変形するときに発生する弾性と，路面とタイヤ間の摩擦力がそれぞれ複合的に組み合わされることで実現しています．それでは，これらの機能についてそれぞれ細かく見ていきましょう．

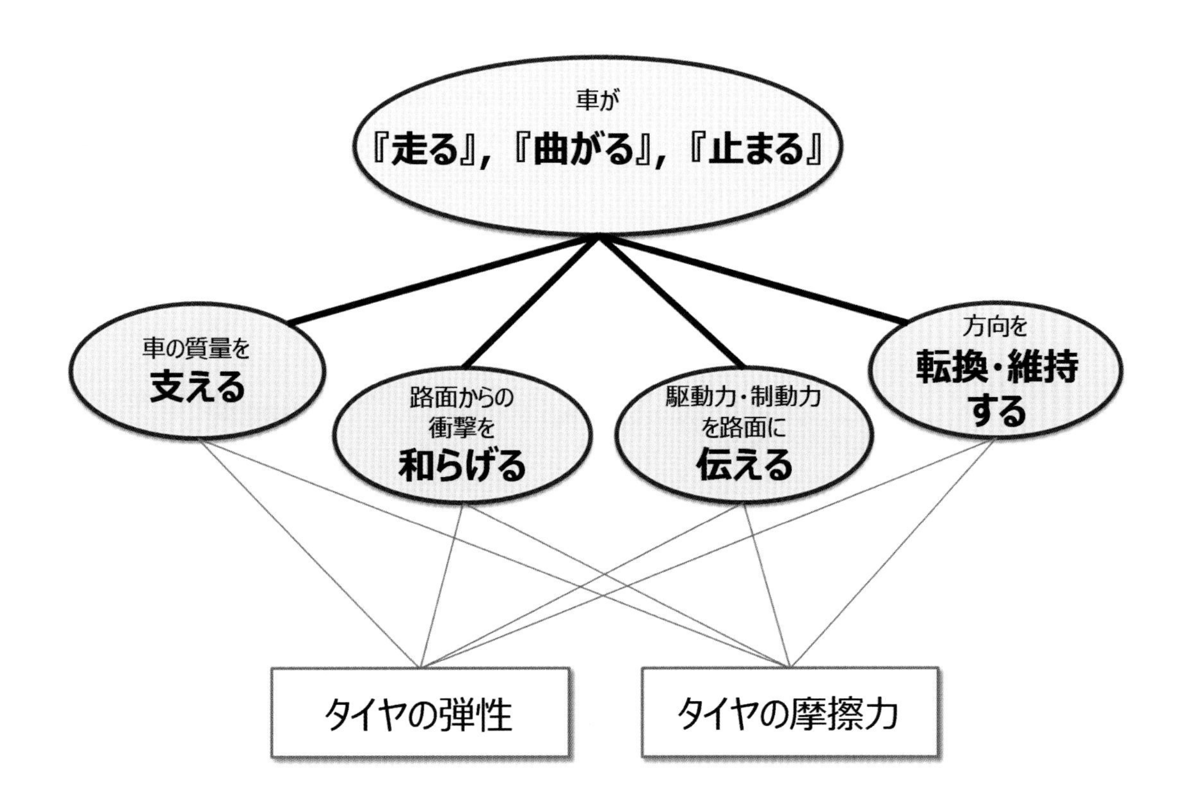

図 2-1　タイヤ４大機能

支える

タイヤに空気が封入されているのは，皆さん知っているかと思います．タイヤの空気が抜けてしまっていると，タイヤが潰れてしまいます．その状態で二輪車を押し歩くと，タイヤはグニャグニャと変形して車体を支えられないため，ふらついてしまうでしょう．一方，適正な空気圧に調整されたタイヤであれば，タイヤは適度な弾性を持ち，容易に押し歩けます．このことから，タイヤはタイヤ自体の構造部材だけでなく，封入された空気の圧力で車体を『支える』機能を実現していることが分ります．また，同じタイヤであれば，空気圧が高いほど高い荷重を支えられます．

図 2-2　車の質量を『支える』

同じ空気圧に調整した，サイズの異なる 2 つのタイヤがあります．図 2-3 に示す断面形状だとすると，タイヤの内側の体積(空気容量)は異なり，封入される空気の質量が異なります．このタイヤが路面の突起を乗り越し，変形により同じ体積変化を起こしたとします．タイヤは体積変化に応じて圧力が変化しますが，タイヤ A に対してタイヤ B は，より大きな圧力変化が生じます．空気容量が小さいと，圧縮された場合の圧力変化が大きく荷重を支えることはできますが，たわみにくい特性となり和らげる機能が低下します．このように，空気圧のみならず空気容量もタイヤの機能に対して大きな影響を与えます．

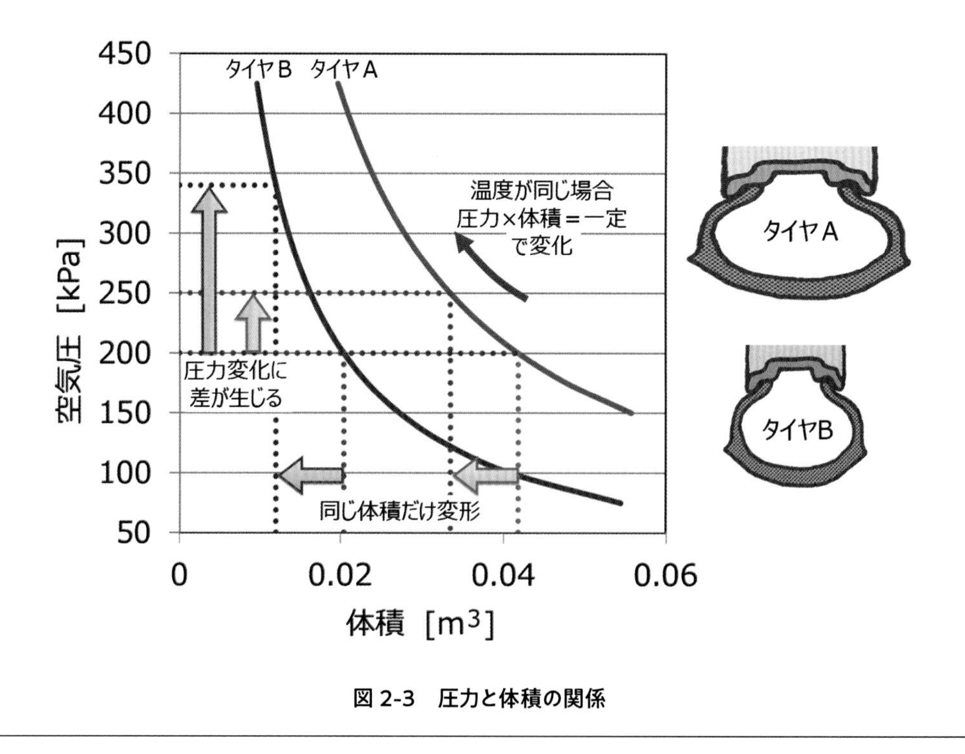

図 2-3　圧力と体積の関係

図 2-4　衝撃を『和らげる』

和らげる

多くの人が，靴底にガスを封入したビニールパックが挿入された構造のスポーツシューズを，見たり履いたりしたことがあると思います．これは，足へ伝わる衝撃を和らげる効果を狙ったものです．タイヤも空気というガスを封入した風船のような構造体（圧力容器）ですから，靴の原理と同様に，路面の凹凸などによる衝撃を『和らげる』という機能を持っています．

この機能は，圧力容器がたわむことで実現しており，封入した空気による力と容器を形成するゴム自体の柔らかさや弾性により，和らげる特性が決まります．

タイヤが支える機能は，加えた荷重をたわみ量で割ったばね定数で表されます．タイヤは旋回時に縦方向にも横方向にもたわむので，ばね特性は両方向のたわみ量で評価する必要があり，それぞれ，縦ばね定数，横ばね定数と呼び，タイヤ剛性の指標として用いられてます．

一般的に，縦ばね定数が大きくなると，同じ荷重でもたわみ量が小さくなるので，乗り心地が硬くなり，路面の凹凸をダイレクトに伝えるようになります．また，横ばね定数が大きくなると横方向の変位が小さくなるので，応答の遅れが減少し，車体の安定性が向上する傾向があります．

縦ばねと横ばね特性

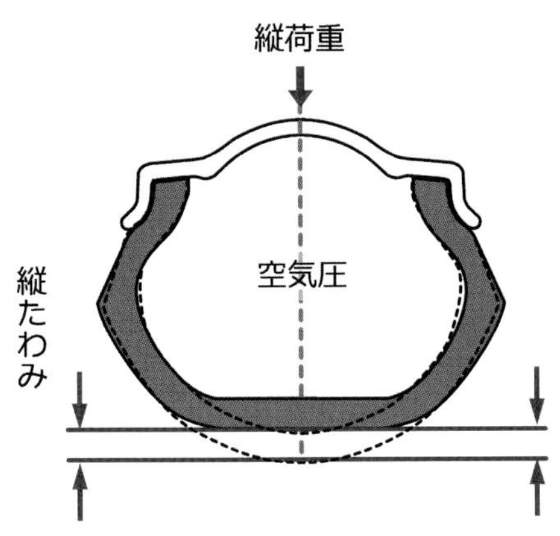

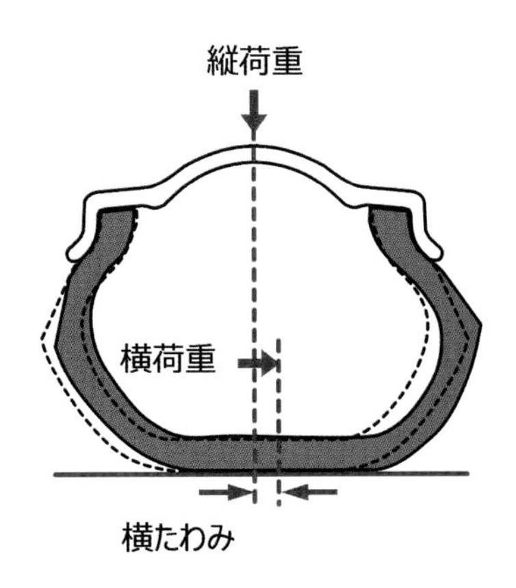

加えた荷重をたわみ量で割った値がタイヤのばね定数である

図 2-5　タイヤのばね定数

伝える

体育館のようなつるつるした床板の上を，靴下を履いて走ったことはありませんか．止まったり，曲がろうとしたときに，簡単に滑ってしまうでしょう．一方，靴下を脱ぎ裸足になれば，滑らずに走ることができます．足の力は，足と床の間に生じる摩擦力(互いに接する物体に働く運動を妨げる力)によって伝えられます．この摩擦力は，足が床へ加える垂直方向の力と，足と床の間の摩擦係数で決まります．フローリングの床板の場合，靴下との摩擦係数は 0.2～0.4，素足の場合では 0.45～0.9 ですので，靴下で走ると摩擦力が小さく滑り易いのです．

タイヤと路面の間にも同様に，摩擦力が発生しています．例えば，乾燥した舗装路面と金属との摩擦係数は，0.2～0.3 となります．一方，ゴムの場合では 0.8 前後ですので，タイヤにゴムを用いることで効率よく力を伝えることができるのです．

図 2-6　力を路面に『伝える』

転換・維持する

二輪車のタイヤは断面が丸く，真ん中の外周径よりも端の外周径が小さいという幾何学的な関係から，図 2-7 のように，転がっているタイヤが傾くと曲がっていくことが知られています．一方，質量をもった車体が旋回する場合には，遠心力と釣り合う力が必要です．特に，二輪車は，自動操舵機構で常にわずかな旋回を左右に繰り返しながら直進を維持しています．ですから，車両が向きを『転換・維持』するためには，幾何学的な関係だけでなく力学的な関係，すなわち，タイヤが発生する力が必要となります．

このタイヤの力は，路面と接するタイヤのゴムが外力により変形し，その変形が戻る際の反力であり，ゴムの弾性を使っているのです．また，路面とタイヤが滑ってしまってはゴムが変形できませんから，摩擦力も必要となります．

図 2-7　方向を「転換・維持する」

タイヤは『ゴムを用いた弾力性のある圧力容器』であり，空気が入って機能するのじゃ

摩擦と弾性を考える

摩擦力は，物体が地面へ加える垂直方向の力と，物体と地面の間の摩擦係数で決まると説明しました．しかし，実際のタイヤと路面の間の摩擦力を考えた場合，摩擦係数を比例定数として扱うことができない場合が多く見られます．これは，タイヤがゴムでできていることに起因します．

路面と接触する部分に用いられているタイヤのゴムは，道路によく用いられているアスファルトやホイールなどの車体部品に用いられる金属よりもはるかに柔らかいため，変形します．例えば図 2-8 に示すように，硬い物体の下面にゴムが張り付けられている場合を考えます．物体を動かすための力を加えると，ゴムが物体と地面との間で大きく変形するでしょう．ここで，貼り付けられているゴムが，突起が並んだブラシの様なものだとします．このとき，押している側から見て手前側のブラシは引き延ばされるように変形しますが，奥側のブラシは押しつぶされるように変形します．つまり，垂直抗力が，接触している部位によって異なってきます．その結果，部位によって発生する摩擦力が不均一となり，それらを足し合わせた接触面の摩擦力が垂直抗力と比例するとは限らなくなります．

このように，ゴムの弾性が摩擦力に大きな影響を与えるため，タイヤと路面の摩擦力を正確に予測することはとても難しいのです．

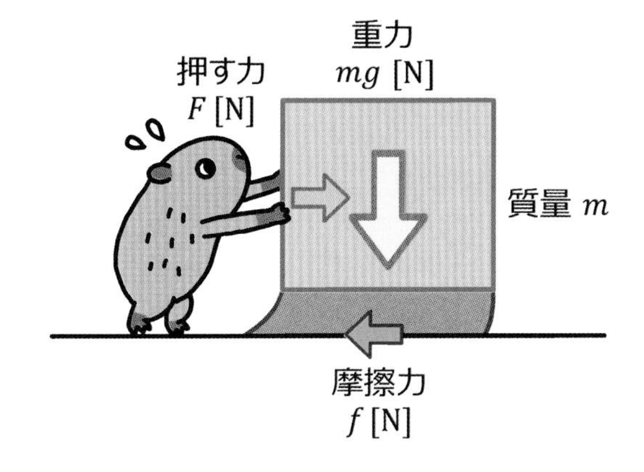

図 2-8　摩擦と弾性

タイヤの中身はどうなっているの?

規格上の名称

タイヤの中身を分解する前に，タイヤの外側の形状について説明します．メーカーが自由にタイヤを作ってしまうと，構造や用途，車両によってタイヤの形や大きさがバラバラになってしまい，どのタイヤが車両に適合するのかが分からず，ユーザーは混乱してしまいます．そこで，タイヤには様々な規格上の名称が定められており，この規格により，タイヤサイズごとの寸法が定められています．ここでは規格上の名称の代表的なものを紹介します．

また，タイヤはリム(ホイールの一部で，タイヤが組み合わされている部分)に組付けられて二輪車に使用されます．そのため，リムとの組み合わせについても規格化されています．

① タイヤ外径
無負荷状態のタイヤの外径．

② トレッド幅
無負荷状態のタイヤのトレッド模様部分の両端の直線距離．

③ タイヤの総幅
無負荷状態のタイヤの最も広い部分の直線距離．ほとんどのタイヤは下図のようにトレッド幅＝総幅だが，偏平率の高いタイヤでは異なる場合がある．

④ タイヤ幅
タイヤの総幅あるいはサイドウォール(側面)部の幅から，模様，文字などを除いた幅．

⑤ タイヤの高さ
タイヤの外径とリム径の差の 1/2．

⑥ 適用リム
タイヤの性能を発揮させるために適したリムで，標準リムと許容リムがある．

⑦ クラウンR
トレッドの曲率半径を mm 単位で表した数字．クラウンRが小さいと尖り形状，大きいとフラットなタイヤ形状となる．

⑧ 偏平率
タイヤの高さと幅の比率を示す数値で，数値が小さいほど平べったい形状になる．

※タイヤ外径，トレッド幅，タイヤの総幅，については，タイヤを適用リムに装着し，規定の空気圧としたときの数値です．

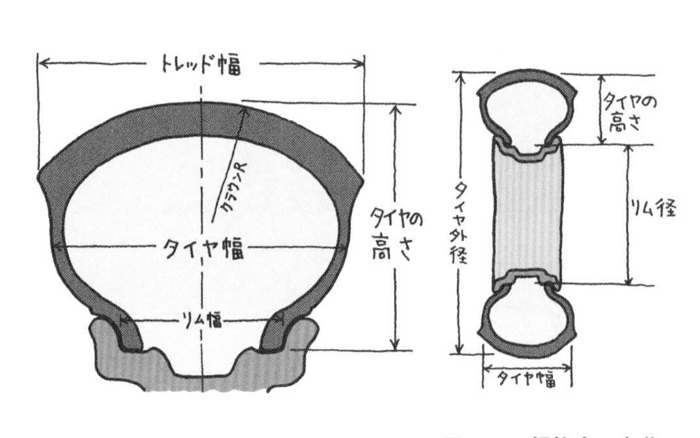

$$偏平率=\frac{タイヤの高さ(H)}{タイヤ幅(W)}\times 100$$

W：タイヤ幅
H：タイヤの高さ
H
W

図 2-9　規格上の名称

タイヤの構造

タイヤは一見，ゴムの塊のように見えますが，実は様々な部材からできています．特に，単にゴムと言っても硬さや摩耗のしにくさなどの特性に違いのある，いろいろな種類の物を使い分けています．では，タイヤ内部がどのようになっているか見ていきましょう．

二輪車用タイヤは，図 2-10 に示すように，大きく分けて，7 つの部材から構成されています．

タイヤ表面のトレッド(①)とサイドウォール(②)は，ゴムで構成されています．その下にタイヤの骨格となるカーカス(③)が配置されています．カーカスは通常，ビードワイヤー(⑤)で折り返されています．

カーカスとトレッドの間には，ベルト・ブレーカー(④)が配置されます．ラジアルタイヤではベルト，バイアスタイヤではブレーカーと呼ばれています．バイアスタイヤでは無いものもあります．

タイヤの基礎となるビードワイヤー(⑤)は強力なピアノ線でできており，カーカスの張力を受け止めています．ビード部(⑥)はチェーファーと呼ばれる補強コードやゴムの層で覆われています．高荷重での変形を抑制するビード補強ゴムが使用されることもあります．

チューブレスタイヤでは空気を保持するためのチューブは使用されないため，チューブの代わりとなるインナーライナー(⑦)が使用されます．

①トレッド: 直接路面に触れる
厚いゴム層で内部のカーカスを保護している．
路面直接触れる為,摩耗に強く摩擦係数の
高いゴムが使用される．
また，表面にはパターン(溝)が刻まれる．

④ベルト・ブレーカー: トレッド部の補強
剛性を高める為のトレッドとカーカスの間の補強コード層．
バイアスタイヤではブレーカー，ラジアルタイヤではベルトと言い，
バイアスはブレーカーが無くても機能上は成立するが，ラジアル
タイヤではベルトが無いと成立しない．

⑦インナーライナー: チューブの替わり
チューブレスタイヤでチューブの役割を果たし，
内側の空気を包む．
空気を通しにくいブチルゴムが使用される．

③カーカス: タイヤの骨格
ビードワイヤーで折り返され，内部の空気圧を
保持し，タイヤが受ける荷重・衝撃に耐える．
ナイロンやレーヨン，ポリエステル等のコードで
構成される．

②サイドウォール: 最もたわむ部分
内部のカーカスを保護している．
屈伸運動をスムーズに行うように設計
されている．

⑤ビードワイヤー: タイヤの基礎となる部分
強力なピアノ線を幾重にも束ねて、空気圧による
カーカスコードの引張り力を受け止める．

⑥ビード部: タイヤをリムに固定
ビード
補強ゴム
ビードワイヤー
チェーファー
リムとの摩擦損傷を防ぐためのチェーファー
(補強コードやゴムの層)，ビード補強ゴム
などから構成される．

図 2-10　タイヤの構造断面図

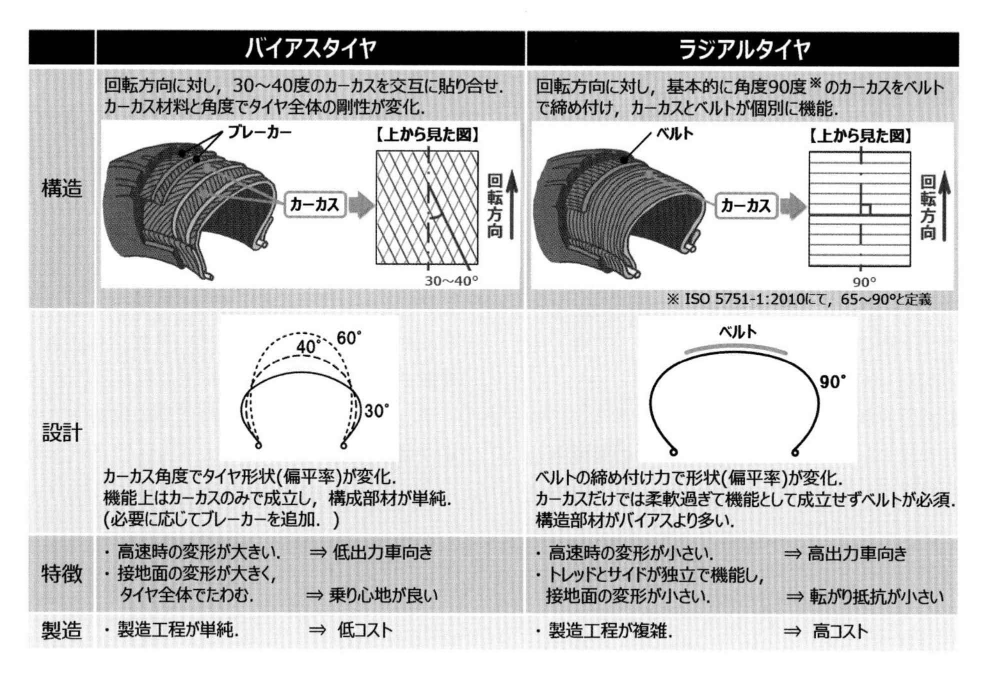

	バイアスタイヤ	ラジアルタイヤ
構造	回転方向に対し，30～40度のカーカスを交互に貼り合せ． カーカス材料と角度でタイヤ全体の剛性が変化． ブレーカー　カーカス　【上から見た図】　回転方向　30～40°	回転方向に対し，基本的に角度90度※のカーカスをベルトで締め付け，カーカスとベルトが個別に機能． ベルト　カーカス　【上から見た図】　回転方向　90° ※ ISO 5751-1:2010にて，65～90°と定義
設計	40°　60°　30° カーカス角度でタイヤ形状(偏平率)が変化． 機能上はカーカスのみで成立し，構成部材が単純． (必要に応じてブレーカーを追加．)	ベルト　90° ベルトの締め付け力で形状(偏平率)が変化． カーカスだけでは柔軟過ぎて機能として成立せずベルトが必須． 構造部材がバイアスより多い．
特徴	・高速時の変形が大きい．　⇒ 低出力車向き ・接地面の変形が大きく，タイヤ全体でたわむ．　⇒ 乗り心地が良い	・高速時の変形が小さい．　⇒ 高出力車向き ・トレッドとサイドが独立で機能し，接地面の変形が小さい．　⇒ 転がり抵抗が小さい
製造	・製造工程が単純．　⇒ 低コスト	・製造工程が複雑．　⇒ 高コスト

表 2-1　バイアスタイヤとラジアルタイヤの比較

ラジアルとバイアス

タイヤの構造には，ラジアル，バイアスの 2 種類があります．その構造の大きな違いは，カーカスの角度とベルトの有無であり，得られるタイヤの特徴にも違いが現れます．

バイアスタイヤは回転方向に対して，角度 30～40°のカーカスを交互に貼り合わせた構造をしており，カーカスだけで構造として成立するため，拘束力の高いベルトがありません．そのため，トレッド部が柔軟でタイヤ全体でたわむことができることから，乗り心地，衝撃吸収性が良いというメリットがあります．デメリットは，遠心力によりトレッドが高速走行時に膨らみやすく，高速耐久性を高めることが難しいことです．ですので，低出力車であるスクーターやクルーザー，オフロード車等に使用されています．また，カーカスの角度で断面形状を設計するため，低偏平のタイヤを作ることができず，偏平率は概ね 70 以上となります．

ラジアルタイヤは回転方向に対し，基本的に 90°のカーカスを配し，ベルトでカーカスを締め付ける構造となっています．高剛性のトレッド部と柔軟なサイド部が別々に機能しますので，高速耐久性が高い(遠心力で膨らみにくい)，接地面の変形が小さく転がり抵抗が低い等のメリットがあります．ですので，高出力のパワーユニットを搭載する中～大排気量のオンロード車等に使用されています．ベルトの締め付け力により断面形状が設計できるので，偏平率が 60 以下の低偏平のタイヤを作ることができます．ただし，ベルトにスチールやアラミド等の強靭な材料を使用する必要があり，ベルトとカーカスを別々に成形しなければなりません．この製造工程の複雑さから，バイアスタイヤと比べて製造コストが高いことがデメリットです．

四輪車用タイヤは，二輪車用に比べトレッドの断面形状がフラットという高速耐久性に不利な形状をしています．そのため，そのほとんどがラジアル化されていますが，二輪車用タイヤではバイアスタイヤも活躍しており，車両や用途によって使い分けられています．

四輪自動車では全てラジアルだが，
バイアスにも良い所はあり二輪車では共存しているのだよ

二輪車用ラジアルタイヤの歴史

四輪車用ラジアルタイヤは，1948年にミシュランにより発表されました．一方で，二輪車用ラジアルタイヤは1983年にようやくミシュラン，ダンロップにより発表されました．なぜ二輪車用ラジアルタイヤが実用化されるまでに時間が掛かったのでしょうか？

二輪車用のタイヤは，バイアス構造でも十分な高速耐久性が得られていたことも理由の一つですが，必要な旋回力が得られなかったことが最大の理由です．

1980年代の急速な車両の高出力化に伴い，更なる高速耐久性の向上が必要となりました．ラジアルタイヤの開発は急ピッチに進められましたが，多くの段階を踏んで，旋回力の高いラジアルタイヤがうまれました．

タイヤの接地面で発生した旋回力は，路面には摩擦力で伝え，車体にはカーカスが伝えます．角度の付いたカーカスを交互に貼り合わせたバイアス構造では，力を伝えるカーカスの本数が多くなります．一方，ラジアル構造は90度のカーカスで構成されるため，バイアス構造と同じ形で設計すると，この本数が少なくなります．結果，ラジアルタイヤは，接地面で発生する旋回力を車体に伝えにくいタイヤになるのです．

そこで，サイドウォール部全域に渡って，特大の高硬度補強ゴム(図2-11中の赤色部)を配置し，旋回力を確保させたのです．

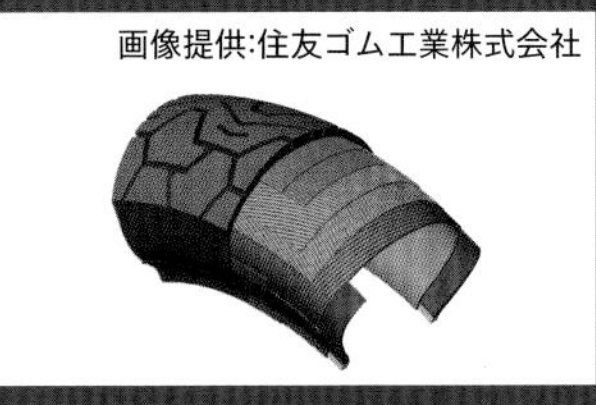

図2-11 スーパースポーツ車に初採用されたラジアルタイヤ

それでも旋回力は充分とはいえず，ラジアルタイヤが登場してしばらくは，フロントはバイアスタイヤが装着されていました．しかし，現在のラジアルタイヤでは，旋回力が不足するという話を聞くことはありません．どのように旋回力を向上させたのでしょうか？

旋回力の逃げを抑制するには，サイドウォールの高さを低くし，力を伝えるサイド部のカーカス長さを短くすることが有効です．しかし，幅が同じでこの高さを低くすると，空気容量が減少して衝撃を和らげる能力が低下してしまいます．そこで，幅を広げることで空気容量を増やしたのです．このように，幅広・低偏平という二輪車用ラジアル特有のサイズへと進化し"曲がる"タイヤになったのです．

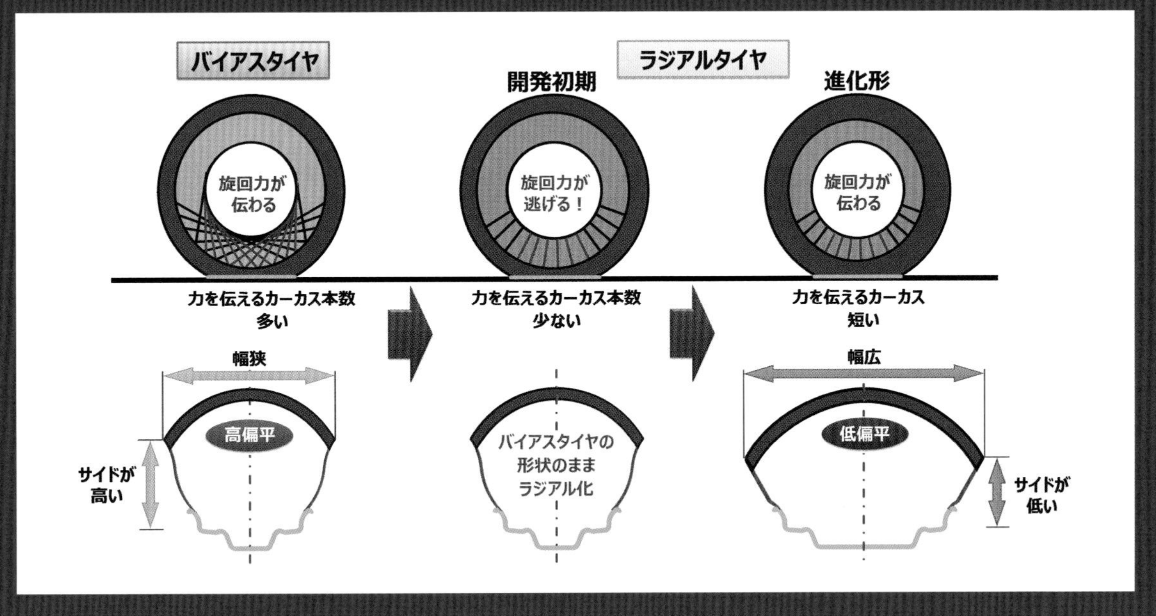

図2-12　ラジアルタイヤの進化過程

2.2 タイヤの力学

タイヤの仕事とそのメカニズム

タイヤはどのように仕事をしている?

グリップって何?!

皆さんは，タイヤの性能について書かれた雑誌やインターネットの記事などで，「タイヤのグリップがいい」「タイヤのグリップ力が高い」という表現を見たり聞いたりしたことがありませんか？実は，グリップという言葉に学術的な定義はありません．一般的には，タイヤが路面をつかむ状態のことをいい，グリップ力とはタイヤと路面の間に生じる摩擦などによる力であるといわれています．では，ライダは何を感じ取って「グリップがいい」「グリップが高い」と言っていて，どのような現象を指しているのでしょうか．

ライダが二輪車を操縦している中で感じ取れるものは，主にタイヤが発生する力とその力によって生じる車体挙動です．ですから，二輪車の運動特性やタイヤ性能を議論するには，タイヤが力を発生するメカニズムを知ることは必要不可欠です．

車両の方向を維持・転換するための力を発生するには，摩擦と弾性が必要と説明しました．タイヤを路面に押し付ける力を「接地荷重」といい，得られる摩擦力の大きさを決定する要素の一つです．この接地荷重がかかった状態で，タイヤを弾性変形させることで力が得られるのです．

では，タイヤが摩擦力と弾性で，どのように力を発生しているのか説明していきます．

接地面とは？

タイヤと路面は点で接触するのではなく，タイヤがたわんで変形するため，面で接触しています．この面を「接地面」といいます．接地荷重は接地面全体に分布しており，接地面の 1 m^2 あたりにかかる力を「接地圧」といいます．摩擦力は接地面で発生しますから，その大きさや形状，接地圧分布も摩擦力を決める重要な要素となります．

タイヤ接地面の面積は，四輪車用ではタイヤ 1 本あたりハガキ 1 枚程度，二輪車用では名刺 1 枚程度と言われています．実際の接地面は図 2-14 に示す圧力分布計測装置で測定することができ，二輪車用タイヤを測定すると図 2-15 のような圧力分布図が得られます．これをフットプリントといいます．なお，面積は 0.003 ～0.005 m^2 と，実際に名刺 1 枚程度であることが分ります．

空気圧と接地荷重を変化させた測定結果から，まず，接地荷重を 1000 N とした場合で，空気圧の違いについて見ていきます．空気圧 250 kPa(適正な状態)に比べ 15 kPa(低下した状態)では，接地面積は増加しています．しかし，250 kPa では接地面中央部の接地圧が上昇していますが，150kPa では全体的に接地圧は低下しています．オフロード車などでは，低い空気圧が適正値に設定されています．これは，砂や土といった軟弱な不整地の上を，タイヤの接地圧を下げて，路面を崩さずに力を伝えるようにするためなのです．

次に，接地荷重を 1500 N にした場合を見ていきます．それぞれタイヤの接地面積は大きくなります．250 kPa では接地圧が高い部分も増加していますが，150 kPa では接地荷重を増加させたにもかかわらず，接地圧が低下する部分が見られます．このように空気圧が適正でない場合，接地荷重に対して接地圧が上昇しない為，タイヤの力が路面に伝えられない場合があります．

図 2-13　タイヤの接地面積

図 2-14　タイヤ接地面の測定機器

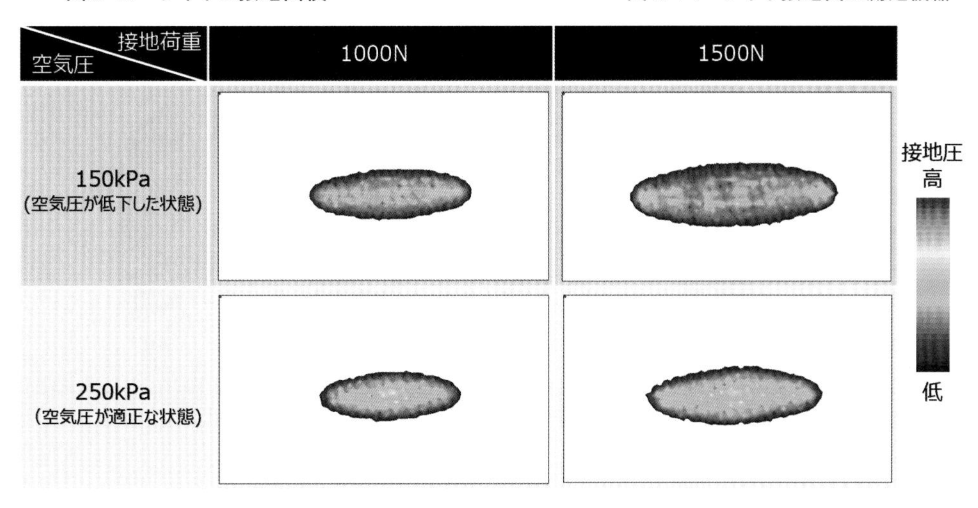

図 2-15　二輪車用タイヤのフットプリント
(タイヤサイズ:120/70-17, リムサイズ:3.50MT, 溝無し)

車体を傾けたら接地面ってどうなるの？

接地面の移動と変化

直進走行している四輪車のタイヤは，トレッドの大部分が路面に接しています．四輪車が旋回し車体にロール挙動が生じても，タイヤは大きく傾かないために，同様にトレッドの大部分が路面に接しています．一方，二輪車では車体をロールさせると，タイヤも同じように傾きます．さらにその角度は，30 度から 50 度と大きく，タイヤの接地面はタイヤの表面をなぞるように移動し，その形状や面積を変化させます．

図 2-16 は，ロール角に伴って接地面が移動していく様子を，フットプリントで示しています．ロール角が 40 度ともなると，直立時の接地面であった部分は，ほとんど接地しなくなることが分かります．

二輪車用タイヤでは，この車体のロールにともなって接地面が移動するという特徴を積極的に活用して，タイヤを設計することができます．

その一例が，耐久性と旋回性能の両立を狙い，トレッドの直立時に接地する部分には摩耗に強いゴムを配し，ロールしたときに接地する部分には摩擦の高いゴムを配したものです．

これは，ブリヂストンが市販化した技術で，レース用タイヤにも適用されています．クローズドサーキットでは決められた方向に周回するので，サーキットのレイアウトによっては左右のコーナー数に偏りがあります．このような場合，タイヤの一方の側だけが早く摩耗するという事象が発生してしまうので，コーナー数の多い側のトレッドゴムに強靭なものを使うなど，左右非対称にゴムを配した設計としています．

画像提供:株式会社ブリヂストン

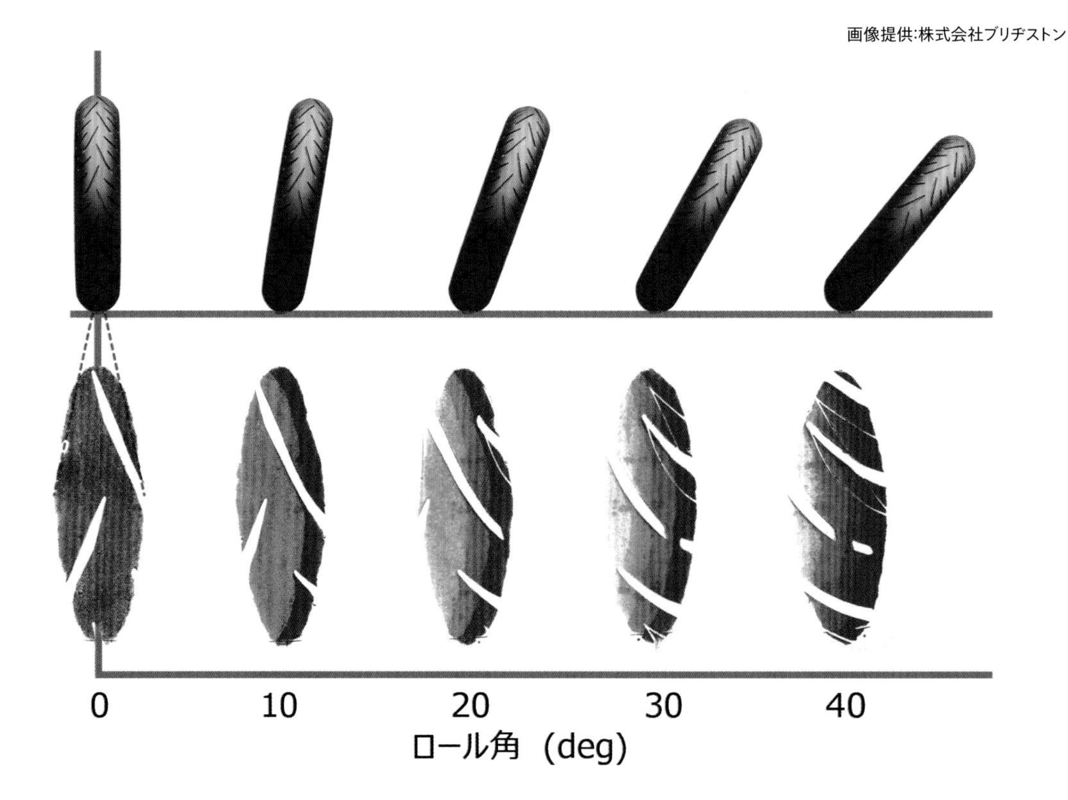

図 2-16　車体のロール角に対する接地面の変化

タイヤ幅とロール運動

二輪車用タイヤにおける最大の特徴が，車体のロール運動に伴う接地面の移動と変化です．この特徴に影響を与える要素の一つが，タイヤ幅です．一般的に，幅の広いタイヤは倒れにくくロールが重く感じられ，逆に幅の狭いタイヤでは倒れやすくロールが軽く感じられるとされています．では，その理由について考えてみましょう．

図 2-17 に示すように，幅の異なるタイヤを同じ幾何学的バンク角で傾けてみます．なお，タイヤは変形しないとものとして考えます．二つを比較すると，バンクによる重心点の移動は大きく違いがないのに対し，幅の広いタイヤの接地点の移動量が，幅の狭いタイヤに比べて大きくなっていることが分かります．第 1 章で解説した，手のひらの上のほうきに当てはめると，倒れに対してより手を動かしていることを意味します．

次に，重心と接地点を結んだ線と路面とのなす角度を見てみましょう．これは力の釣り合いから計算される力学的バンク角です．力学的バンク角は，同じ幾何学的バンク角で傾けたにもかかわらず，幅の広いタイヤの方が狭いタイヤに比べて角度が小さくなっています．つまり，車両に装着したタイヤの幅が広い場合，ライダが車体を同じバンク角に倒しこむ操縦をしたとしても，実際の運動としてのバンク角は浅くなるのです．こうしたタイヤ幅による接地点移動や力学的バンク角の差が，二輪車のロール特性の違いを生む要因になっているのです．

また，幅の異なるタイヤを比べると，単純なタイヤ幅だけでなく，トレッド部分の円弧の大きさ，断面形状にも違いが生まれることにも注目しなければなりません．このクラウン形状やプロファイルとも呼ばれるタイヤの断面形状により，ロールにともなう接地面の変化を作り出すことができます．これはクラウン R によって決まり，車両がロールする特性を決定づけます．

では，クラウン形状の違いにより，二輪車のロール運動がどのような特性になるのか説明します．

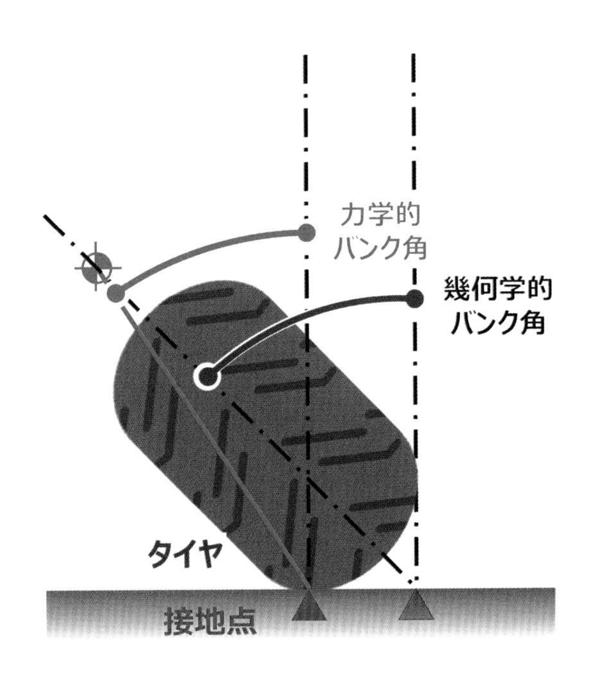

(A) 幅の広いタイヤ

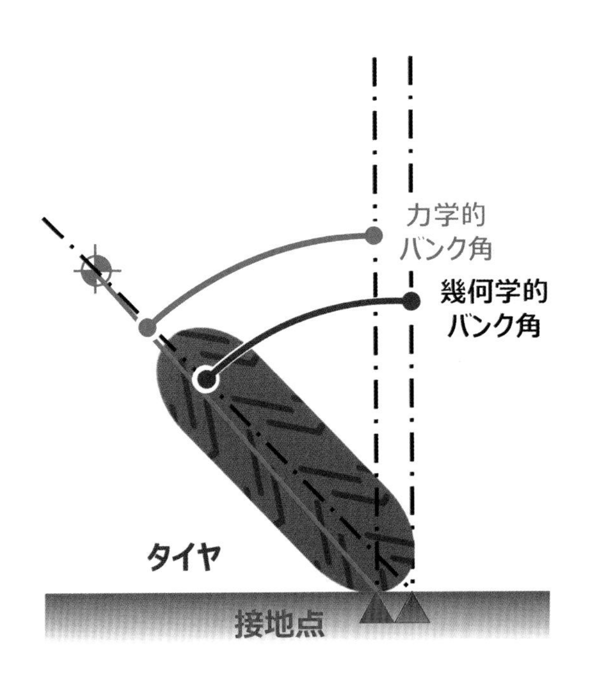

(B) 幅の狭いタイヤ

図 2-17　タイヤ幅と力学的バンク角の関係

クラウン形状とロール運動

クラウン形状には大きく分けて，「シングルR」と「ダブルR」の２種類があります．

シングルRとは，図2-18Aに示すようにトレッドの中心から端までが一つの半径の円弧でできているものです．シングルRの特性は，直立状態から深くロールした状態までトレッド面の曲率が同じですから，ロールする速度が一定になります．また，接地面の形状や面積もロールによってあまり変わりませんので，ロールに伴って生じるタイヤ力変化を引き起こす要因が少なくなります．そのため，シングルRのタイヤは，走る場所や路面状態，走り方などで変わる様々な走行シーンに対応できる性能が得やすいといえます．

ダブルRとは，図2-18Bに示すように直立付近とトレッドの外側を異なる半径の円弧で結んだものです．ダブルRの特性は，トレッド面の曲率が変化しますから，ロールのしやすさに変化が現れます．接地面積も同様に変化しますから，タイヤが発生する力にも変化を与えることができます．例えば，直立付近の半径を小さく，外側を大きくした場合，直立状態から倒れやすい特性になります．ダブルRのタイヤは，直進から素早くロール運動を開始して安定した旋回を行うことができるため，スポーツ走行を楽しむような車両に適した性能が得やすいといえます．

このように，タイヤの設計時に直立付近での接地面を重視するのか，逆に旋回中のように傾いた状態で接地面を重視するのかといった選択や調整をすることで，用途に適した様々なタイヤが開発されているのです．

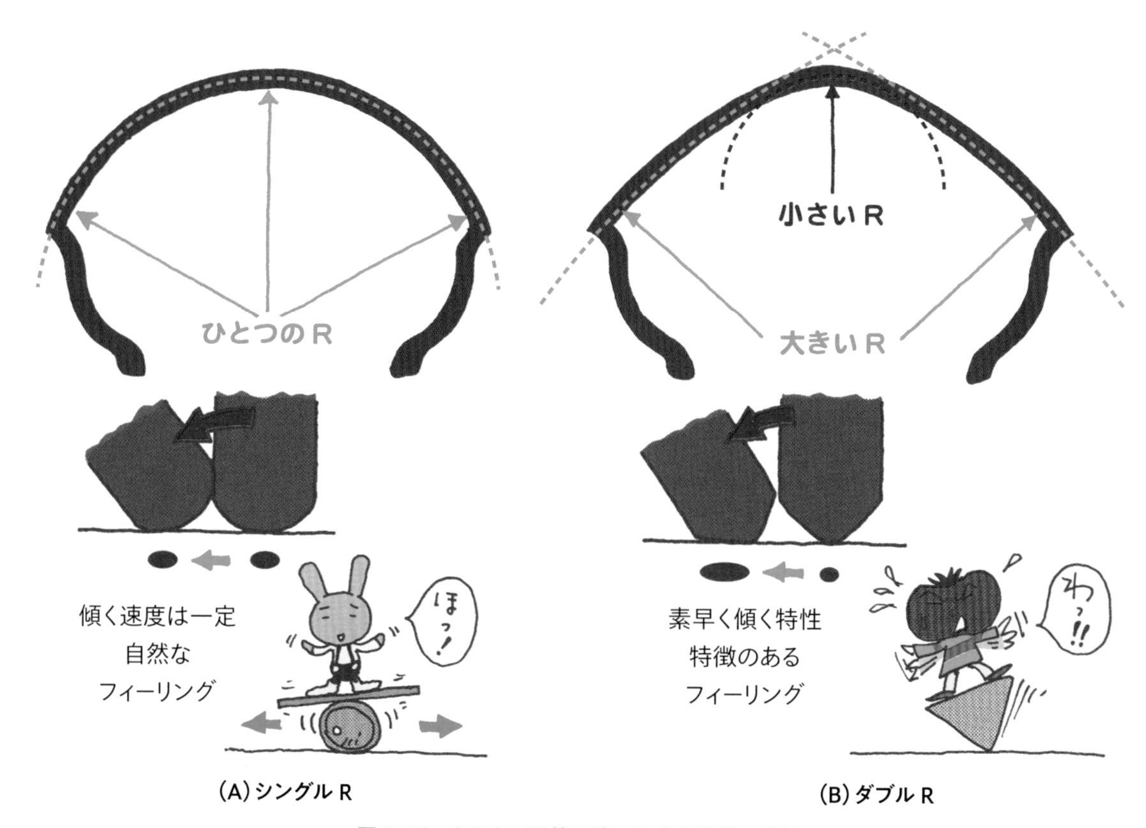

図2-18　クラウン形状の違いによる特性の比較

タイヤの接地面は，
車両の運動性能と密接に関係しているのだよ

タイヤのトレッドパターンが担う役割とは?

一般公道用のタイヤには，トレッドパターンと呼ばれる溝がトレッド面に彫られています．これには，どんな役割があるのでしょうか？

最初に思い浮かぶのは排水性です．水で濡れた路面（ウェット路面）でタイヤを路面に接地させ，力を伝える為に溝から排水しているのです．しかし，二輪車の接地面は四輪車よりも小さく，形状も楕円形なので，四輪車に比べて比較的，排水しやすいのです．さらに，トレッドゴムにシリカという材料が使われるようになり，トレッドゴムのウェット性能を向上させることができるようになりました．

シリカを配合したゴムは，配合していないゴムより，ウェット路面での摩擦係数が高いことが実験から分かっています．また，シリカを配合することでゴムが柔らかくなり，路面の小さな凹凸にもゴムが食い込みやすくなります．そのため，タイヤと路面の間に水が浸入し難く接地が保たれ，路面へ力を伝えられるのです．

このようなトレッドゴムの進化により，トレッドパターンの役割は，排水性能が最優先事項ではなくなり，他の性能にも着目できるようになったのです．

例としてフロントタイヤの摩耗について，特に，トレッドパターンの一部が局所的に摩耗してしまう，偏摩耗について考えてみます．偏摩耗とは，溝の端部が大きく変形し滑ってしまうことで発生する現象です．

前述したトレッドゴムが進化する前のフロントタイヤは，車両を正面から見て逆さまの“ハ”の字（逆ハの字という）を基調とした，接地面外側に水を排出しやすいパターンが多く採用されていました（図 2-19A）．しかし，逆ハの字パターンでは，制動力と旋回力が同時に加わった場合，タイヤが受ける力の方向が，パターンの溝に対し直角になり，大きく変形し偏摩耗しやすいのです（図 2-19B）．タイヤが受ける力の向きとパターンの溝を平行とすれば，溝の変形が抑制され，偏摩耗を発生し難くできます．これを実現するのが，ハの字を基調としたパターンであり，トレッドゴムの進化により採用できるようになったのです（図 2-19C）．

トレッドパターンには，排水性以外にも多くの役割があり，運動性能を左右する要因でもあります．タイヤを開発する技術者は，トレッドパターンによる様々な影響を考慮して設計しているのです．

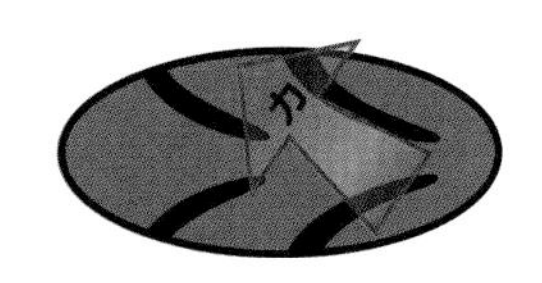

図 2-19　トレッドパターンの役割（フロントタイヤの一例）

「曲がる」ための力はどのように発生するの？

タイヤを変形させる要因

四輪車と二輪車の旋回運動について考えてみましょう．図 2-20 のように，四輪車ではハンドルを切って曲がりますが，二輪車では，それに加えて車体をロールさせるという特徴があることを第 1 章で説明しました．

まず，車体を直立させた極低速での走行中に，ハンドルを切った場合を考えます．このとき，図 2-21A に示すように車体は向きを変え始め，タイヤの進行方向とタイヤの向き（車輪中心面が路面と交わる線の方向）にずれが生じます．このずれた角度を「横すべり角」または「スリップ角」といいます．横すべり角は車体のヨーイングなどにより，後輪のタイヤにも発生します．

次に，車体をロールさせた場合を考えます．タイヤも車体と一緒にロールし，路面に対して傾きます．この車輪中心面と路面に鉛直な線とのなす角度を「キャンバ角」といいます．車体のロール角は，水平面を基準に示しますから，図 2-21B のように路面が傾いている場合，ロール角とキャンバ角は一致しません．タイヤが発生する力は，路面との関係で決まりますから，ロール角ではなく，キャンバ角を考える必要があります．

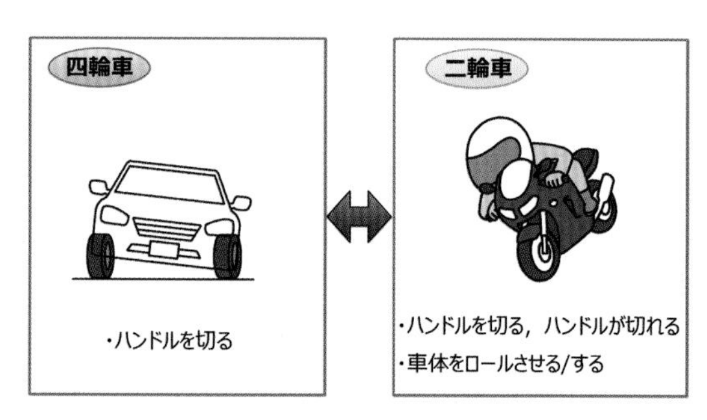

図 2-20　旋回運動の特徴

横すべり角とキャンバ角の二つが，タイヤを変形させる要因です．つまり，旋回中のタイヤは，横すべり角によってねじられ，キャンバ角によってこじられて複雑な変形をしているのです．では，これらのふたつの要素によってタイヤがどのように変形し，力が発生するのかを説明していきます．

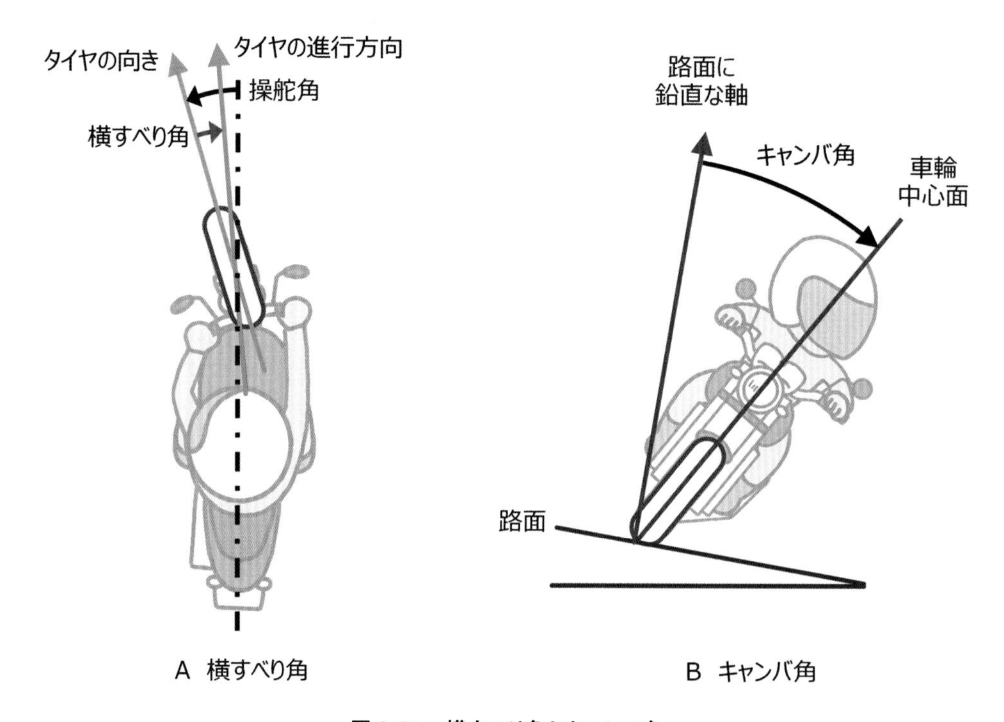

図 2-21　横すべり角とキャンバ角

実際に横すべり角はどの程度発生するのか？

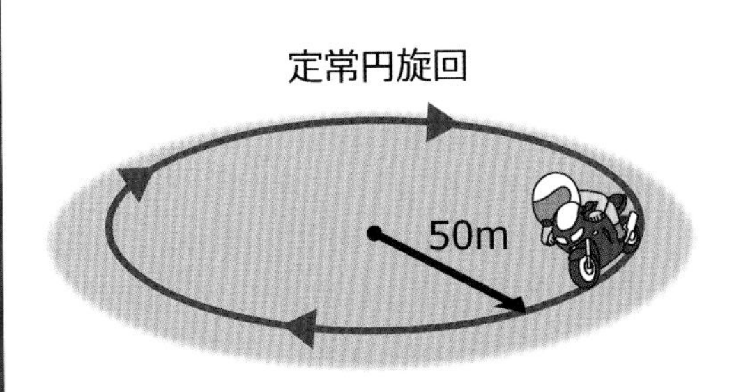

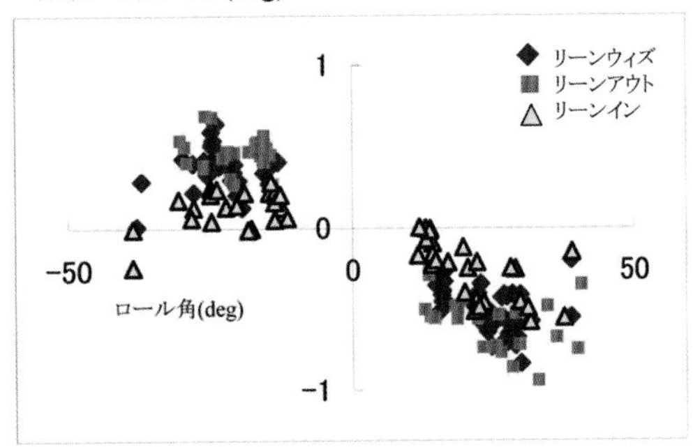

実験車両　排気量1300ccの大型スポーツツアラ

タイヤ横すべり角を計測

光学式2軸速度計測装置

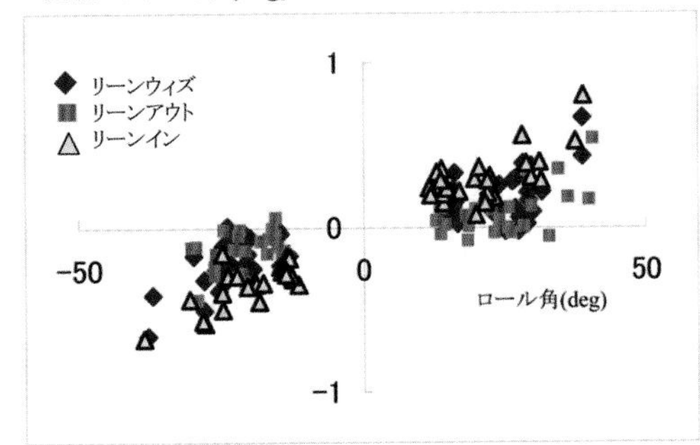

ライダのリーン角ごとの定常円旋回データ
(旋回半径50m)

参考文献　藤井ほか：二輪車の操縦特性調査,ヤマハ技報2009-12　No.45,(2009)

図 2-22　実走による横すべり角の計測

実際に旋回している二輪車は，どの範囲の横すべり角，キャンバ角でタイヤを使っているのでしょうか？

キャンバ角は，路面が水平であれば，ロール角と等しいことから，どういった角度の範囲で使っているのかは，容易に想像ができます．一方，横すべり角は，操舵角とは異なりますから，どの程度の範囲で使っているのかを，直感的に理解することは難しいのです．

そこで，旋回中の横すべり角を計測した実験結果を紹介します．実験条件は，旋回半径 50 m のコースを幾通りかの速度にて，時計回り，反時回りする定常円旋回試験としています．その際の車体挙動を計測するとともに，光学式速度計を用いて横すべり角を計測しています．また，車両を操縦するライダが乗車姿勢を変えて旋回し，その影響も分析しています．

図 2-22 に実験結果の一例として，横軸にロール角，縦軸に横すべり角としたグラフを示します．ロール角が ± 約 40 度の範囲で変化しているのに対して，横すべり角は，前後タイヤ共に ± 1 度を超えていません．次に，乗車姿勢の影響を見てみましょう．リーンインの場合は前輪横すべり角が小さくなり，後輪横すべり角は増加しています．一方，リーンアウトの場合は前輪横すべり角は増加し，後輪横すべり角は減少しています．これらの結果から，定常円旋回のような走行では，横すべり角は小さい領域でタイヤを使っており，ライダの乗車姿勢の影響を大きく受けることが分かります．

横すべり角やキャンバ角の状態を把握することは，発生するタイヤ力の大きさを理解することを意味しており，旋回運動を考えるうえで重要なことなのです．

横すべり角による力の発生

まず，横すべり角による力の発生についてみていきましょう．図 2-23A に示すように，低い速度で直進走行中に，直立状態でハンドルを切ったときのフロントタイヤを例にとって説明します．この二輪車のタイヤを，ブラシのようなゴムの突起がタイヤ外周に配置されたものとして考えてみます．ブロック玩具のタイヤ部品に似ていますが，このような考え方は，タイヤが発生する力を理解する為の基本的な模式モデルであり，ブラシモデルといいます．

このタイヤが，転がっているときに旋回が始まると，図 2-23B のように路面に接触するブラシが変形します．変形のメカニズムを上から見た図（図 2-23C）で説明しましょう．ブラシの付け根はタイヤの一部としてタイヤの向きに転がります．一方，ブラシの先端は路面と接触して路面に密着する（赤色で示した部分）ため，車と同じ方向であるタイヤの進行方向に転がります．このブラシの付け根と先端に生じる転がる方向のずれが，前述した横すべり角であり，このずれによってブラシは変形させられます．ブラシの変形は，路面に接触し始めるタイヤ進行方向の前部分では変形が少なく，後方になるに従って変形量が大きくなります．しかし，ブラシは無限に変形することができないので，最後にはブラシが滑ってしまい，変形が減少します．このような変形を与えられたゴムブラシは，元の形に戻ろうとする力を旋回外向きに路面へ伝え，逆にタイヤ自身はその反作用として旋回内向きに力を受けることになります．この反作用の力を「コーナリングフォース」といい，これが車両の方向を転換するための曲がる力となるのです．

横すべり角が大きくなるほど，接地面の変形が増大するため，タイヤが発生するコーナリングフォースは大きくなり，ある程度の横すべり角まで比例的に大きくなります．しかし，過大な横すべり角を与えた場合，接地している全てのブラシが滑ってしまい，横すべり角とコーナリングフォースの比例関係は崩れるのです．

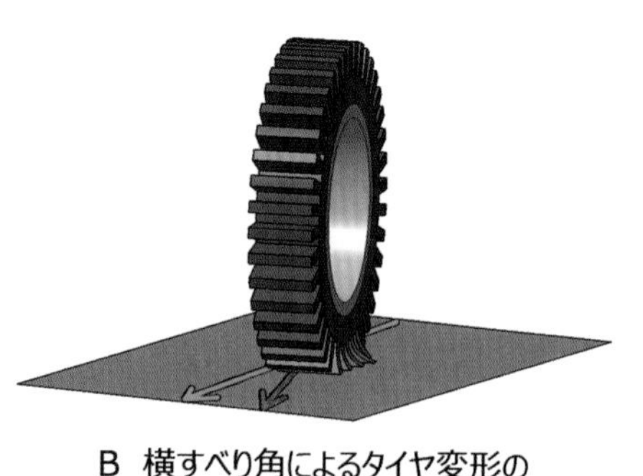

C タイヤのトレッド部を上から見た図

B 横すべり角によるタイヤ変形の模式図

A 極低速で旋回する二輪車

図 2-23 コーナリングフォースの発生メカニズム

キャンバ角による力の発生

次に，キャンバ角による力の発生についてみてみましょう．図 2-24A に示すように，車体を大きくロールさせた旋回状態を想像してください．このとき，ハンドルが中立位置になっていると仮定します．ここで，タイヤを三つのゴムのリングでできたものとして考えます．二本の深い溝が入っているイメージのタイヤです．

車体をロールさせていますから，タイヤには路面との間にキャンバ角が与えられ，図 2-24B のように変形します．ここで，ゴムリングの回転軌跡を考えてみます．もともと円形であるゴムリングは路面と接触していなければ円形状のまま回転しますが，路面と接触することによって路面に沿って直線的に変形を与えられます(図 2-24C)．変形したリングは，前述の横すべり角による変形と同様に，元の形に戻ろうとする力を旋回外向きに路面へ伝え，その反作用をタイヤ自身は旋回内向きに受けます．この力を「キャンバスラスト」といい，車体を傾けるという二輪車特有の運動で発生する，曲がる力となるのです．

では，タイヤはロールをさせればさせるほどキャンバスラストを発生するのでしょうか．キャンバスラストは，ある程度のキャンバ角までは比例的に力を発生しますが，キャンバ角を与え過ぎると，接地面がトレッド端部に近づき接地面積が確保できなくなったり，接地圧の分布が偏ったりするため，キャンバ角に比例した力が得られなくなる場合があります．

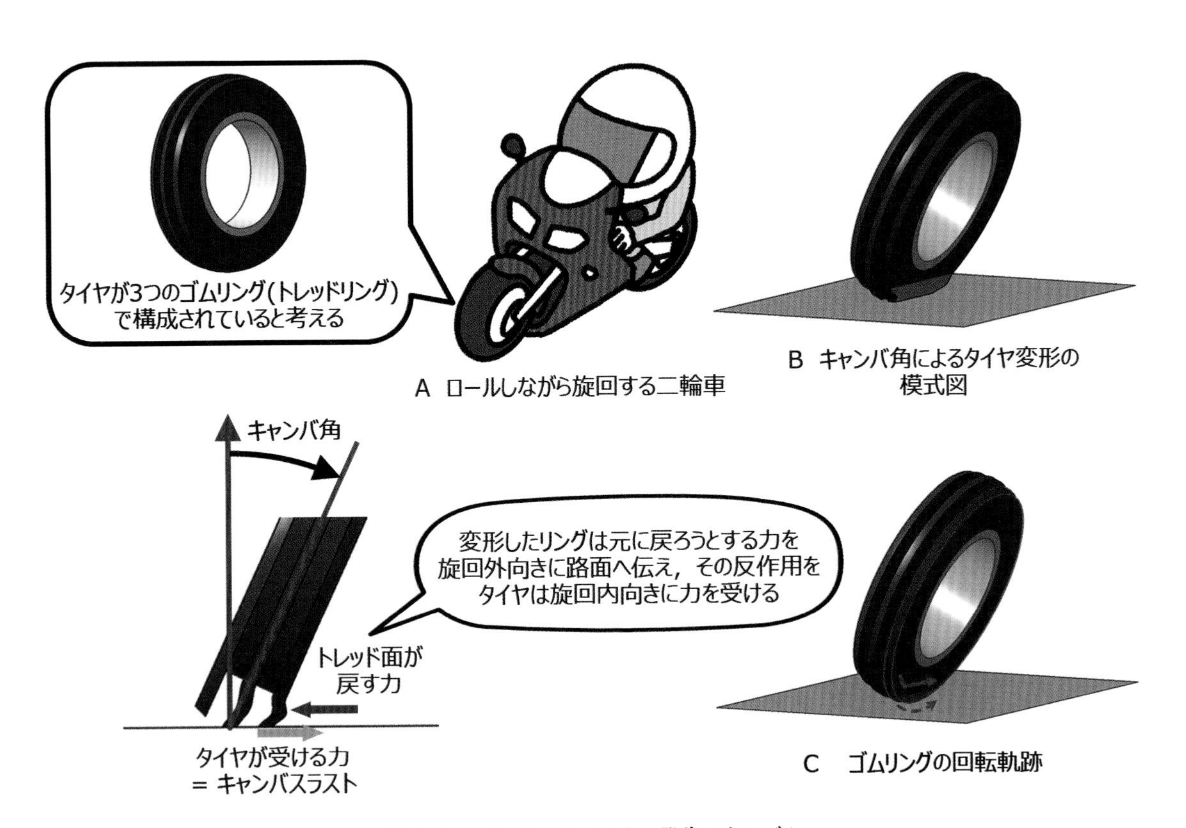

図 2-24 キャンバスラストの発生メカニズム

コーナリングフォースとキャンバスラストの二つが
二輪車が曲がるための基本の力なのだよ

「走る」,「止まる」ための力はどのように発生するの?

前後力の発生

「走る」,「止まる」ための力,前後力の発生について見ていきましょう.前後力は,車両が駆動,制動することで,路面との間に発生します.二輪車は四輪車に比べ,駆動力,制動力による車体挙動が大きいことを説明しました.しかし,タイヤ力の発生メカニズムについては,四輪車と二輪車で基本的に違いありません.

では,直立状態でブレーキを掛けたときのタイヤ力の発生を例にとって説明します.横すべり角による力の発生を考えたときと同様に,タイヤをブラシモデルで考えます.制動した場合,車体速度と車輪速度に差が生じます.この二つの速度から求められる比を,スリップ比といいます(スリップ率ともいう).その速度差をタイヤのブラシがたわむことで吸収し,タイヤはこのたわみにより路面に力を伝えています.

ある範囲の制動力まではタイヤのたわみで速度差を吸収することができ,スリップ比は小さい値となります.しかし,大きな制動力によりたわみが過大となると,速度差を吸収しきれず接地面が滑ってしまい,スリップ比は大きくなります.つまり,発生する力が減少し,ホイールロック状態になってしまうのです.このように,タイヤは前後方向に変形することで前後力を発揮しています.

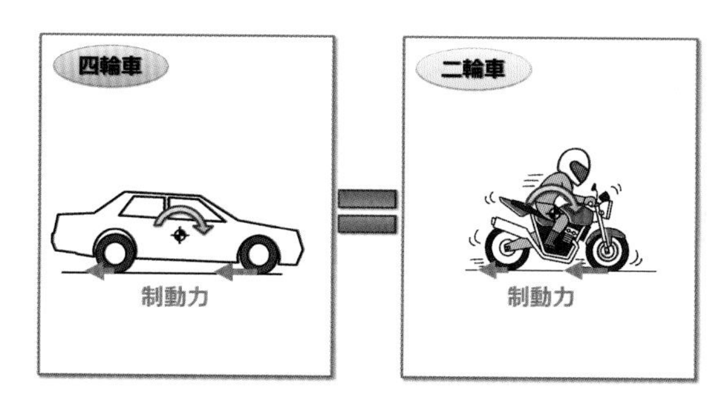

図 2-25 制動時の運動

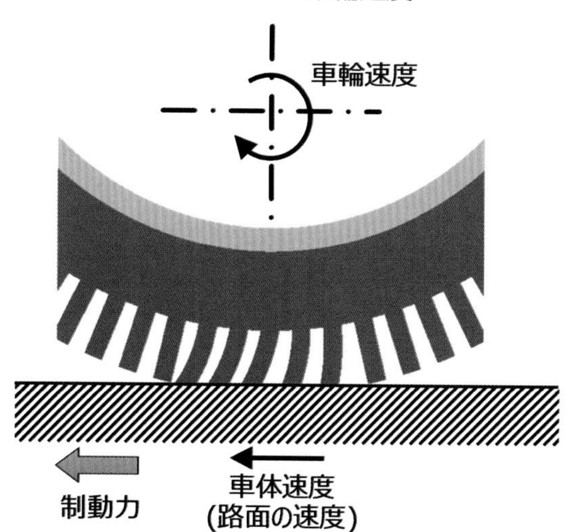

図 2-26 タイヤ前後力の発生メカニズム

タイヤ摩擦円

二輪車の実際の走行においては，コーナーの進入ではブレーキを掛けながら旋回させたり，コーナーの出口では旋回させながら加速したりと，タイヤの前後力と横力が同時に発生する場合が多くみられます．

ここまで説明したように，タイヤの前後力と横力はどちらも，タイヤのゴムが変形することによって発生します．しかし，タイヤのゴムは，無限に変形することはできません．そのため，タイヤが発生させることのできる力には限界があるとともに，タイヤが出せる最大の力を前後力と横力に割り振る必要があるのです．

タイヤが発生できる力を前後力と横力の合力で考えることとし，発生できる力の最大値を半径とした円がタイヤ摩擦円です（図 2-27）．タイヤ力の合力はこの円を超えられません．つまり，前後力を F_x，横力を F_y，タイヤと路面との摩擦係数を μ，垂直抗力を W とすると，$F_x^2 + F_y^2 \leq (\mu W)^2$ という関係が成り立ちます．例えば，加速力に 100 %使っている状態では横力は発生できませんし，制動力に 80 %を使っている場合，合力は 100 %を超えられませんから，発生することのできる横力は $\sqrt{1^2 - 0.8^2} = 0.6$ であり，60 %となるのです．

この摩擦円の半径は，上式からも分かるように，タイヤにかかる垂直荷重によって決まります．これを車両の運動状態で説明すると，減速時には前輪にかかる垂直荷重は増加し，後輪は減少しますので，前輪の摩擦円は大きくなり，後輪の摩擦円は小さくなるということを意味します．

二輪車の運動を考える場合，制動や駆動による荷重の変動が大きいため，車両としてタイヤが発生できる力が大きく増減することに着目する必要があります．

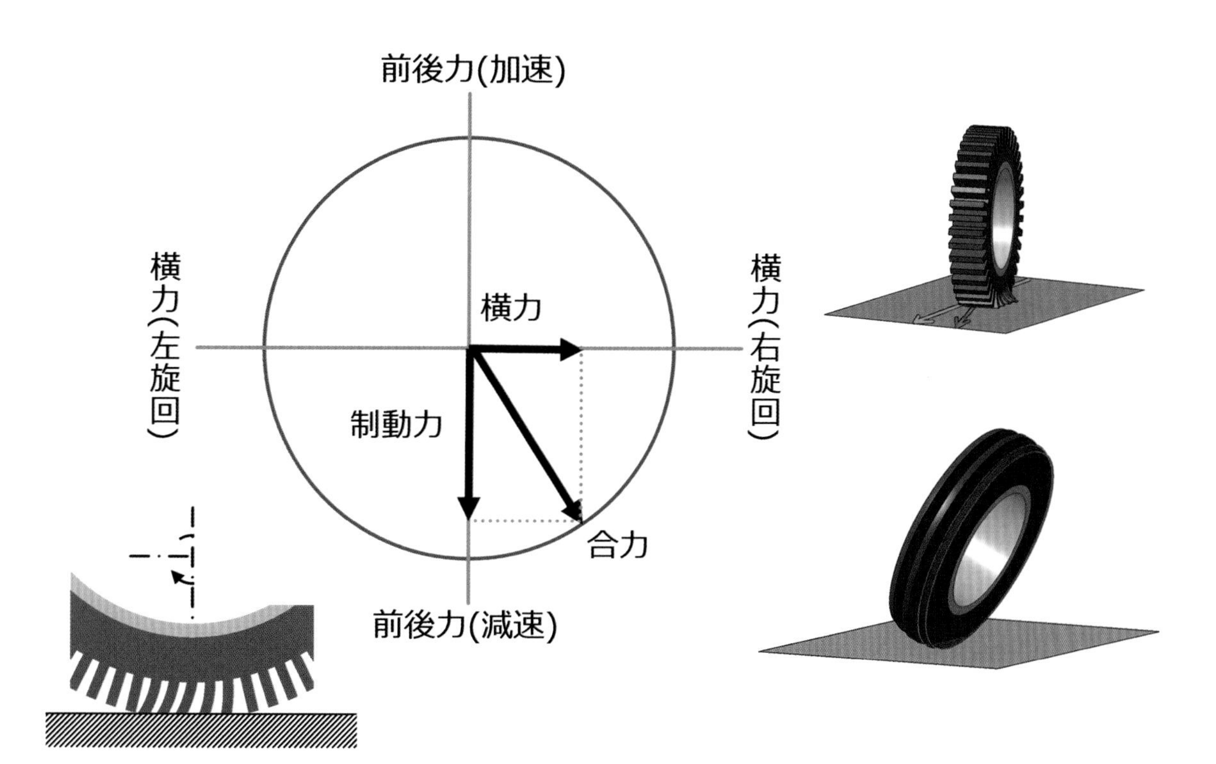

図 2-27　タイヤの摩擦円

前後力と横力の合力は摩擦円を超えることはできないのだよ

ゴムが違うとタイヤの何が変わるの?

ゴムは液体!?

タイヤに最も多く使われている材料は，ゴムです．輪ゴムや長靴など，ゴムは身近なものにも使われていますが，ゴムとは一体どのような素材なのでしょうか．

タイヤに使われているゴムの一つが天然ゴムであり，ゴムの木の樹液を採取して作られます．採取した樹液を精製，凝固乾燥したものが天然ゴムの原材料である生ゴムです．生ゴムの分子構造を見てみると，鎖のように細長く連なった分子鎖が絡み合って構成されています．これにより，引っ張られたときに分子鎖が伸びる特性を持っています．しかし，生ゴムは柔らかく容易に変形させられますが，水飴のように粘り気がある状態で，一度変形させると元の形に戻りません．

発明家のグッドイヤーは，生ゴムに硫黄を混ぜて加熱することで，伸ばしても元に戻るという高い弾性をもつ物質になることを発見しました．分子鎖の間を硫黄などが化学結合して橋架けをすることから，この反応を「架橋」と呼び，特に，硫黄によって架橋反応させる工程を「加硫」といいます．

架橋されたゴムは瞬く間に様々な分野で活用されるようになりましたが，自動車用タイヤのような大きな力が加わる部位には，柔らかすぎて使用することができません．そこで，炭素の微粒子であるカーボンブラックを混ぜ込んで補強し，より硬く，強い特性のゴムにして，タイヤに用いているのです．タイヤが黒いのは，このカーボンブラックが黒色であるためです．

架橋や補強を行うと，まるで固体のように見えますが，ゴムは室温では液体です．液体としての粘性が非常に高いため形状変化の速度が遅く，見かけ上は形状が変化しない固体に見えるのです．ですから，温度が下がるとゴムも固体になり，高い弾性を失い硬くなります．反対に，温度が高くなると架橋が壊れ，伸縮できない生ゴムのようになってしまい再び温度が下がっても高い弾性を持つゴムには戻らないのです．

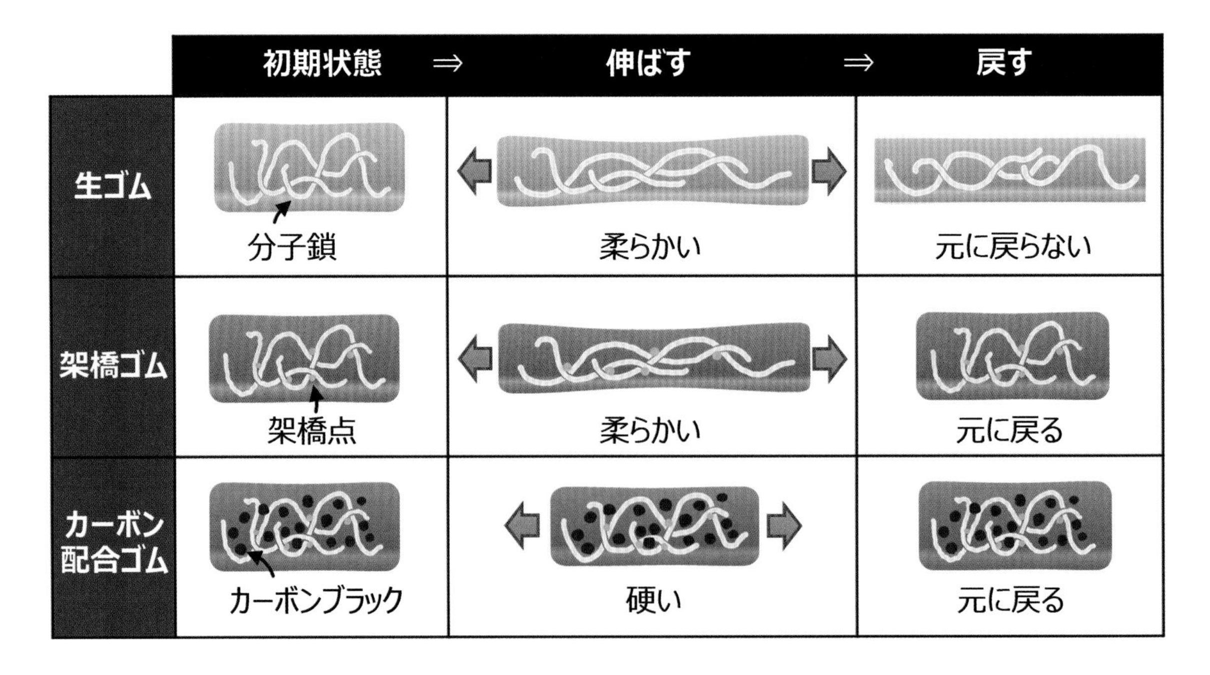

図 2-28　ゴムの分子構造と特性

ゴムと路面の関係

ゴムでできているタイヤは，ゴムと路面の間の摩擦と，ゴムの弾性変形によって力が発生できることを学びました．ですから，ゴム材料の特性が，タイヤ力に大きな影響を与えることは容易に想像できるでしょう．では，タイヤと路面との関係から，その影響について考えてみましょう．

自動車用道路に多く用いられているアスファルト路面をよく見てみると，小石を敷き詰めて固められ，小石同士の間には隙間が空いて凹凸があるのが分かります．さらに小石の表面には，目には見えない程の小さな凹凸があります．タイヤのゴムは，このような大小の凹凸がある路面に，車両などの質量で押し付けられて接しています．ゴムは柔らかいので，押し付けられることで凹凸に食い込むように変形します．路面にゴムが食い込むことによって，路面との摩擦が大きくなり，よりタイヤをたわませることができるのです．

ゴムが柔らかいほど路面への食い込みが増え，摩擦を大きくすることができるので，タイヤが発生できる力は大きくなります．しかし，柔らか過ぎると食い込んだゴムの変形が大きくなり，ちぎれやすくなります．つまり，タイヤが摩耗しやすくなってしまうのです．

タイヤの開発では，架橋や補強の度合いの調整によって弾性と剛性をコントロールし，用途に見合った特性になるようにゴムを設計しています．例えば，スポーツ車両向けのタイヤには大きな力が発生できるように比較的柔らかいゴムを用い，ツーリング車両向けのタイヤには摩耗しにくいように比較的硬いゴムを用いているのです．

ゴムは温度によって状態が変化することを説明しました．タイヤに使われるゴムは，その機能を維持できる温度の範囲はとても広く設計されていますが，温度が下がるほどにゴムは硬くなります．そのため，路面へのゴムの食い込みが減少し，タイヤ力が得にくくなります．そこで，ゴムを変形させひずみを与え，ゴム内部の摩擦により発生する熱で温度を上げるのです．これがタイヤのウォームアップです．一方，温度が上がり過ぎると，ゴムが柔らかくなり過ぎます．ですから，高速で走行するロードレース等では，走行中のタイヤの温度管理が重要となるのです．

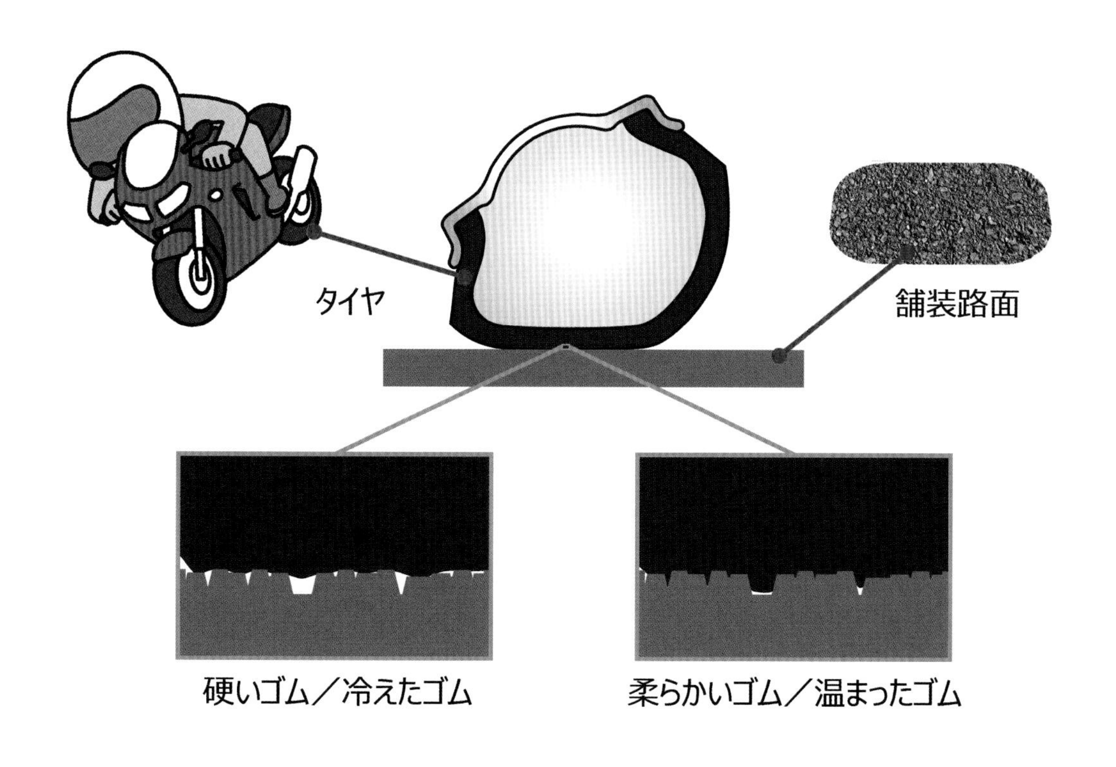

図 2-29　ゴムの路面への食い込み

2.3 タイヤの開発

開発プロセスと製造

タイヤを開発するプロセスを紹介しよう

タイヤはどう作られる？

皆さんは，タイヤがどのような工程を経て製造されるかをご存知でしょうか．タイヤの原型は，パンの生地を作るかのように，ゴムなどのいくつかの材料や薬品を練り混ぜて，薄く伸ばした後に繊維などを貼り合わせてでき上がります．さらに，でき上がった生地を，たい焼きのように型に入れて加熱し，最終的に製品としてのタイヤが成形されるのです．

このようにタイヤの製造工程は非常に特徴的ですが，他の部品同様に狙いとする形状や特性値が達成できるように設計図面が作られ，生産されているのは言うまでもありません．では，どのようなプロセスで，タイヤは開発されるのでしょうか．

本節では，タイヤが開発されていく過程の中で特徴的な事柄について解説するとともに，タイヤの製造工程について紹介していきます．

タイヤ開発の流れ

タイヤの開発における仕様の決定は，タイヤの構造や諸元などを決めていく「設計」，タイヤが設計通りにできているのかタイヤ単体の特性評価を行っていく「台上テスト」，完成車に装着し，テストライダによる実車評価や実走挙動データからタイヤの機能や性能の判定を行う「実走テスト」の，大きく３つのプロセスで行われていきます．

では，タイヤ開発の流れについて，具体的に説明します．開発をスタートするにあたり，目標や狙いとなる性能を決定します．例えば，旋回性能，ドライ／ウェットでのグリップ力，接地感／吸収性，耐摩耗性能といった項目になります．

続いて，それらの目標性能をどの設計要素で達成させるか，タイヤのどの要素で性能を達成させるのかを検討するとともに，台上特性値や接地形状の目標値を設定します．そして，構造，寸法諸元，断面形状，ゴム，パターンなどの具体的な仕様を決めていきます．仕様の検討においては性能予測ツールを活用し，試作に移る前に狙いの台上特性値を再現することができるのかを予測し，検討結果を設計に落とし込みます．

狙いの台上特性値が得られる見通しが立てば，実際にタイヤを試作し，現物でのテストを行っていきます．台上テストでは，狙った接地面形状やばね特性，横力特性が得られているのかを確認していきます．実走テストでは，目標性能の到達度を主にライダの感覚による評価(官能評価)にて判断します．これは，ライダが車両の運動に及ぼす影響が大きいためですが(第４章の人間・二輪車系を参照)，評価の客観性を補うために実走挙動データも活用されます．

タイヤ単体から完成車へと複雑な流れを持つタイヤ開発の一助となるツールが，シミュレーション技術です．完成車としての実走挙動を予測する「完成車シミュレーション」は，台上テストなどによって測定されるタイヤ特性値を用いることで実行可能となります．また，タイヤの構造から得られる特性を予測する「単体シミュレーション」も研究・開発されています．これらのシミュレーションは，新しいコンセプトの車両に装着するタイヤの開発や，試作したタイヤが狙いの性能に到達しなかった場合などに有効です．現物によるテスト結果とシミュレーションを比較し考察することで，原因の特定が容易になる場合があるからです．

以上のようなサイクルを回し，目標性能を達成すべくタイヤ開発を進めていくのです．

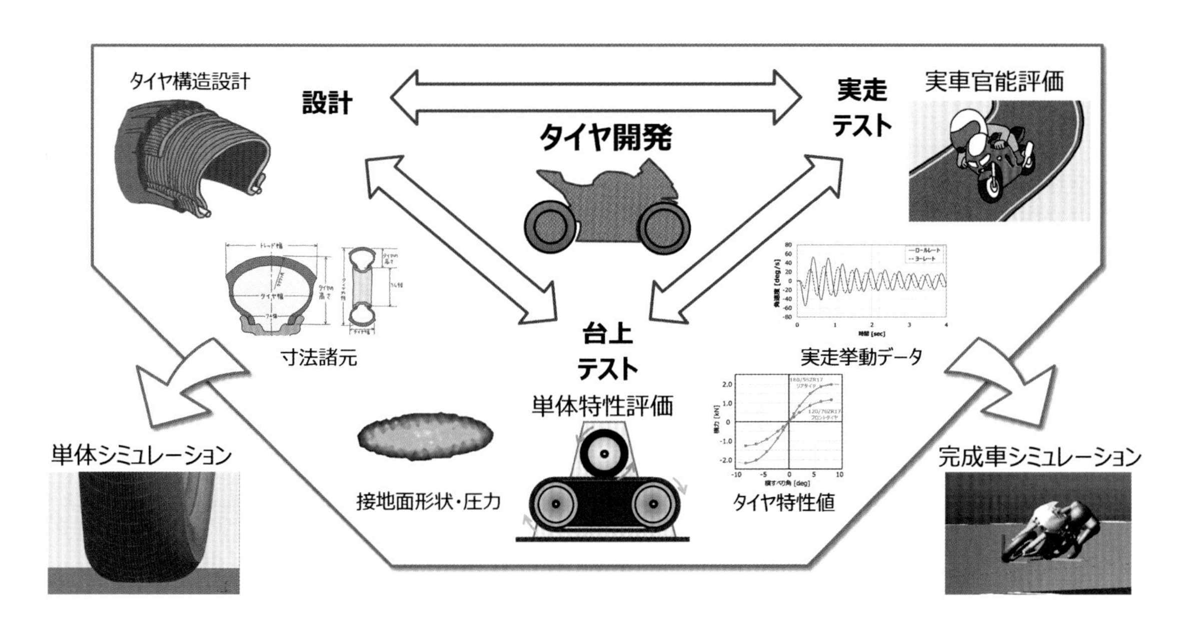

図 2-30　タイヤの開発プロセス

タイヤの台上テスト

台上テストには，様々な試験設備が用いられます．横力などの測定を行うタイヤ性能試験機(操縦性試験機とも呼ばれる)には，平板式やドラム式などの形式がありますが，ここでは，図 2-31 に示すフラットベルト試験機による測定について説明します．

フラットベルト試験機は，実際の路面に近い接地形状でタイヤ発生力を測定できるという特徴を持っています．その構造は，ベルトコンベアのように筒状のスチール路面を両端の小さなドラムで引っ張りながら回転させ，平面となる部分にタイヤを接地させてタイヤが発生する力を測定するというものです．このとき，測定するタイヤを取り付けたフレームやベルト機構を稼働させ，タイヤに横すべり角を与えたり，キャンバ角を与えたりして測定します．では，試験機にて測定したデータを見ていきましょう．

図 2-32A は，横すべり角と横力の関係を表す，コーナリングフォース特性線図です．この線図は，キャンバ角を 0 度とし横滑り角を−8 度から＋ 8 度まで変化させたときの横力の変化を示しています．横力発生のメカニズムでも説明したとおり，横すべり角が小さい範囲では，横力はほぼ線形に変化しています．そして，横すべり角が大きくなると，横力の増加は非線形になります．一般的な走行条件で使用される横滑り角の範囲は線形領域と同程度ですが，タイヤの特性を把握するために大きな横滑り角まで試験を実施します．

図 2-31　フラットベルト試験機(名古屋大学)

図 2-32B は，キャンバ角と横力の関係を表したもので，キャンバスラスト特性線図といいます．この線図は，横滑り角は 0 度のまま，キャンバ角を−5 度から 30 度まで変化させたときの横力の変化を示しています．この横力がキャンバスラストであり，30 度までの範囲ではほぼ線形に変化することが分かります．

これらの特性線図の，線形範囲における特性線の傾きを「コーナリングスティフネス」「キャンバスティフネス」といい，タイヤ横力特性の指標として車両の開発に広く用いています．

各グラフには前輪用と後輪用のタイヤデータを示していますが，サイズの違いによって発生横力に差異があることが分かります．前後で異なるサイズのタイヤを装着した二輪車では，完成車として狙いの操縦特性にまとめていくために，それぞれのタイヤの横力特性を適切にコントロールする必要があるのです．

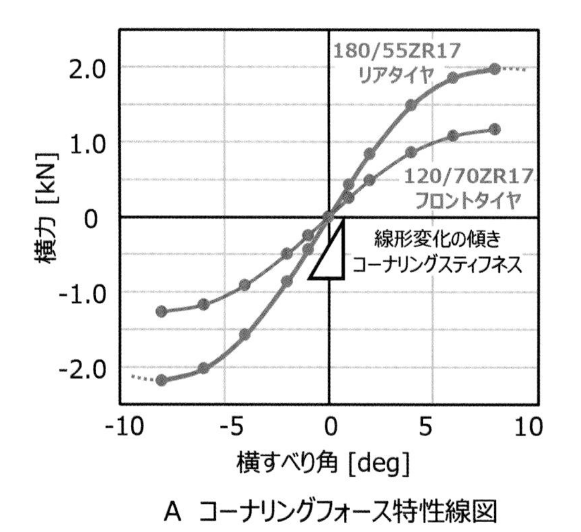

A コーナリングフォース特性線図

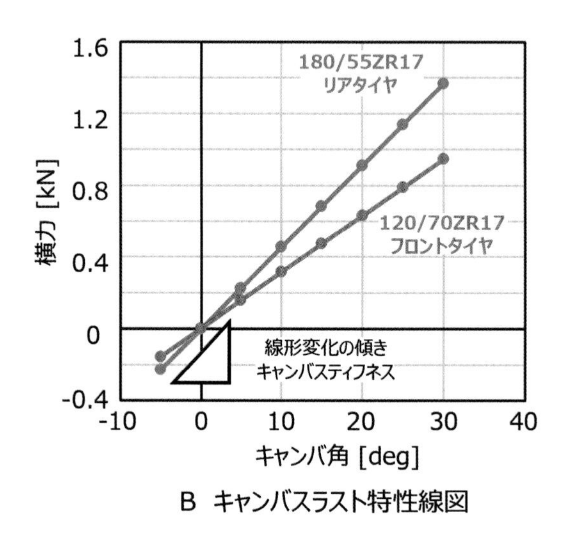

B キャンバスラスト特性線図

図 2-32　試験機によるタイヤ特性測定データ

タイヤの実走テスト

タイヤの実走テストでは，開発しているタイヤやそれを装着する車両を購入するユーザーの使い方を想定して，様々な路面や条件で評価を行います．特徴的なテストコースを紹介しながら，評価項目を解説します．

高速周回路では，タイヤの構造に不具合が無いか，安定性や操縦性などの機能・性能を発揮できるかを，車両の最高速まで実際に確認して，評価します．

ワインディング路では，一般公道を想定した旋回から，キャンバ角が最大となるような旋回まで行い，適切な旋回性能を発揮するかを評価します．

特殊路と呼ばれる路面は，ひび割れて荒れた路面や石畳，轍などの路面が再現されており，凹凸による衝撃を和らげる機能や，接地荷重が変動しても安定してタイヤ力を発生できるかを確認します．

ウェット路では，散水して水が溜まるような状況を作り出し，乾いたドライ路面だけでなく，濡れた路面での旋回性能やブレーキ性能も確認します．

また，新車に装着される OE タイヤではない補修用タイヤ(リプレイスタイヤ)の場合，同じタイヤサイズであっても装着される車両が変わってきます．そのため，異なる路面条件下での性能確認だけでなく，様々な車両を用いて，車両が変わっても必要な性能が発揮されているかを確認しながら開発しているのです．

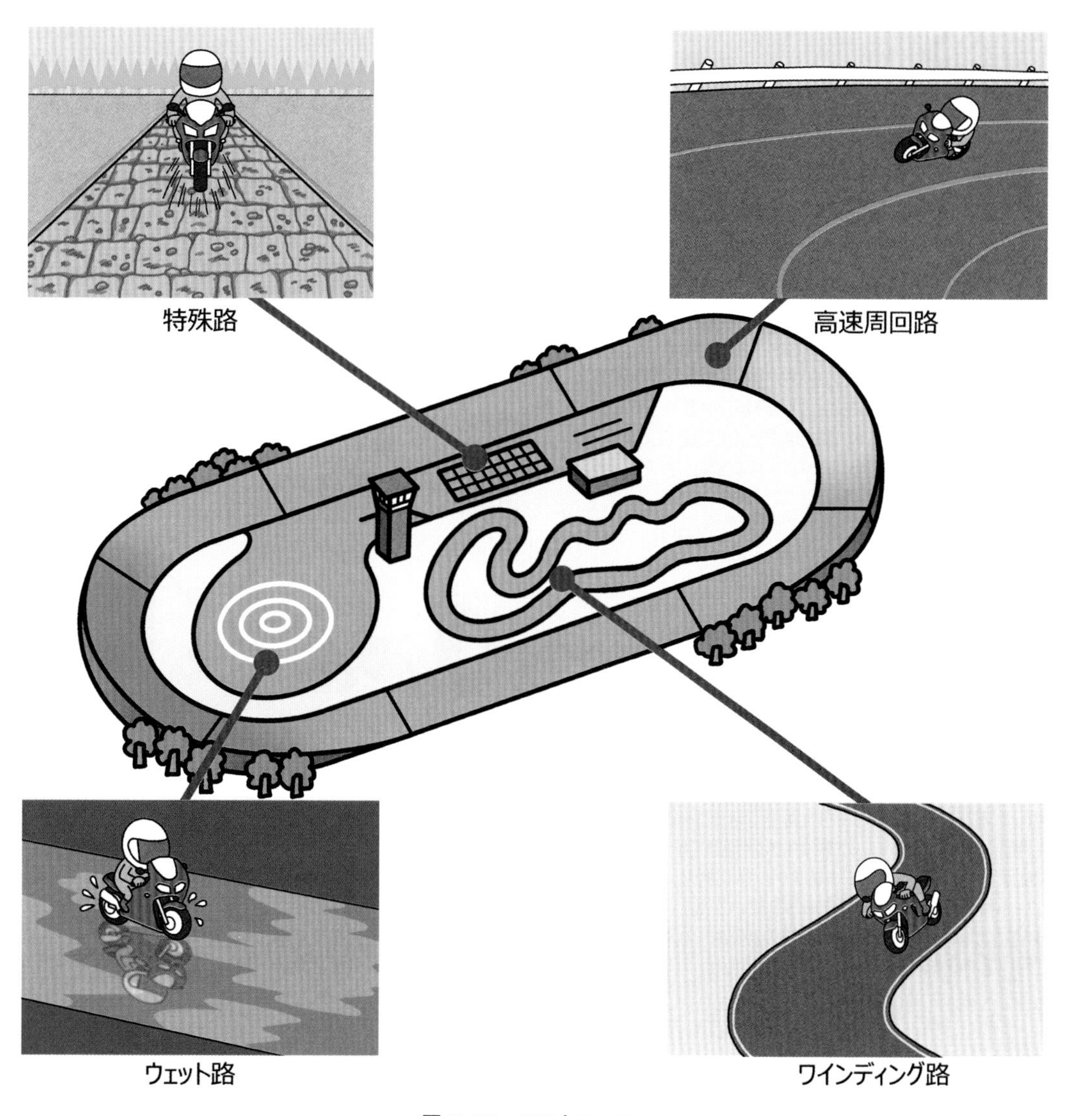

図 2-33　テストコース

タイヤの製造工程

一見するとゴムの塊のように見えるタイヤですが，タイヤの構造の節で述べた通り，様々な部材から構成されています．では，それぞれの部材がどのように作られ，組み合されてタイヤになるのでしょうか．タイヤの製造工程を見ていきましょう．

【ビード工程】
生産するタイヤのリム径に合わせたビードを作ります．まず，数本のスチールワイヤーを組み合わせ，ゴムをコーティングします．そのワイヤーを金属リングに数周巻き付けカットした後，端部が剥がれないように固定します．

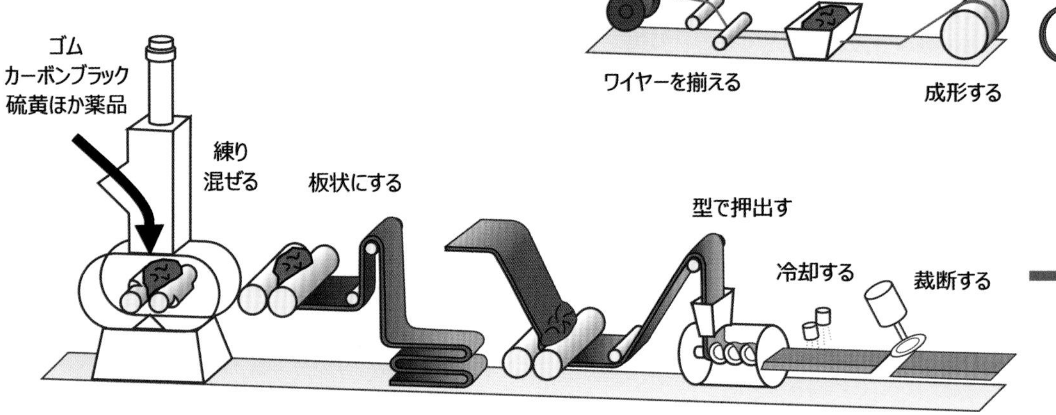

【混合工程】
天然ゴムや合成ゴムと，シリカやカーボンなどの補強材，オイルやその他薬品をバンバリーミキサーと呼ばれるゴム練り機で混ぜる工程です．材料が均一に分散するようにせん断応力を掛けながら混ぜ，板状にします．混ぜるといっても，小麦粉に牛乳や玉子を混ぜてケーキ生地を作るような易しい工程ではなく，ガムと煎餅を噛みながら均一化するような工程です．

【押出工程】
混合工程で練られたゴムに熱を加え柔らかくした後，スクリューで押出し，板状のトレッドゴム，サイドウォールゴムを作る工程です．押出し機の出口には口金が取り付けられており，口金の形状でゴムの断面形状が決定されます．つまり，タイヤのゴム厚は，この工程で決まります．押出しされた後のゴムは水で冷却し，形状を安定させます．

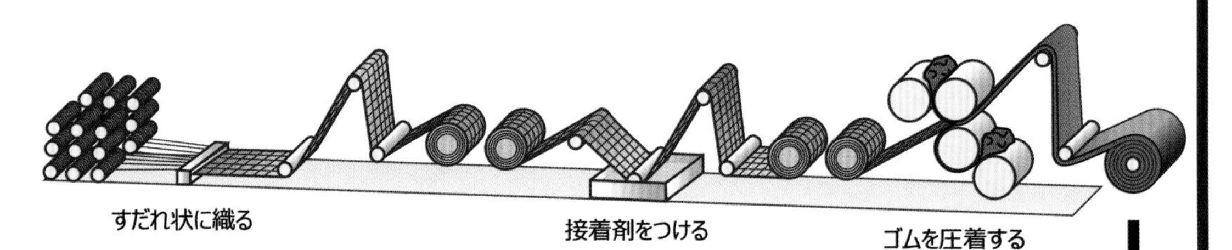

【コード/カレンダー工程】
カーカスにはナイロンやレーヨン等でできたコードが用いられますが，コード単体には接着性がありません．そこで，コードをすだれ状に織り，コード両面に二対の金属ロールを使いゴムを熱しながら圧着させて，接着性のあるカーカスコードをつくります．

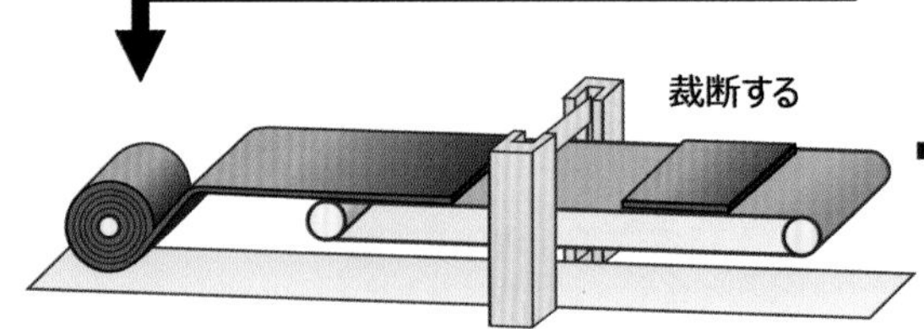

【裁断工程】
コード/カレンダー工程で作られたゴムが圧着されたカーカスコードを，裁断する工程です．生産するタイヤに合わせ，一定の幅，角度に裁断し，繋ぎ合わせていきます．

【成形工程】
各工程で作られた部材を組み立ててタイヤの形にしていく工程が成形工程です．筒状の成形フォーマーにカーカス，トレッドを巻き付け，ビードを打ち込んでタイヤの原型となる生タイヤ(グリーンタイヤともいわれる)を作ります．この生タイヤには，トレッド部にはパタン(溝形状)は．サイド部にはマーキングは刻まれていません．

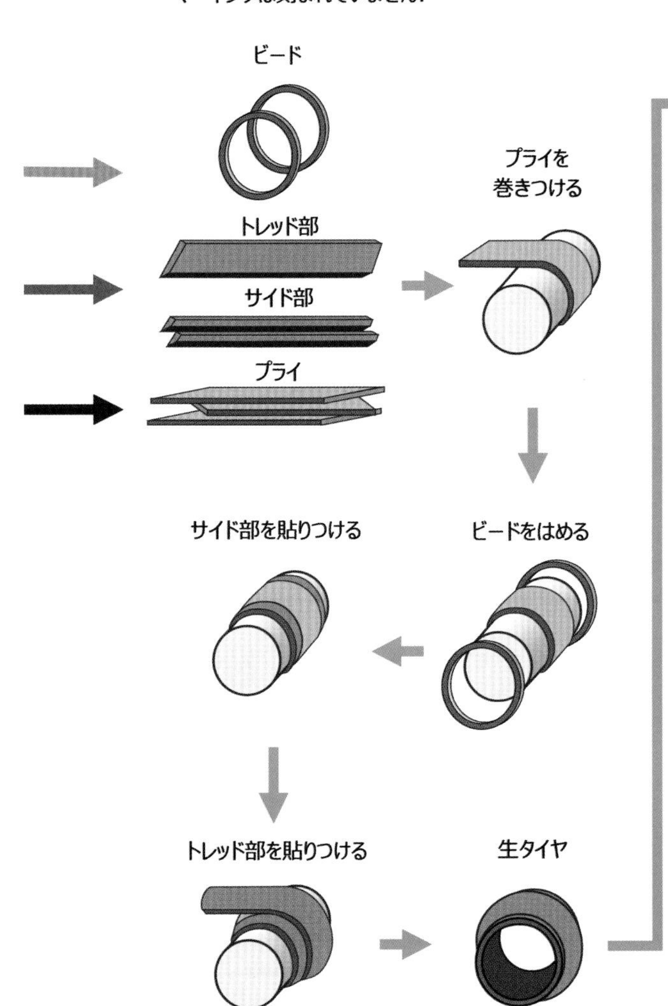

【加硫工程】
成形工程でできた生タイヤをタイヤの形に仕上げるのが加硫工程です．タイヤのパタン，サイドマーキングが刻印された金型に生タイヤを入れ，150℃以上の熱と内面からの圧力を加え仕上げていきます．

【検査工程】
完成したタイヤは，決められた検査基準に基づき，内外観，均一性等，1本1本細かく検査され，検査基準を満たしたタイヤのみが出荷されていきます．

タイヤを構成する各々の部材は異なった製造工程で作られ，組み合わされてでき上がるのだよ

バンク中の速度をコントロールしよう

四輪車のタイヤとは異なり，
二輪車のタイヤは断面が丸い形をしておる．
そして，バンクさせて曲がるという特徴がある．

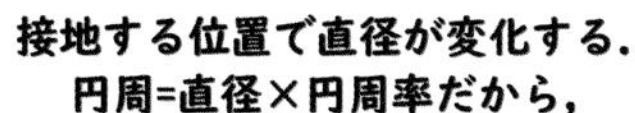

車体を立てて直進しているときは，
タイヤの中央部が路面と接している．

車体をバンクさせ曲がっているときは，
タイヤの端の方が路面に接する．

路面との接地点は移動するのだ．

接地する位置で直径が変化する．
円周=直径×円周率だから，
バンクさせた方が
円周＝転がる距離が
短くなる．

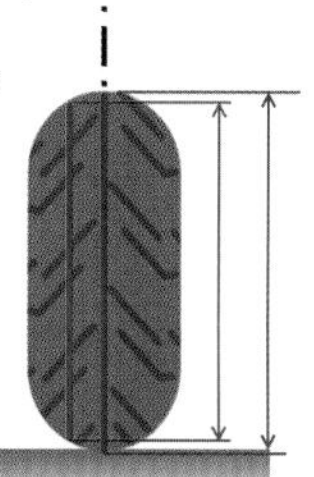

バンクさせたときの方が，
1回転で転がる距離が
短くなる　．

また，タイヤが曲がる
ための力を発生すると，
転がる抵抗が増えるのだ．

したがって，平らな路面で，
一定のエンジン(モータ)回転数で走っているときに
車体をバンクさせて一定のコーナーを曲がった場合，
直進状態に対し，わずかに速度が低下してしまうのだ．

アクセルの開度を微妙にコントロールする必要がある．
手首の動きを妨げないようグリップを持ち，アクセルを回すのだよ．

小指側を
巻き込むように持つ

第3章
二輪車の運動性能 #2

3.1 二輪車特有の振動

二輪車の固有モード

オートバイが振動するって?

二輪車特有の振動

二輪車で走行中に，トラックに追い越された際に走行風を受けたり，高速道路などにみられる橋の継ぎ目のような段差を通過したり，また，車線から逸脱しそうになり進路修正のために急操舵したことをきっかけとして，車体やハンドルがフラっとすることがあると思います．一般の市販車では，このような挙動はすぐに収まるように設計されています．

一方，荷物の積載により車体の動きが大きく変化することを感じた方も少なくないのではないでしょうか．例えば，二輪車の楽しみ方の一つであるツーリング，特に長距離ツーリングやキャンプツーリングなどでは，車両にたくさんの荷物を積んで走行することになるかと思います．車両には最大積載量が車種ごとに定められていますが，それを超えるような積載状態で高速走行をした場合，ライダが不安に感じるフラつきが持続してしまうことがあります．

物体が振り子のように往復運動することを，振動といいます．二輪車の振動というと，エンジンなどから発生する細かい揺れを思い浮かべる人が多いかと思いますが，先ほど例に挙げたような，車体全体がフラつく挙動も振動現象の一つとして考えることができます．

では，二輪車の運動性能として考えなければならない振動現象について，解説していきましょう．

振動の形を考える

まずは，簡単な振動現象について考えてみましょう．皆さんが遊んだことのあるブランコ．図 3-1 のように座板に座り，足を伸ばして後上方に座板を持ち上げ，足を地面から離すとブランコは揺れだします．これは，糸におもりをつけた振り子の原理で振動するもので，静止状態の釣り合い位置に戻ろうとして揺れるのです．ブランコが揺れる周期(一回，往復して揺れるのにかかる時間)は，ブランコの鎖の支点からおもりとなる人間を含む重心までの距離で決まります．そして，ブランコは人間が受ける空気抵抗や，支柱と鎖の間に働く摩擦などの影響によって徐々に振れ幅が減少します．

一方，物体自体が移動しなくても振動現象は発生します．固定された物体に力を加えると変形しますが，ある一定の力の範囲内であれば，力を取り除くと物体は元の形に戻ろうとします．このとき材質にもよりますが，徐々に振れ幅を減少させながら元の形に戻ります．例えば，図 3-2 のように定規を机の縁に固定して，手ではじいてみます．すると定規が振動し，やがて収まります．このとき，振動する定規は，図に示すような変形を伴っています．この場合の振動は，物体の質量とばねの作用に影響される運動といえます．

次に，二輪車のような複雑な機械の振動現象について考えていきます．まずは，身近な機械の振動について，洗濯機を例にとって見てみましょう．図 3-3 に示すように，脱水開始時の洗濯槽がゆっくりと回り始めている状態では，機械全体がグラグラと気づかない程度に揺れます．そして，脱水が進み洗濯槽の回転が速くなると，ガタガタと音を立てて揺れだすことがあります．特に，洗濯物を入れすぎたり，洗濯槽の中で洗濯物が偏ったりした場合に，その振動は大きくなります．この振動は機械自体を壊してしまうこともありますから，設計段階で振動が激しくならないように考慮されています．以上のように，洗濯機には揺れる周期や形の違う振動が発生したりします．

このような現実でみられる複雑な振動現象は，いくつかの振動に分解して考えることができ，それらの分解された振動のことを「固有モード」といいます．洗濯機の事例では，グラグラとガタガタの二つのモードがあると考えられます．

二輪車の運動にもいくつかの固有モードがあります．学術的には，キャプサイズ，ウォブル，ウィーブという三つのモードが注目されています．このうち，ウォブル，ウィーブは，冒頭に説明したような条件で発生することがある周期的な振動です．そこで，この二つのモードについて説明していきましょう．

図 3-1　ブランコの振動

図 3-2　弾いた定規の振動

図 3-3　洗濯機の振動

二輪車の固有モードってどんな動き?

ウォブルモードとは

ウォブルは，シミーとも呼ばれる，操舵系が操舵軸回りに回転振動するモードです．この現象は 60 km/h から 70 km/h 以上の中高速での走行時に発生し，振動周波数(周波数とは，1 秒間に揺れる回数であり，周期の逆数で示されます)は 6～10 Hz(1 秒間に 6 から 10 回の振動)と速い動きを示します．振動周波数は車速が上昇しても大きく変化しません．ウォブルは冒頭で述べたように外乱により引き起こされるほか，ホイールのバランス不良やリムの変形などによる振動から誘発してしまうこともあります．

ウォブルの発生に影響する要因について考えていきましょう．ウォブルは操舵系が振れだす現象ですから，操舵軸まわりの慣性モーメント(物体の回転のしにくさ，あるいは回転の止まりにくさを表す量)が大きいほど発生しにくくなります．操舵系を構成する部品の重心位置は，キャスタ角やトレールなどにより決まるため，これらも影響を及ぼします．キャスタ角，トレールを大きくすると速度域によって振動が発生しにくくなりますが，トレールを大きくし過ぎると発生しやすくなる場合もあります．

また，車体が外力によりたわんで戻ろうとするばね特性である車体剛性の影響も，要因として挙げられます．特に，操舵系の横曲げ剛性やメインフレームのねじれ剛性が影響を及ぼすことは，実験結果だけでなく数式による運動解析の結果からも明らかにされています．

さらに，フロントタイヤの剛性や，タイヤが力を発生するまでの遅れ時間などがウォブルに影響を及ぼすとされています．

ここまで，操舵軸が正しく機能していることを前提として，ウォブルモードの発生に影響する要因について述べてきました．一方，ステアリング部のベアリングが破損し操舵系にガタが生じたり，ステアリングの動きが渋くなっていたりする場合にもウォブルが発生することがあります．ですから，ステアリングの動きのスムーズさや，各部の締結が緩んでいないか，あるいは，締まりすぎていないかなど，定期的な点検を行うことが重要となります．

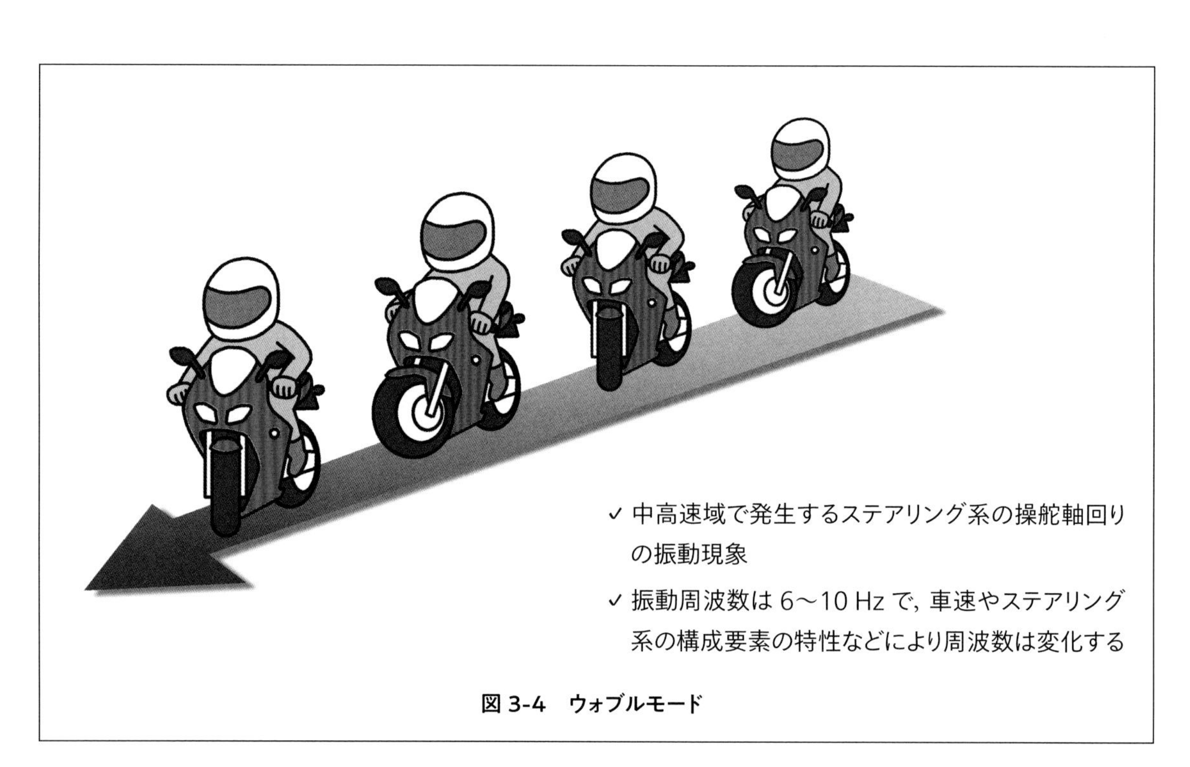

図 3-4　ウォブルモード

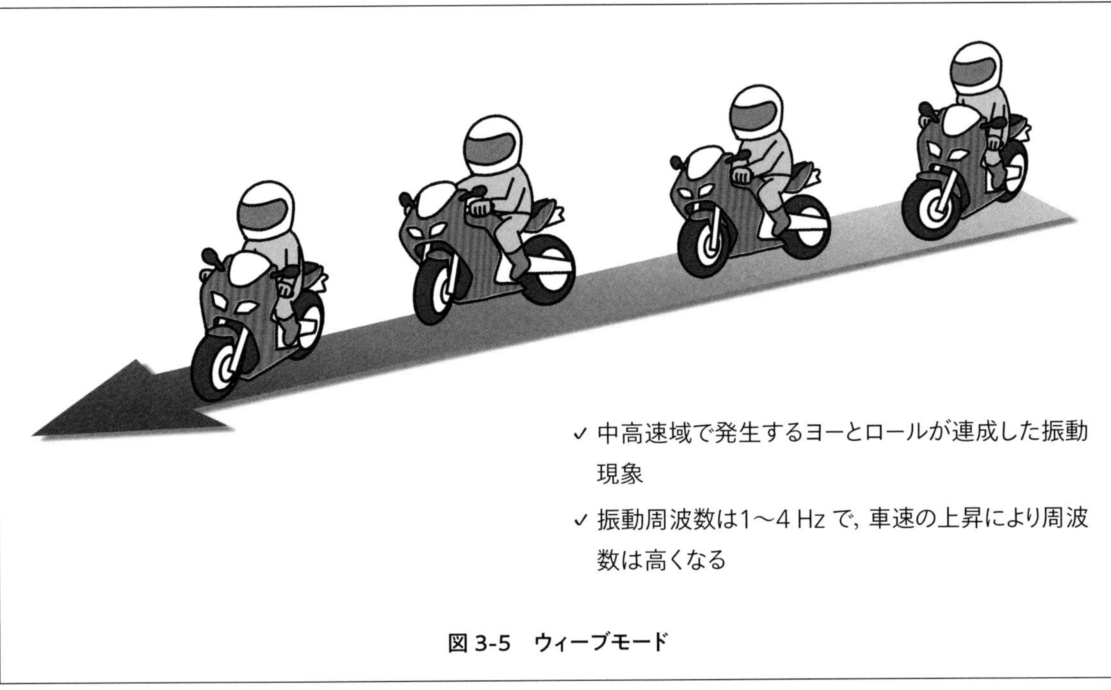

図 3-5　ウィーブモード

ウィーブモードとは

ウィーブは，ヨー運動とロール運動が混ざり合った(連成という)振動であり，ウォブルモードと同様に中高速走行時に発生します．振動周波数は 1〜4 Hz(1 秒間に 1 から 4 回の振動)ですが，車速の上昇にともなって周波数も上昇します．

ウィーブの発生に影響する要因について考えていきましょう．車体全体が振動する現象ですから，ホイールベースや車体の重心位置の影響を受けます．ホイールベースは長い方が，重心位置は前輪に近い方がウィーブは発生しにくくなります．また，重心高は，高いほど車体がゆっくり倒れるようになるため，ウィーブを抑制することが知られています．一方，荷物などの質量を車体後部に積むことにより，車体の慣性モーメントが変化し，ウィーブを増幅させる傾向があります．そのため，冒頭で述べたとおり，荷物を積む際は規定された重量に収めるようにしましょう．

さらに，スイングアーム剛性やリアタイヤの剛性の影響も小さくありません．タイヤの剛性は，空気圧によっても変化しますから，指定空気圧に調整されていない場合には，このような振動を誘発してしまう可能性があります．

実際の二輪車にはライダが乗車します．上図のように，ウィーブが発生した場合，ライダが振動により車体とは逆方向に振られることがあります．このようなライダ自身の動きや振動は，ライダの意図しない車体の振動を増幅したりするだけでなく，逆に振動を減衰したりします．特に，ウィーブモードはライダの影響を大きく受けます．これらライダの影響については，第 4 章の人間・二輪車系にて詳しく説明します．

二輪車の振動を起こしにくくし，安定して走らせるためには
日ごろの適切なメンテナンスも重要なのだよ

挙動データを見る

二輪車が持つ固有モードについて，その現象について言葉で説明してきました．では，こうした現象を数値データで見てみると何が見えてくるのでしょうか．またデータをどのように見たらよいのでしょうか．

図 3-6 は，直進走行している過積載した二輪車に，操舵入力を加えてウィーブを発生させた実験の計測データをグラフにしたものです．図 3-6A はヨー運動，図 3-6B はロール運動の時間変化を表していて，横軸は時間，縦軸はヨー角速度（ヨーレート）とロール角速度（ロールレート）を示しています．前述したように，ウィーブモードはヨー運動とロール運動の連成振動ですから，どちらのデータも波打った振動的な波形をしていることが分かります．また，ヨー，ロール共に値はゼロを中心に正・負の値を取っていますので，直立状態を中心に振れていることが分かります．

まず，こうした振動波形のデータの見方を説明します．波形のゼロ点からの山・谷の高さを「振幅」と言い，振動の大きさを示す値です．

次に，隣り合う山と山が一回の振動を表しますので，これにかかる時間が周期です．周波数は，1 秒間に揺れる回数であり，周期の逆数で示されます．このデータの場合では，ヨー・ロール運動とも周波数はおよそ 3Hz であることが分かります．

また，時間の経過とともに周波数は変化していませんが，振幅は徐々に小さくなっています．このように時間の経過とともに振幅が減少することを「減衰」といい，振動の収まり具合を示しています．さらに，波形の隣り合う振幅の比から求められる値を「対数減衰率」といい，減衰の度合いをあらわす指標として使われています．この減衰率が大きくなれば振動はより早く収まり（収束という），逆に減衰率が小さくなればいつまでも振動が収まらないことを示します．

では，ヨーとロールの波形を同じ時間で重ね合わせてみましょう（図 3-6C）．ヨーとロールの運動は同じ 3Hz の振動ですが，山・谷の位置が時間的にずれていることがこの図から分かります．この時間的ずれを振動の位相と言い，ウィーブのような複数の運動が連成する振動において，それぞれの運動の結びつきの強さを表しています．

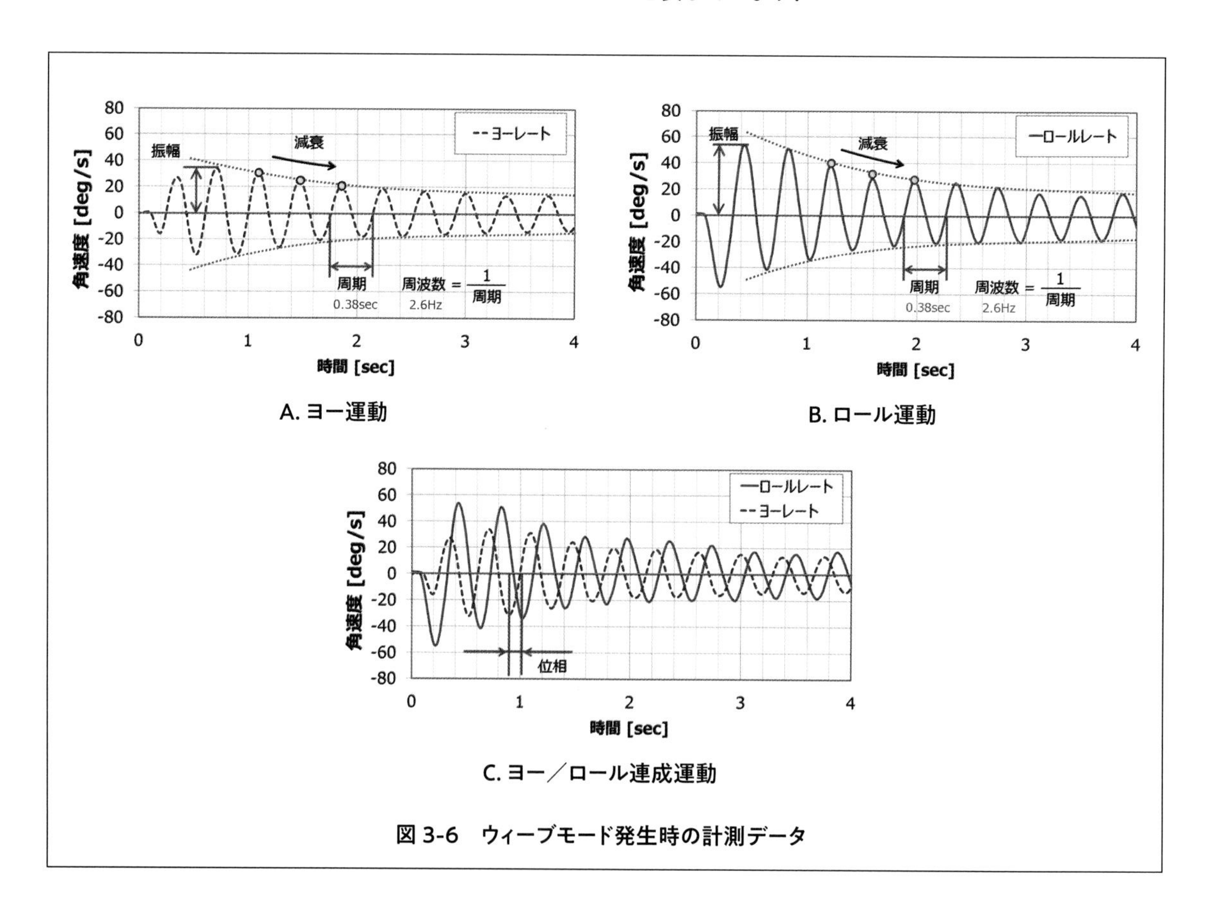

図 3-6　ウィーブモード発生時の計測データ

キャプサイズモードとは

キャプサイズとは転覆を意味する言葉であり，ボートなどの船舶がひっくり返る現象をキャプサイズといいます．二輪車の数値解析結果に現れる固有モードの一つが倒れ込む現象であり，二輪車が不安定なときの動きが転覆する船の動きに似ていることから，そのモードをキャプサイズと呼ぶようになりました．

1971 年の Sharp による研究では，キャプサイズモードは低速域である程度安定していて，高速域でわずかに不安定であると報告されています．しかし，その後の研究において，操舵を固定した状態や極低速域ではモードが不安定になるという報告事例もあり，ISO では「ライダが修正入力を行うまで，車体とライダが直立位置からロールしていく傾向」と定義されています．

実際の現象を考えてみます．図 3-7 に示すように，極低速で走行している二輪車が左に倒れると，セルフステアにより舵が左に切れます．このとき，車体が起き上がれなければ倒れ込み続け，ここで舵が右に切れると倒れ込みが進み転倒に至るでしょう．この倒れ込む現象がキャプサイズと考えられ，ウィーブやウォブルと異なり車体や操舵系が振動することはありません．

キャプサイズモードは，車速，車輪のジャイロ効果，重心位置，車体質量，車体のロール慣性モーメント，操舵系のジオメトリなどの要因の組合せにより，挙動が変化します．しかし，このモードはライダや二輪車を開発する者にとって，あまり重要でないものとされています．その理由は，このモードがライダのハンドルへの入力や動作，ハンドルを持つライダの腕の力や減衰特性などに大きく影響され，ライダの操縦によって容易に安定化させることができるためです．

一方で，ライダが二輪車をロールさせるためにキャプサイズを使っているともいわれ，操舵系を回転させたりその回転を保持したりするライダの操作によって，意図するロール挙動を得ていると考えられることから，研究の余地がある現象ともいえます．

図 3-7　キャプサイズモード

その他に特徴的な振動現象はあるの？

ピッチングや上下運動を含む振動

ここまで説明してきた二輪車の固有モードは，サスペンションの動きなどに伴う，ピッチ運動と上下運動の影響を考慮しなくても発生します．しかし，現実には加速や減速，路面の凹凸などの上下動を伴う外乱によって，二つのモード以外にも振動現象が発生することがあります．そこで，サスペンションの動きも含んだ振動現象について説明していきます．

● キックバック

高速走行時の前輪系に発生する振動現象の代表的なものとして，キックバックと呼ばれる現象があります．これは，路面の凹凸を通過する際に，フロントサスペンションの動きなどによりフロントタイヤの接地荷重が変動することで，操舵系が急激に振れだす現象です．操舵系の振動周波数は 5〜10 Hz であり，タイヤ特性，サスペンション特性の調整やアライメントの変更などによって，発生の度合いが変わるとされています．キックバックが発生すると，ハンドルを持つ腕に大きな力が伝わるので，ライダは不快に感じるとともに疲労の原因にもなるのです．

● チャタリング

主に，前後輪のサスペンションが振動してしまう現象として，チャタリングと呼ばれる現象があります．レース車両でのサーキット走行等において現れる現象で，タイヤ力の限界近くで減速や旋回をしなければ顕在化しません．周波数が 17〜22 Hz と非常に速い振動で，サスペンションのダンパーユニットでこの振動を減衰することは困難です．この現象はタイヤと路面間の摩擦に起因すると考えられ，タイヤのばね特性の影響を大きく受けます．チャタリングが発生すると，多くのライダは不快感を持つとともに，旋回速度の低下など，運動性能を阻害する要因ともなります．

図 3-8　キックバック

図 3-9　チャタリング

データで見る振動現象

図 3-10 はキックバック発生時の操舵角とフロントサスペンション挙動を示したものです．路面凹凸を通過後，操舵角が 5.3 Hz で大きく振れるとともに，フロントサスペンションのストロークは 12.6 Hz と倍以上の周波数で振動しています．図 3-11 はチャタリング発生時のフロント車軸における上下加速度の時系列データです．振動が顕著に発生している区間は約 2 秒間で，17.7 Hz という高い周波数で振動しています．

データから分かるように，このような振動は動きが速く，上下運動によりライダがシートから跳ね上げられてしまったり，すぐに振れが収まったりするので，ライダが感覚的に捉えて区別することは困難です．振動の発生原因はそれぞれ異なるので，振動抑制などの対策を検討する場合は，ライダの感覚に加え，挙動データによる分析を行うことが，非常に有効です．

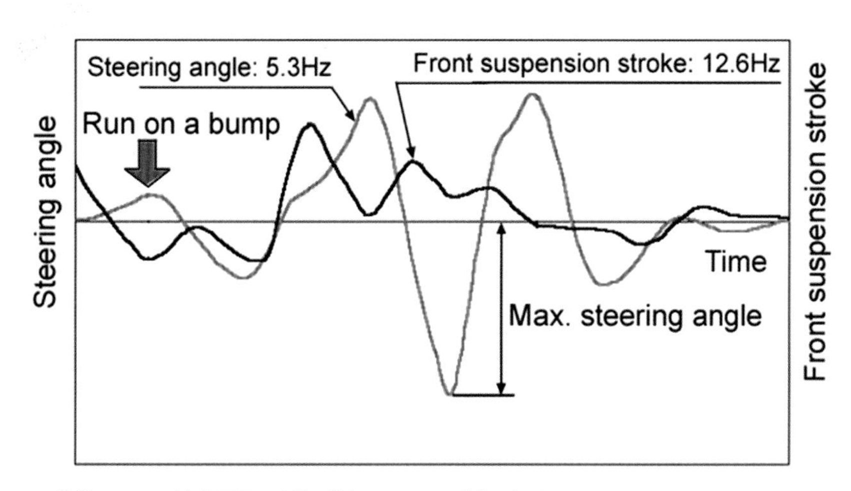

若林ほか：二輪車用電子制御式油圧ステアリングダンパの開発，Honda R&D Technical Review，Vol.16 No.1

図 3-10　キックバックの時系列データ

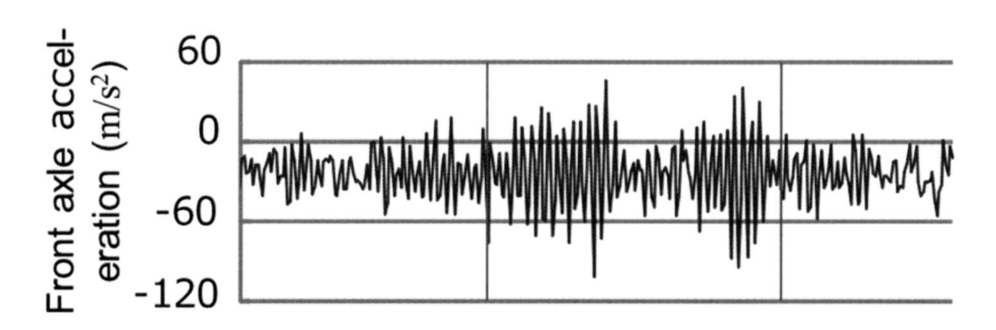

手塚ほか：二輪車の旋回時における車体垂直平面内の振動特性解析，Honda R&D Technical Review，Vol.16 No.1

図 3-11　チャタリングの時系列データ

ピッチングや上下運動が加わると，
より複雑な振動モードが発生するのだよ

数式で解いてみる

ここまで説明してきた二輪車特有の振動を含む運動について，世界中で多くの研究者や技術者によって，さまざまな研究がなされてきました．

以下に示すのは，1971 年に R.S.Sharp 博士によって提案された二輪車の数式モデルです．このモデルは，車体の横運動，ヨー運動，ロール運動そして操舵の回転の四つの動きを考慮していることから，「Sharp の 4 自由度モデル」と呼ばれ，二輪車の運動解析において最も基本的なモデルとされています．

このモデルの運動を表す方程式を右に示します．この方程式は，直立近傍の一定速・直進走行を前提としたもので，四つの運動自由度のつりあいと前後のタイヤ力を算出する計六つの式から構成されています．

この方程式を用いた数値計算結果から，キャプサイズ，ウォブルおよびウィーブという 3 つの固有モードがあると報告されています．さらに，どのような要因によって固有モードが安定あるいは不安定となるかを判定することができます．

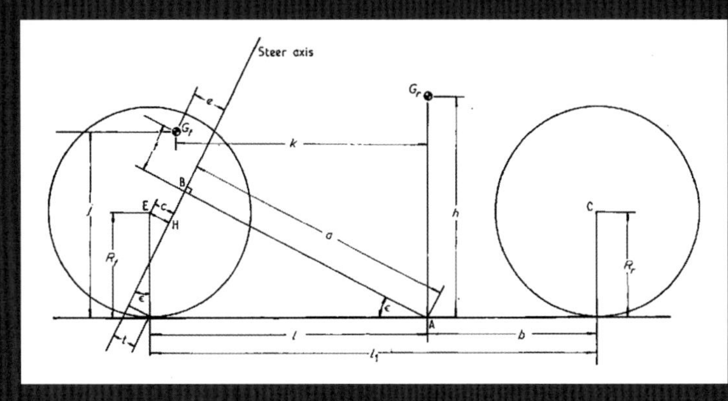

計算から得られたウォブルモード

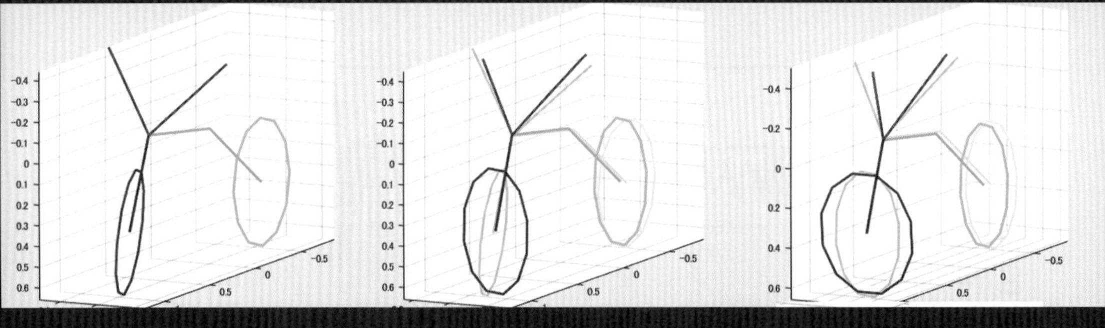

計算から得られたウィーブモード

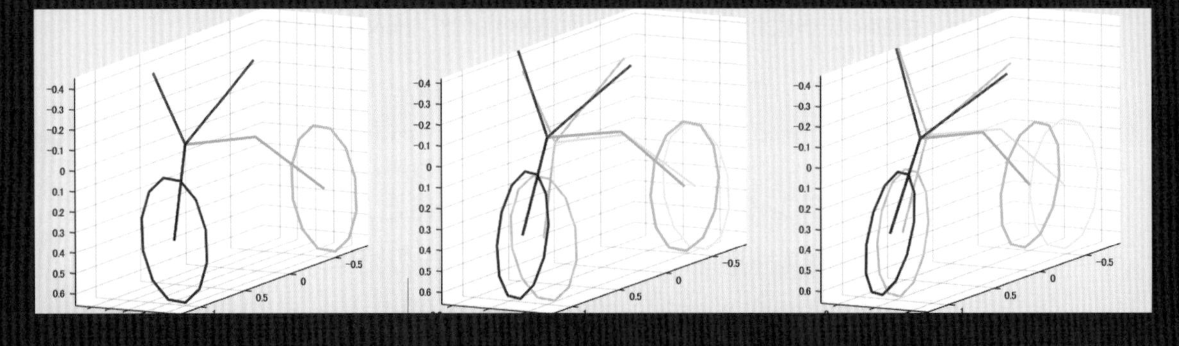

Sharpの運動方程式

■ **横運動**

$$(M_f + M_r)(\ddot{y}_1 + \dot{x}_1\dot{\psi}) + M_f k\ddot{\psi} + (M_f j + M_r h)\ddot{\phi} + M_f e\ddot{\delta} - Y_f - Y_r = 0$$

■ **ヨー運動**

$$\begin{aligned}&M_f k\ddot{y}_1 + (M_f ek + I_{fz}\cos\epsilon)\ddot{\delta} - \frac{i_{fy}}{R_f}\sin\epsilon\,\dot{x}_1\dot{\delta}\\&\quad + \{M_f jk - C_{rxz} + (I_{fz} - I_{fx})\sin\epsilon\cos\epsilon\}\ddot{\phi} - \left(\frac{i_{fy}}{R_f} + \frac{i_{ry} + \lambda i}{R_r}\right)\dot{x}_1\dot{\phi}\\&\quad + (M_f k^2 + I_{rz} + I_{fx}\sin^2\epsilon + I_{fz}\cos^2\epsilon)\ddot{\psi} + M_f k\dot{x}_1\dot{\psi} - lY_f + bY_r = 0\end{aligned}$$

■ **ロール運動**

$$\begin{aligned}&(M_f j + M_r h)\ddot{y}_1 + (M_f ej + I_{fz}\sin\epsilon)\ddot{\delta} + \frac{i_{ry}}{R_f}\cos\epsilon\,\dot{x}_1\dot{\delta} + (tZ_f - M_f eg)\delta\\&\quad + (M_f j^2 + M_r h^2 + I_{rx} + I_{fx}\cos^2\epsilon + I_{fz}\sin^2\epsilon)\ddot{\phi} - (M_f j + M_r h)g\phi\\&\quad + \{M_f jk - C_{rxz} + (I_{fz} - I_{fx})\sin\epsilon\cos\epsilon\}\ddot{\psi}\\&\quad + \left(M_f j + M_r h + \frac{i_{fy}}{R_f} + \frac{i_{ry} + \lambda i}{R_r}\right)\dot{x}_1\dot{\psi} = 0\end{aligned}$$

■ **操舵系**

$$\begin{aligned}&M_f e\ddot{y}_1 + (I_{fz} + M_f e^2)\ddot{\delta} + K\dot{\delta} + (tZ_f - M_f eg)\sin\epsilon\,\delta + (M_f ej + I_{fz}\sin\epsilon)\ddot{\phi}\\&\quad - \frac{i_{fy}}{R_f}\cos\epsilon\,\dot{x}_1\dot{\phi} + (tZ_f - M_f eg)\phi + (M_f ek + I_{fz}\cos\epsilon)\ddot{\psi}\\&\quad + \left(M_f e + \frac{i_{fy}}{R_f}\sin\epsilon\right)\dot{x}_1\dot{\psi} + tY_f = \tau\end{aligned}$$

■ **前タイヤ動特性**

$$\frac{\sigma_f}{\dot{x}_1}\dot{Y}_f + Y_f = C_{f1}\left(\delta\cos\epsilon - \frac{\dot{y}_1 + l\dot{\psi} - t\dot{\delta}}{\dot{x}_1}\right) + C_{f2}(\phi + \delta\sin\epsilon)$$

■ **後タイヤ動特性**

$$\frac{\sigma_r}{\dot{x}_1}\dot{Y}_r + Y_r = C_{r1}\left(\frac{b\dot{\psi} - \dot{y}_1}{\dot{x}_1}\right) + C_{r2}\phi$$

R.S.Sharp: The Stability and Control of Motorcycle, Journal of Mechanical Engineering Science, Vol.13, No.5 (1971)

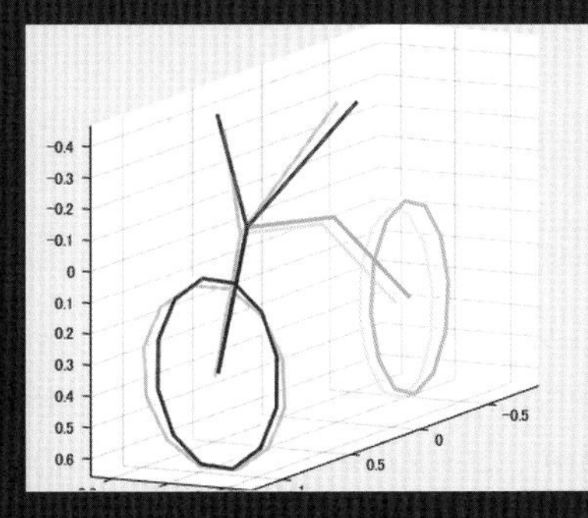

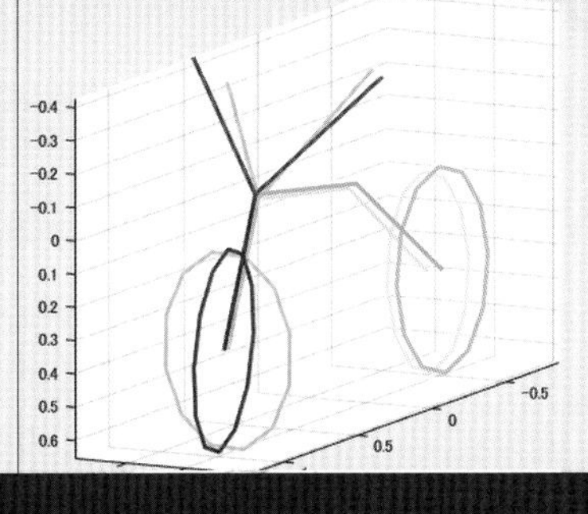

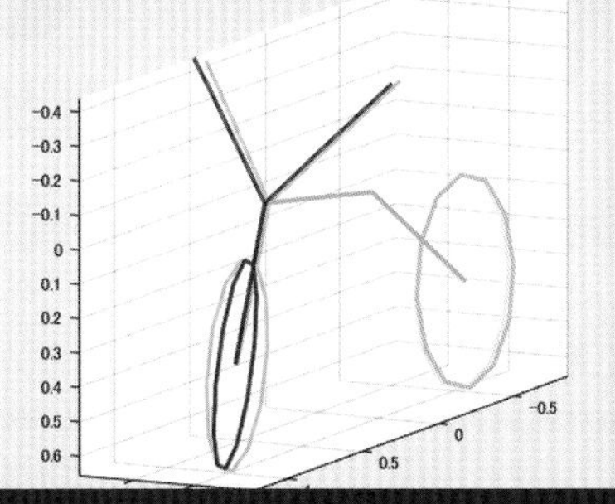

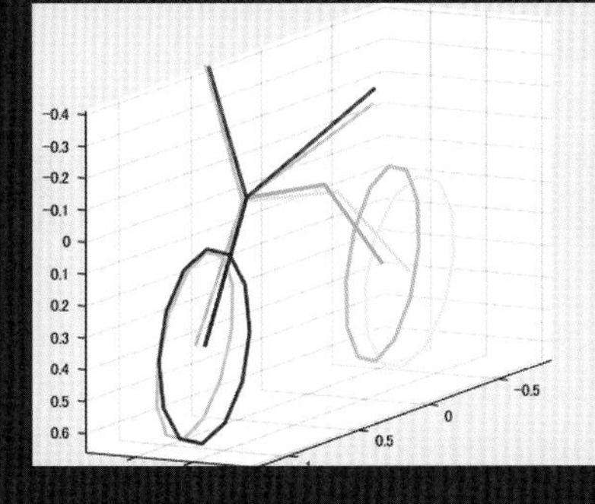

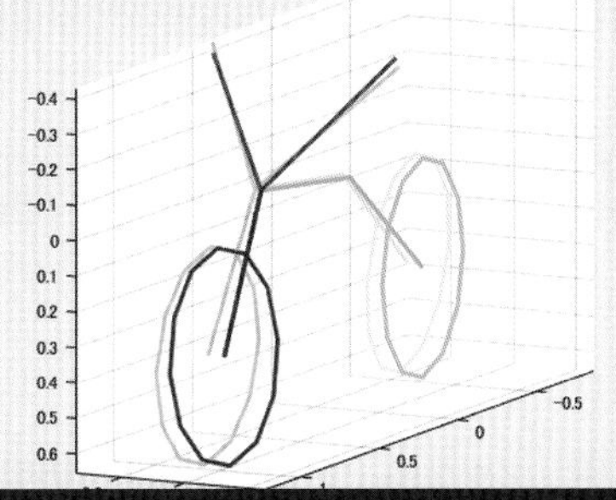

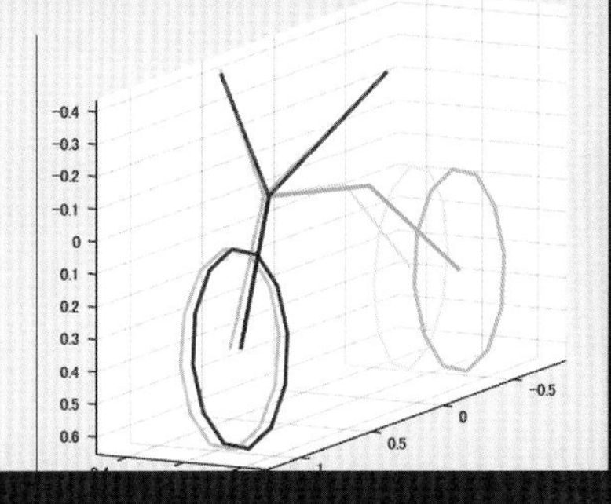

3.2 二輪車の空力特性

二輪車に働く風の力とその特徴

二輪車の空力って?

二輪車にとっての空力

ライダが風を感じて走ることは，二輪車の一つの楽しさではないでしょうか．走り出せば，ライダは身体に走行風を受けて後方に押されます．特に速度を上げていくと風による力は大きくなり，ライダが乗車姿勢を維持するためには，下半身や腕などの筋力を使って支える必要があります．ですから，このような風による力は，高速での走行を長時間行う際にライダの疲労を引き起こす一因となります．

そこで，高速で走行するスポーツモデルや長距離走行を主用途とするツーリングモデル等では，ライダの前方にフェアリング（カウリングともいわれる）やスクリーンなどを設けることで，ライダの疲労を軽減させています．このとき，ライダが受けていた走行風の力は，フェアリングなど車体が受けてくれることは容易に理解できると思います．走行する車体は，主に前方から流れてくる空気の力を常に受けているのです．

上図中央に，2010 年代中盤以降のレーシングマシンの一例を示します．フェアリングの前部にウイングレットがついていますが，これは車体が受ける空気の力を積極的に使い，車両の運動をコントロールしようという試みなのです．

ここでは，二輪車の運動性能に影響を及ぼす，走行中の空気の力について考えていきましょう．

空力６分力とは？

空気は，私たちの周りに当たり前のように存在しており，普段，あまり意識することはないと思います．しかし，強い風の中で傘をさしている状況を思い浮かべてください．風向きによって，手に持った傘が正面から押されたり，横にふられたり，または飛ばされそうになったりするなど，空気による大きな力を体感したことがあるでしょう．

走行中の二輪車とライダは常に強い風にさらされながら走行していますから，風向きによって，車体やライダに対してさまざまな方向の力が発生します．では，この空気による力が運動に及ぼす影響はどのように考えればよいのでしょうか．

二輪車に働く空気の力を考える場合，車体を中心とした３つの軸に力を分解して考えます．図 3-12 のように，①二輪車の進行方向に加わる力（抗力），②二輪車の上下方向に加わる力（揚力），③二輪車の側面に加わる力（横力）の３方向の力と，それぞれの軸廻りに発生する回転力であるモーメントで表されます．これらをまとめて空力６分力といいます．

６分力は下に示した数式で示されます．それぞれの式の係数Ｃは，車体の形などにより決まる値です．風向きによって変化し，風洞実験などから求められます．この空力６分力や各係数の値で空力特性の評価が行えるとともに，これらの項を運動方程式などに加えることにより運動性能への影響が検証できます．

それでは，これらの力が二輪車の性能に与える影響について説明していきましょう．

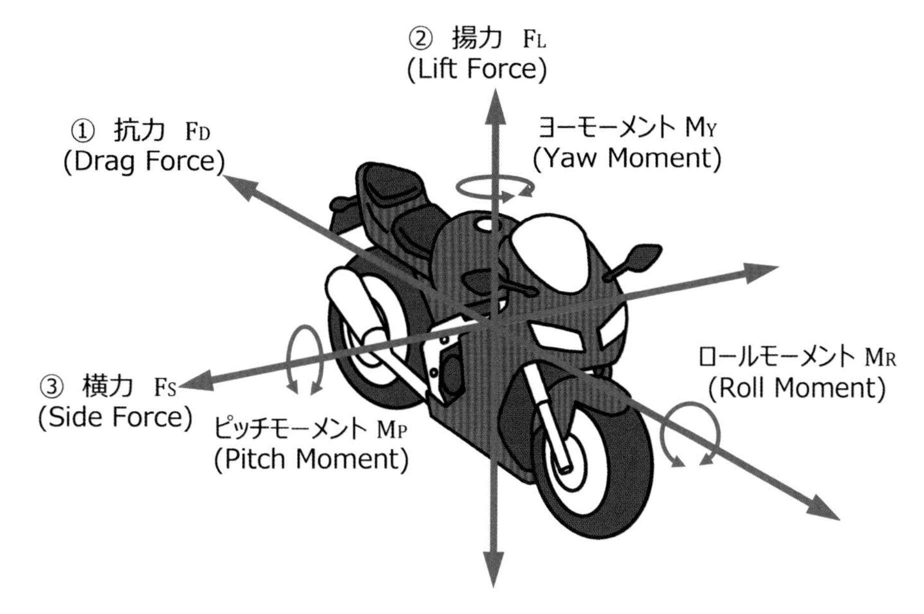

※各軸廻りのモーメントは，それぞれ，ローリングモーメント，ピッチングモーメント，ヨーイングモーメントとも記述されます．

$$F_D=\frac{1}{2}\rho v^2 C_D A \qquad F_L=\frac{1}{2}\rho v^2 C_L A \qquad F_S=\frac{1}{2}\rho v^2 C_S A$$

$$M_R=\frac{1}{2}\rho v^2 C_{RM} A\cdot WB \qquad M_P=\frac{1}{2}\rho v^2 C_{PM} A\cdot WB \qquad M_Y=\frac{1}{2}\rho v^2 C_{YM} A\cdot WB$$

ρ: 空気密度(kg/m³)　v: 車速(m/s)　A: 前面投影面積(m²)　C_D: 空気抵抗係数　C_L: 揚力係数　C_S: 横力係数

WB: ホイルベース(m)　C_{RM}: ロールモーメント係数　C_{PM}: ピッチモーメント係数　C_{YM}: ヨーモーメント係数

図 3-12　二輪車に働く空気力

空力は二輪車の運動にどんな影響を与えるの?

抗力とは

空気による力の中で最も一般的なものとして挙げられるのが，抗力あるいは空気抵抗ともいわれる力です．四輪車では，最高速度を高めるためや燃費向上のために空気抵抗を低減させる工夫をしており，車両を正面から見たシルエットの大きさである前面投影面積：Aを小さくしたり，空気抵抗係数：C_D と呼ばれる値が小さくなるようデザインしています．

二輪車の場合は，車両とライダを合わせた前面投影面積分の空気を押しのけながら，走行しなければなりません．前面投影面積はスポーツモデルで 0.5 ㎡前後，ツーリングモデルで 0.9 ㎡前後ですが，二つのモデルのシルエットを比較した図 3-13 から分るように，二輪車の前面投影面積はライダの乗車姿勢により大きく変化します．

次に，空気抵抗係数 C_D について見ていきましょう．図 3-14 に様々な物体の C_D を示します．二輪車の C_D は一般的に 0.5 以上と四輪車に比べて大きくなります．これは，ライダが車体に覆われておらず，露出しているという特徴に起因します．ライダが風を受け，その後方に大きく乱れた渦が発生してしまうためです．また，図中には，二輪車の 3 つのカテゴリーの値を示していますが，一言で二輪車といっても，その用途や形態によって空気抵抗係数の傾向は大きく異なることが分かります．

では，空気抵抗係数や前面投影面積の違いにより，空気抵抗はどれほど変わるのでしょうか．図 3-15 に，スポーツモデルとツーリングモデルの空気抵抗の差を示します．特に高速域では大きな差が生じます．二輪車では，車種のコンセプトに応じたライダの乗車姿勢に合わせ，フェアリング形状の適正化を行い，空気抵抗の低減とライダが感じる快適性の両立が図られています．

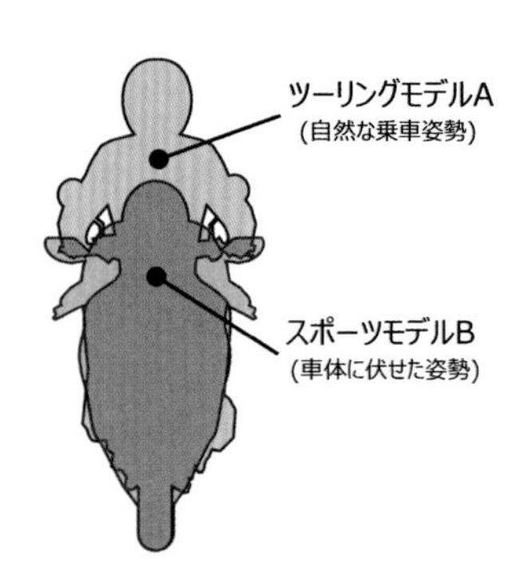

図 3-13　前面投影面積の実例

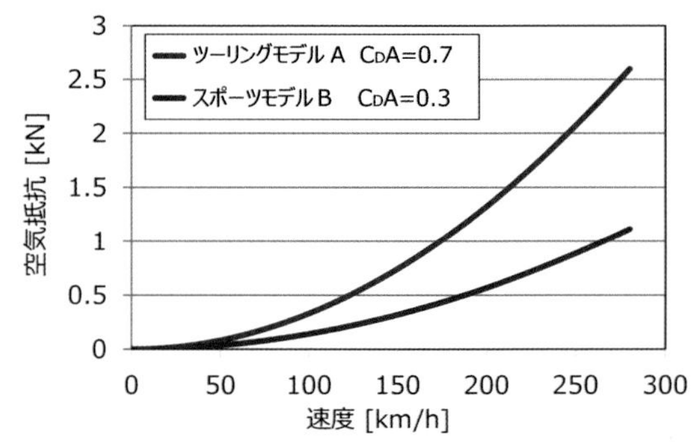

図 3-15　空気抵抗の差異

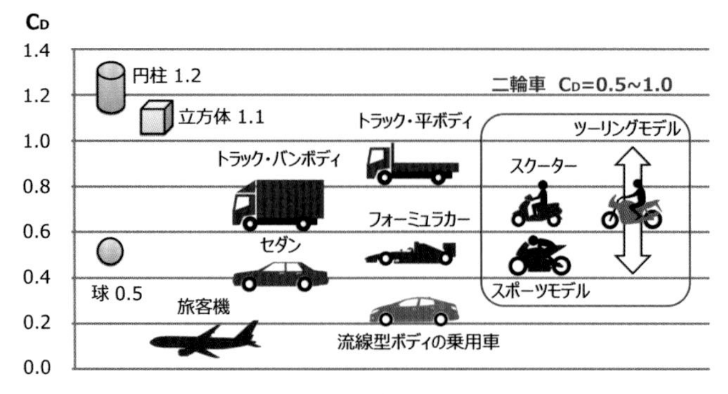

図 3-14　各形状の CD 値

走行抵抗とは

前頁で説明した空気抵抗は，二輪車の走行を妨げる力です．このような力は空気抵抗のほかに，図 3-16 に示すように転がり抵抗，勾配抵抗，加速抵抗があります．これらの四つの抵抗の総和を走行抵抗といい，図 3-17 に示す数式で表されます．

転がり抵抗は，転がり抵抗係数と車両質量によって決まります．タイヤは路面との接触により変形を繰り返しながら転がっているため，その変形の影響が主な抵抗の成分となります．

勾配抵抗は，登坂走行の際に生じる抵抗であり，走行する路面の勾配と車両質量によって決まります．

加速抵抗は，車両の加速度と車両質量および前・後輪やエンジンなどの回転部分の回転上昇に伴って生じる慣性抵抗を駆動軸上の質量に置き換えた数値である回転部相当質量によって決まります．

数式を見て分かるとおり，各抵抗の中でも空気抵抗は走行速度の二乗に比例することから，高速になるほどその影響は大きくなります．このことから空気抵抗を減らすことは，同じ速度であれば必要なエンジン出力を低くできることで燃費等の効率向上につながったり，また逆に同じエンジン出力であれば加速性能や最高速度を向上させることが可能となります．

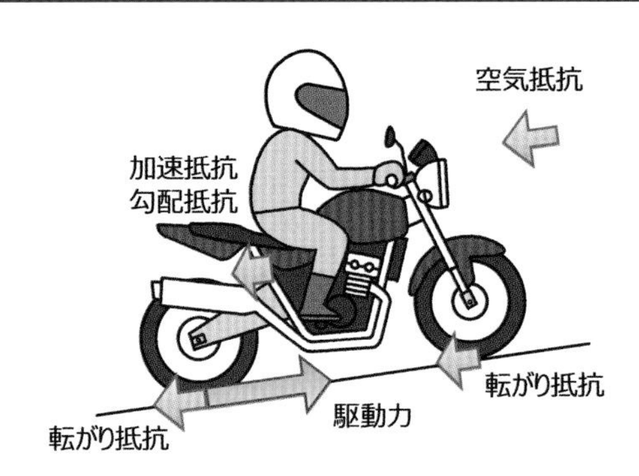

図 3-16 走行抵抗

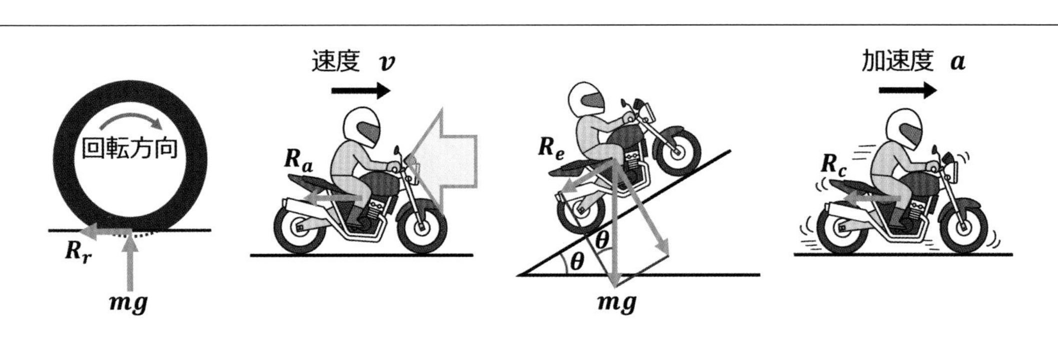

走行抵抗 = 転がり抵抗 R_r + 空気抵抗 R_a + 勾配抵抗 R_e + 加速抵抗 R_c

$$\mu_r mg \quad \frac{1}{2}\rho v^2 C_D A \quad mg\sin\theta \quad (m+m_r)a$$

μ_r: 転がり抵抗係数　m: 車両質量(kg)　ρ: 空気密度(kg/m^3)　v: 車速(m/s)　C_D: 空気抵抗係数
A: 前面投影面積(m^2)　θ: 登坂角度　m_r: 回転部相当質量(kg)　a: 車両の加速度(m/s^2)　g: 重力加速度(m/s^2)

図 3-17　各抵抗の数式

揚力の影響

まず，二輪車の車体上部の風流れを見てみましょう(図 3-18)．車体前方のフェアリングからライダの背中にかけて，空気がスムーズに流れるように設計されているのが分かります．次に，一般的な航空機の翼まわりの流れを見てみましょう(図 3-19)．翼の断面形状は，上に膨らんだ形状(上凸形状)をしています．したがって，空気が流れる速度は，翼の下面より上面の方が速くなります．このとき，翼上面の圧力は下面よりも低くなり，この圧力差によって上向きの揚力が発生します．

二輪車の車体上部の風流れは，上凸形状の翼と似た流れであることから，二輪車は走行風によって上向きの揚力(リフト)が発生しやすい形状だといえます．

次にモーメントによる影響を考えます．これまで説明してきたように二輪車が走行すると空気による力が加わりますが，この力の見かけの作用点を風圧中心と呼びます．この風圧中心と二輪車の重心のずれによって空気力によるモーメントが発生します．一般的に，二輪車では重心位置よりも風圧中心が高くかつ前方にあるため，図 3-20 のように抗力および揚力が風圧中心に働くと考えると，車体重心周りにピッチモーメントが発生します．

では，運動性能への影響について考えてみましょう．二輪車ではピッチモーメントの作用による車体姿勢変化が大きく，前輪の揚力が大きくなる傾向があるため，接地荷重が減少して操縦安定性が変化することがあります．そのため，高速走行するモデルでは，前輪の揚力がより小さくなるよう設計されています．

図 3-18　二輪車の車体廻りの空気の流れ差異

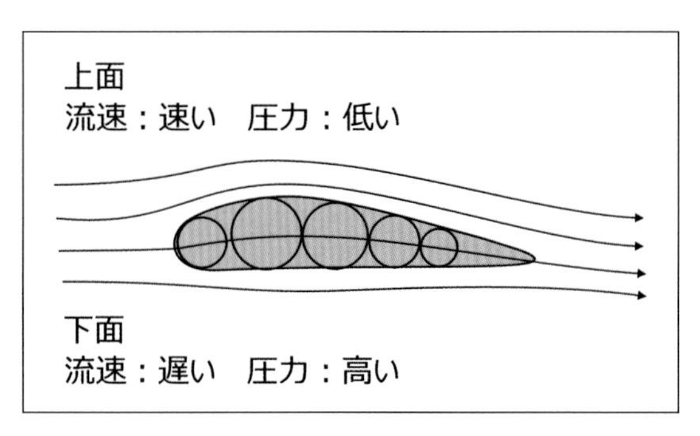

図 3-19　翼廻りの空気の流れ

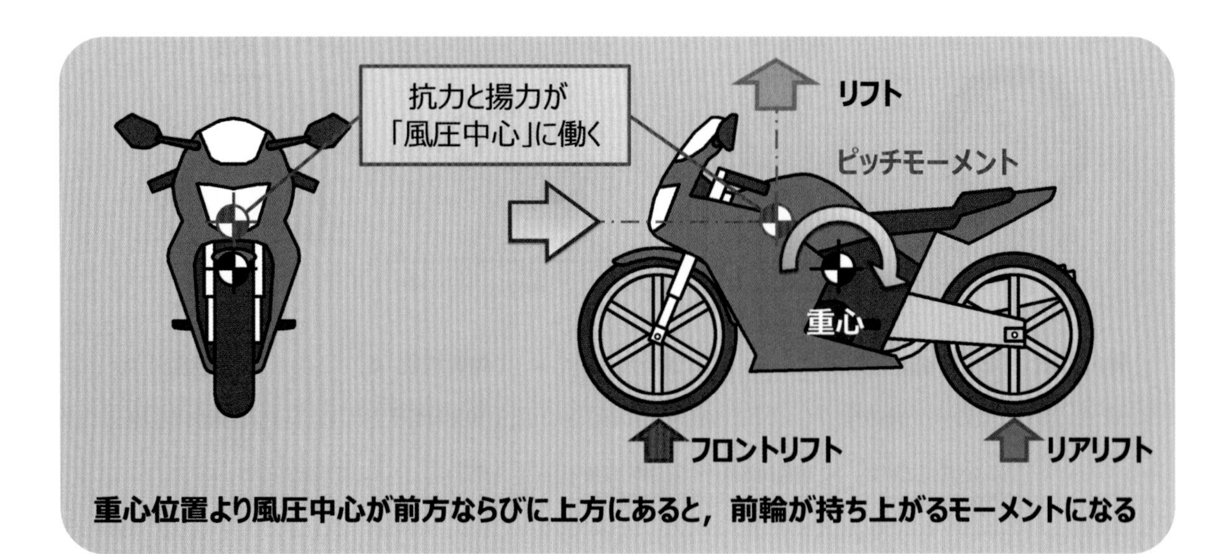

図 3-20　リフトとピッチモーメント

横力の影響

車体に働く空気の力は，抵抗や揚力だけではありません．高速道路を走行中に，トンネル出口や，図 3-21に示すような橋を通過したときに急に風にあおられ，走行していた車線から外れてしまいそうになった経験をされた方も多いのではないでしょうか．

車両は，強い横風により車体の進行方向が変化したり，横へ移動したりといった挙動変化を起こします．このような横風による力は，抗力や揚力と同様に，図3-22 のように．横力が風圧中心に加わると車体が横に押されるとともに，高さ方向の重心と風圧中心のずれによってロールモーメントが，車体前後方向の重心のずれによりヨーモーメントが発生します．

これまでに学んだように，二輪車はロール運動によってセルフステアが発生し旋回が始まるという運動特性を持っています．そのため，横風が二輪車に加わると，それによって生じたヨーモーメントにより車体進路が乱されるだけでなく，ロールモーメントによって直進している状態から意図せず旋回がはじまり，セルフステアにより走行軌跡の変化が助長されてしまいます．さらに，これらの挙動変化に対して，ライダが無意識に操縦動作を加えてしまうことも考えられますから，二輪車は四輪車よりも横風に対して複雑な応答をする車両であるといえます．

したがって，二輪車のフェアリングは抵抗や揚力の低減，乗車時の快適性だけでなく，横風をうけた際の車体挙動への影響が小さくなるように，形状や大きさ，位置を充分に考慮して設計されています．

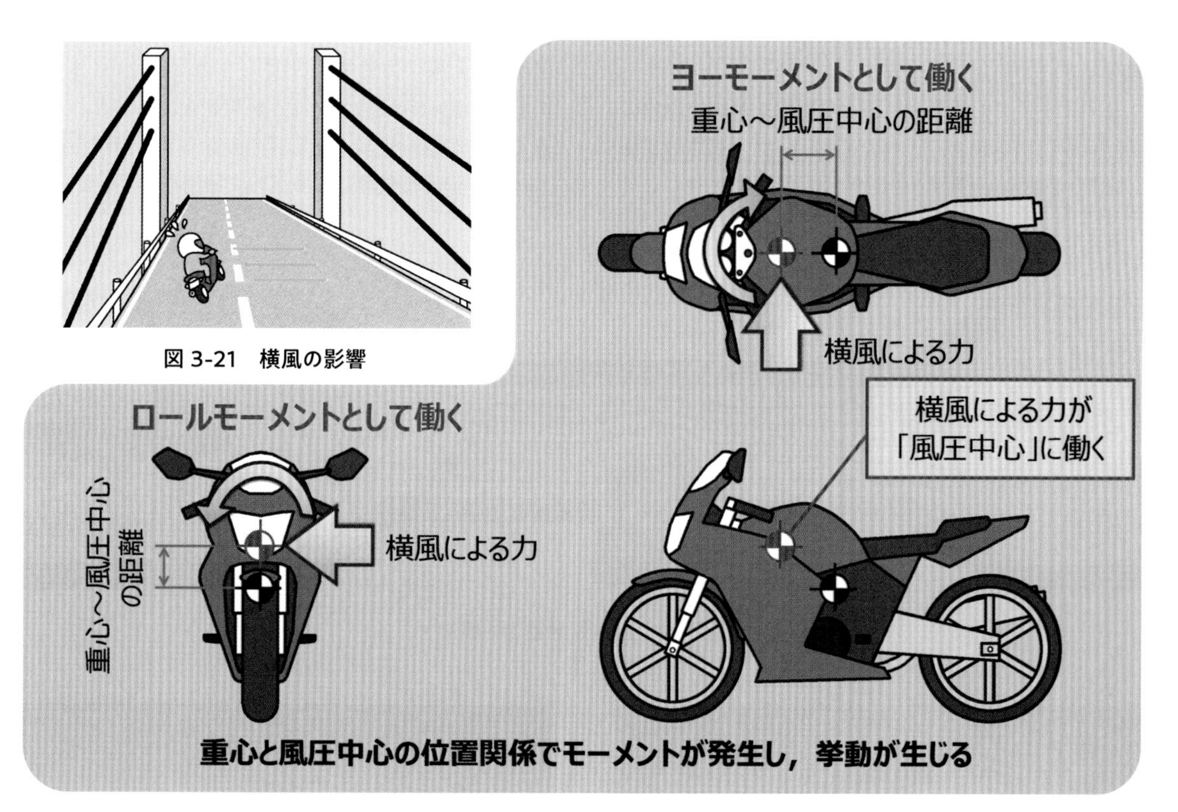

図 3-21　横風の影響

図 3-22　横力と各モーメント

二輪車が安心して走行するためには
風の流れを十分に考える必要があるのだよ

目に見えない空気の流れを知るには?

流れの可視化

目に見えない空気の流れを知ることは，空力が運動性能に与える影響の検討を行ううえで極めて重要なプロセスであり，一般的に風洞試験やコンピュータシミュレーションが活用されて行われます．

風洞試験を行う設備の基本構造を，図 3-23 に示します．テスト車両を設置するトンネル部と送風機，計測を行うためのロードセルを備えた天秤で構成されます．このような風洞設備を用いることで，風速や風向きを変えた際の 6 分力が計測でき，車両の様々な空力特性やフェアリング形状などの空力効果を定量的に評価することが可能となります．

それに加えて，風洞では様々な手段を用いた流れの可視化が行われます．流れの可視化には，車体の表面に油膜(油膜法)や気流糸(タフト法)を配置することで車体表面近傍の流れを確認する方法や，図 3-24 のように煙などのトレーサを気流中に注入することで車体周囲の流れを確認する方法(トレーサ法)があります．いずれの方法でも車両各部の流れの状態を視覚的に捉えることが可能となるため，非常に有効な手段として活用されています．また，風洞試験では実走に比べて車体まわりの流速や圧力の計測が容易であるため，こうした数値データを用いた定量的な要因分析が行えるのも風洞試験を行うメリットといえます．

近年では，流れを可視化する方法として，コンピュータを用いた数値流体力学(CFD：Computational Fluid Dynamics)も活用されています．フェアリングを含む車体形状の 3D モデルを用いて，空気の流れの方程式を数値的に解く方法です．図 3-25 のように，車体各部の空気の流れや圧力分布などが可視化することができ，走行抵抗や運動性能への影響のみならず，冷却性能やライダの快適性検討など多目的に活用されています．

図 3-23　風洞試験設備の構造

図 3-24　風洞試験

図 3-25　CFD 解析結果

空気の力を味方につける「空力デバイス」

2010 年代中盤以降のレーシングマシンには，フェアリングの前部にウイングレットが装着されている場合があります．これはウイングレットの断面を下凸の翼型形状にすることで車体前部に下向きの揚力（ダウンフォースと呼ばれる）を発生させるとともに，ピッチモーメントを小さくし，車体のウィリーを抑制する効果などを狙ったものです（図 3-26）．一方，下向きの揚力が働くことによって直立を保とうとするため，図 3-27 のような減速から旋回に移ろうとしている状態では，倒しこみが重く感じてしまうこともあります．そのため，ウイングレットの位置や大きさ，形状などは十分な配慮が必要となります．レーシングマシンの出力向上や車体軽量化といった車両の進化に合わせて，求められる空力特性が変化しているといえるでしょう．

レーシングマシンで培われた技術は，市販車にもフィードバックされています．市販車では，ライディングスキルが異なる幅広いユーザの使用を想定するとともに様々な環境での走行に適合させるため，実走テストによる検証だけでなく，風洞実験や図 3-28 に示すように CFD を活用して形状が決められています．ウイングレットなどのデバイスから，レーシングマシンの空力技術のエッセンスを感じ取ることができるでしょう．

図 3-26　加速時ウィリー抑制効果

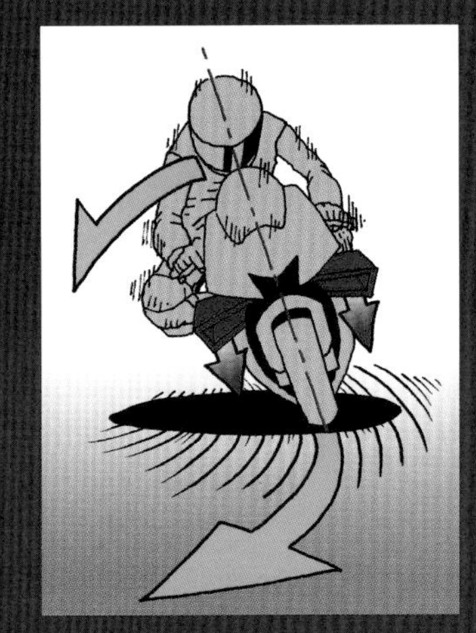

図 3-27　旋回中におけるウイングレットの影響

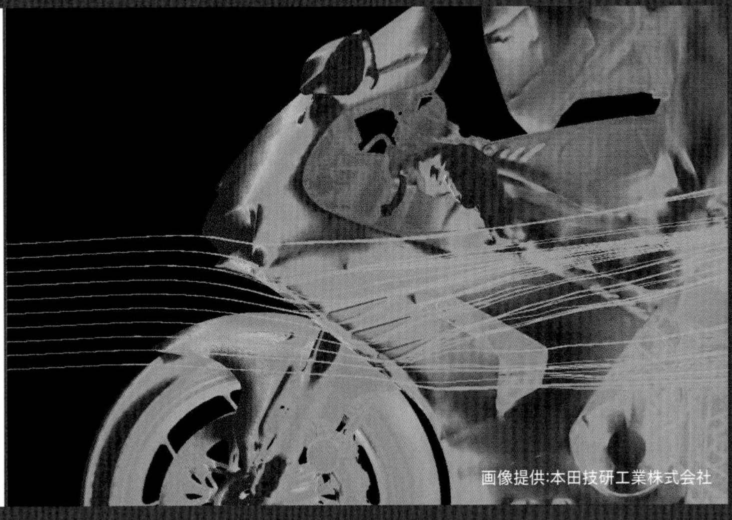

図 3-28　市販車のウイングレット実例

3.3 二輪車の実際に見られる運動

運動の実際と理論

実際にはもっと複雑に感じるのだけど?

二輪車の運動を研究しよう

ここまで，二輪車が直立するメカニズム，旋回時の運動，加減速を伴う運動，二輪車固有の振動現象，風の力による影響といった，さまざまな特徴的な運動について説明してきました．しかし，実際に二輪車を操縦してみると，これまで示してきた以外の挙動が発生していることに気づいたり，現象が起きているように感じたりするでしょう．

そこで，現実の二輪車を操縦した際の特徴的な挙動について，その一例を見ていくとともに，そのような複雑な二輪車の運動を，理論的に解析・研究していくために必要な基礎知識について解説していきます．また，実際の二輪車の運動を議論するうえで考慮しなければならない要素について，紹介していきます．

逆操舵ってどんな操作?

二輪車の特徴的な操縦動作

二輪車のライディングテクニック教本の中でも，車線を変更したり，車両を旋回させるきっかけに使うテクニックとしてよく紹介されるのが「逆操舵」であり，知っている方も多いでしょう．四輪車では，旋回したい方向と逆向きに操舵することは，限られた条件でしか起こりません．例えば，後輪がすべり出してしまい（いわゆるドリフトやテールスライドと呼ばれる），それを制御するためにカウンターステアをあてるような条件です．しかし，二輪車では，通常の走行においても，曲がりたい方向とは逆に操舵をするという操作を行うことができるのです．では，どう操作すればよいのか，どのようなメカニズムで車両が運動するのか，解説していきましょう．

図 3-29 は，直進状態の二輪車が逆操舵により旋回に至る過程を描いたもので，左から右の状態に時間と共に変化していきます．まず，直進状態で走行中に，ライダが左に旋回しようとしています．このときに，意図的に右に操舵入力を与えたとします．すると，ハンドルは右に切れ，前輪接地点が右に進みます．接地点が右に移動することにより，車体は左にロールし始めます．ある程度ロールするとセルフステアの効果によってハンドルが左に切れ，左に旋回していきます．このような操縦動作を，一般的に逆操舵と呼んでいます．

この意図的な操舵を行う力は，決して大きな力を必要としません．二輪車はセルフステアによって，わずかですが常に左右に操舵されていると説明しました．この直立を保とうとする動きを阻害することで，二輪車はロール運動を始めるのです．そのため，視線を曲がりたい方向に向けたときのライダの上体のわずかな動きによって，無意識に操作している場合もあります．JASO において逆操舵は，曲がりたい方向とは逆の方向に操舵入力を与えることと定義され，運動状態によってはハンドルが大きく切れずに車体がロール運動を始めることもあるのです．

このように二輪車は，一時的に旋回方向とは逆に操舵入力を行うことでも，車体をロールさせ，旋回することができるという特徴を持っています．

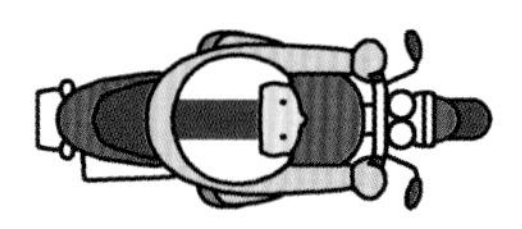

図 3-29　逆操舵の動き

回避時の挙動

ライダが二輪車で直進走行中に，進路前方に障害物が飛び出してきたため，素早く進路を変更し回避する場合について，二輪車と四輪車の回避時の挙動の違いを紹介していきます．

四輪車ではハンドルを回避したい方向に転舵すれば，即座に向きおよび進路を変え回避できます．一方，二輪車で素早く回避するためには，逆操舵が有効です．この場合，一旦，回避したい方向とは逆方向に移動するという軌跡を描きます．つまり，四輪車が回避する際の走行軌跡とは違いがあるのです．

回避する性能の違いについて，数値的に見ていきましょう．この性能を数値的に評価する方法の一つが，回避性能試験です．これは，前方に設置した信号機に向かい直進し，信号が点灯した方向に回避するという試験です．この試験から得られる 1 m 回避するのに要した直進距離と速度を用いて求める係数を回避係数といい，これによりカテゴリの異なる車両の特性を比較することができます．

試験車両は，二輪四輪共に，車体の大きさ，質量の異なる車種を用いています．図 3-30 に，試験により得られた回避係数を示します．二輪車では，大型のクルーザーやツアラーではやや係数が大きくなる傾向が見られますが，排気量や車体質量によらず，1.3 前後の数値となっています．四輪車を見てみると，小型乗用車が最も小さく 1.1 程度，車両の大きさや質量と共に係数が上昇しているように見え，SUV では 1.4 程度の数値となっています．これは，スクーターと大型ツアラーの質量差は 300 kg であるのに対して，小型乗用車と SUV の質量差は 1000 kg と大きいためであると考えられます．

次に，二輪車と四輪車の回避係数を比べてみましょう．二輪車の回避係数は，おおむね大型乗用車から SUV と同じくらいの数値であることが分かります．では，二輪車は小型や中型の乗用車に比べ，回避しにくい車両なのでしょうか．図からも分かるように，二輪車は四輪車に比べ車両の全幅が狭いこと，また，二輪車は回避時に車体を旋回内側に傾けていることから，二輪車が障害物を回避する実際の能力は，四輪車に対してそん色ないものであるといえるのです．

実走行で逆操舵を見てみよう

実際の走行で逆操舵という動きが起きているのか，1000 cc のスポーツ車を用いて実験してみました．テストコースにて，車速 30 km/h で白線の上を直進している状態から旋回に移る動作を正面から撮影した映像を 0.125 秒毎に切り出した連続写真です．白線の上を走ってきたライダは，左に旋回するために，一度，左手のハンドルを押して，右に操舵します．これが逆操舵と呼ばれる操作です（画像②）．

そうすると，車体はライダから見て左に倒れ始めますが，同時に，車体は一旦，右に移動していることが分かります．その横移動量はタイヤの幅で見ると，およそ二本分に相当しています（画像③）．そして，さらに車体は左に倒れていき，右に転舵された操舵系は車体に対して中立の位置に戻ってきていることが確認できます．このときの車体のロール角は，約 20 度に達しています（画像④）．

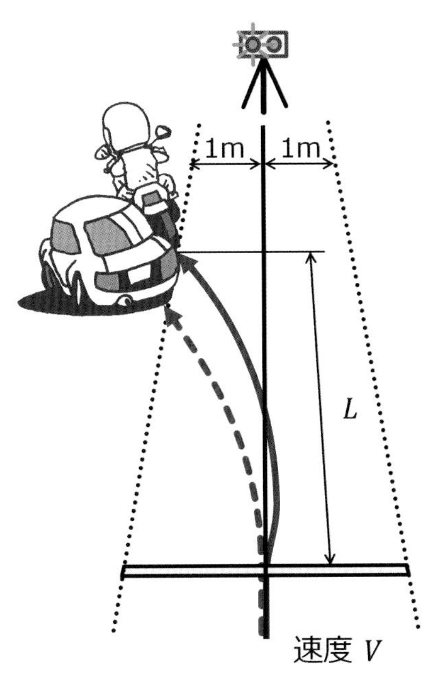

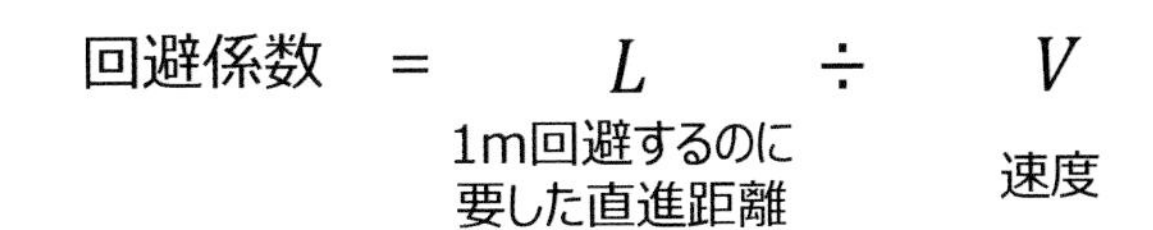

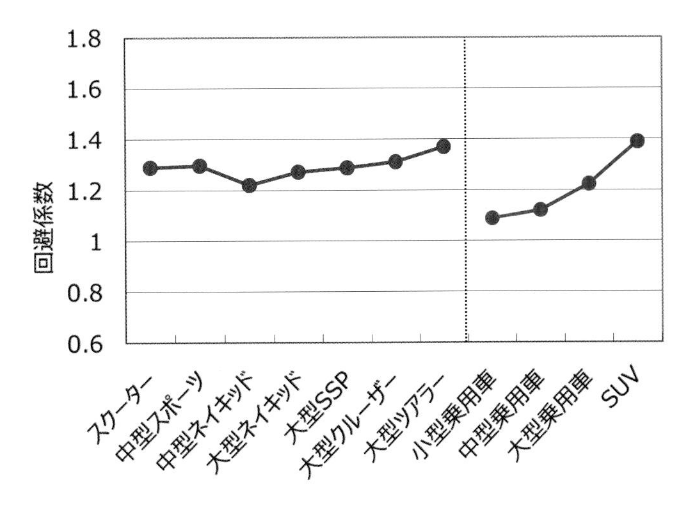

図 3-30　回避時の挙動と回避係数の比較

車体が左に倒れているので，操舵系はセルフステアによって左に切れていきます．このとき，ライダは左手でハンドルを押す操作を弱め，ハンドルが切れてくるように操縦しています（画像⑤）．さらに操舵系は左に切れ，車体のヨー方向の運動が大きくなり，向きを変えはじめて旋回状態に移行します．車体の横移動量は，前輪がようやく白線の位置に戻ってきた状態ですから，まだ横変位していないことなります（画像⑥）．

旋回状態となった車体は，さらに左に倒れるとともに向きを変え，車体の軌跡も白線に対し左側に位置するようになります．ここまで，ライダによる逆操舵の操作から 0.875 秒かかっています（画像⑦）．そして，旋回状態の釣り合いに移っていくのです（画像⑧）．

このように，実際の走行挙動を細かく見ていくと，逆操舵といわれる操作や現象，特徴的な軌跡で走行していることが分かります．

車両の運動を理論式で考えてみよう

質点の運動と剛体の運動

運動を理論的に考えるうえで,「質点の運動」と「剛体の運動」について理解しておかなければなりません.これを分かり易く説明するため,一定速度で回転する円運動で考えていきましょう.

質点の運動とは,図 3-31 のように物体の質量が,重心に集まった一つの点として扱う考え方です.質点の運動では,物体の向きは省略して考えます.

では,二輪車の運動を質点の運動で表してみましょう.図 3-32A に表されるように,物体の向きは省略されるため,車両の進行方向は円運動をしても変化しないことになります.このままでは,二輪車の運動を正しく表現することはできないのです.

そこで,物体の回転を考慮した運動として表現するために,物体を変形しない大きさを持った物(剛体)として扱うのです.この考え方が,剛体の運動です.二輪車の運動を剛体の運動として表すと図 3-32B のようになり,円運動に伴う車体の進行方向の変化も表現され,現実の二輪車の運動に近づきます.

このように二輪車の運動は,質点ではなく剛体の運動として考える必要があるのです.

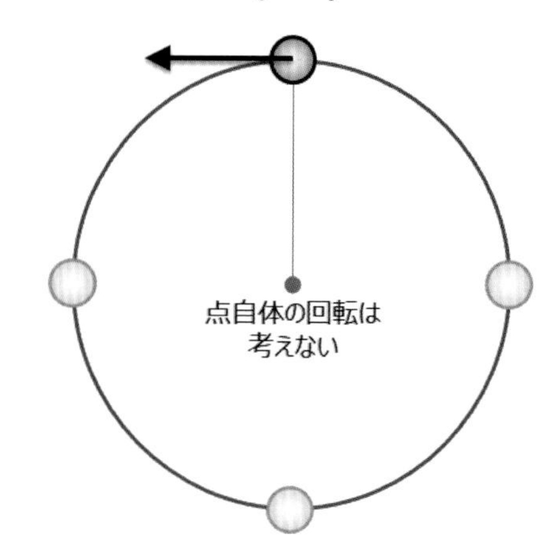

図 3-31　質点の運動

A. 質点の運動

B. 剛体の運動

図 3-32　二輪車の運動

回転運動とモーメントの釣合い

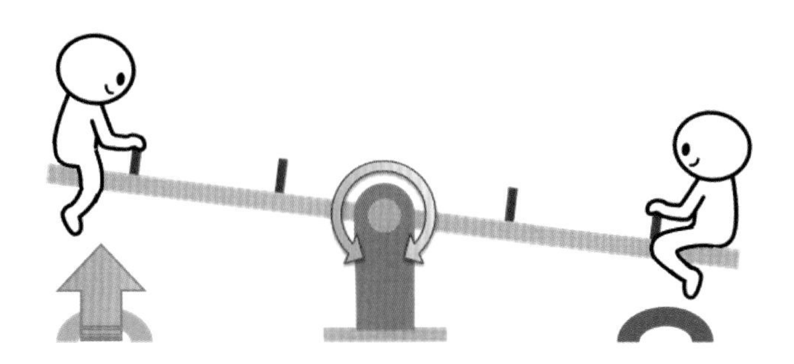

図 3-33　公園のシーソー

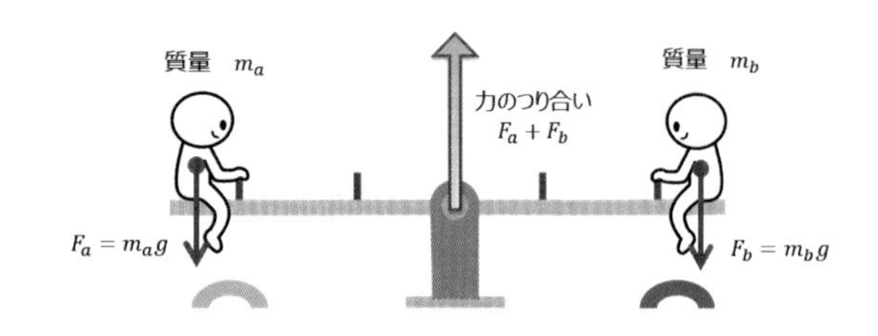

図 3-34　シーソーにおける並進力の釣り合い

公園にある遊具の一つであるシーソー．両端に人が乗り，片側の人が地面を足で蹴り上げることで，回転軸を中心にシーソーは回転し，それを繰り返し楽しむ遊具です．このシーソーを使って，剛体の回転運動における力の釣り合いについて考えてみましょう．

このシーソーは，図 3-34 のように同じ体重の人が両端に乗れば動きません．このとき，乗っている人の質量による重力が，シーソーの回転軸である支点に掛かって釣り合っています．この力の釣り合いが，剛体の運動において考えなければならない一つ目の状態であり，物体を移動させようとする力(並進力)の釣り合いです．

では，この状態から，右側の人がシーソーを降りたとしましょう．降りたと同時に，反時計回りにシーソーは動き出し，左の人の足が地面についたとき止まるでしょう．このときの力の釣り合いを考える場合，考えなければならないのが「回す力」であるモーメントです．モーメントとは，回転軸から力が作用する点までの距離に力をかけたものです．図 3-35 の状態では，左側の人の自重によりモーメントが発生し，シーソーが回転します．このモーメント(回転運動)の釣り合いが，剛体の運動で考えなければならない二つ目の状態です．

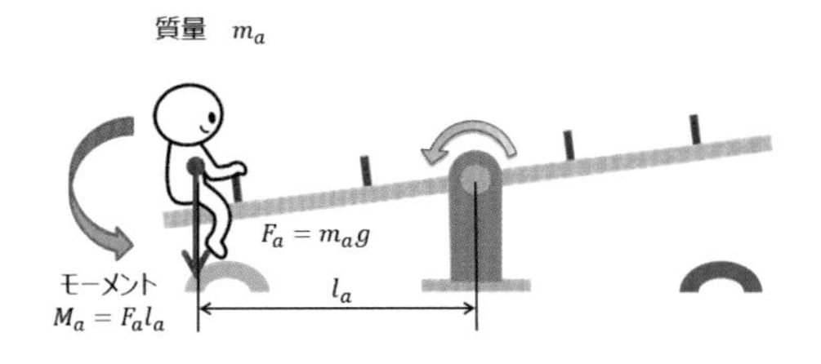

図 3-35　シーソーにおけるモーメント

もう一度，シーソーが静止して動かない状態を見てみます．この状態では，並進力が釣り合っているとともに，モーメントも釣り合っていなければなりません．シーソーの回転軸にかかるモーメントは，乗っている人の質量と回転軸から座っている位置までの距離の積で表されます．つまり，右側の人によって発生するモーメントと左側の人の発生するモーメントがちょうど同じ大きさで反対向きに働くとき，シーソーは釣り合うのです．

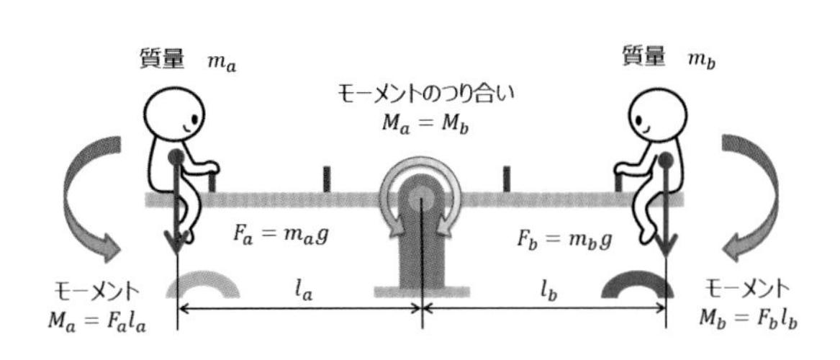

図 3-36　シーソーの釣り合い状態

シーソーの釣り合いと車両の運動

車両の旋回運動は，シーソーにおける力の釣り合いと同じ考え方で解くことができます．図 3-37 は，定常円旋回中の二輪車を上から見た状態を示しています．

車両の重心点は，シーソーの回転軸である支点に相当すると考えることができます．車両の重心には旋回による遠心力が働いており，前後のタイヤが旋回に必要な力が発生し，これらが釣り合っています．これが，並進運動の釣り合いです．また，シーソーと同様に重心点を回転中心と考えると，前後タイヤの力によって，車両を重心点回りに回転させようとするモーメントが発生し，釣り合っています．これが回転運動の釣り合いで，これにより，車両の向きが決まるのです．

このように，車両の運動における力の釣り合いは，シーソーと同様に並進力とモーメントの釣り合い状態で表現することができるのです．

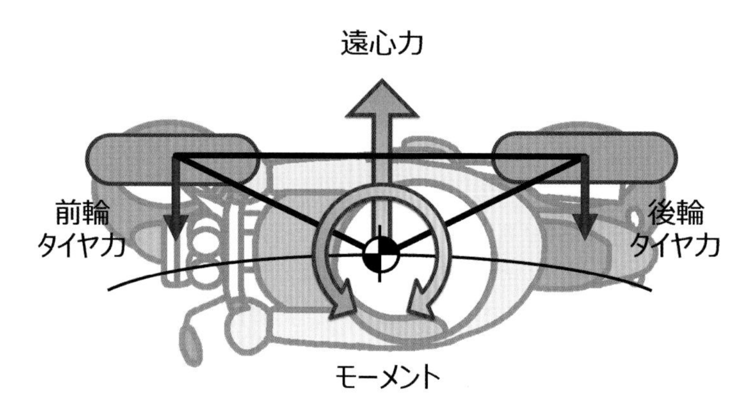

図 3-37　旋回中の車両の釣り合い状態

円運動の基礎知識

円運動については第 1 章にて，旋回中心に向かう向心力とそれと同じ大きさで逆向きの見かけの力である遠心力が旋回する物体に働くことを説明しました．円運動についてはもう少し，知っておくべき基礎知識がありますので，それらについて解説します．

一定速度で回転する物体を考えます．物体はある円を中心に，t 秒間に角度 θ だけ回転します．このときの角度を時間で割った値を角速度 ω といい，単位は [rad/s] で示されます．さらに，t 秒間に進む距離 l は，旋回半径 r と回転角 θ の積で求められます．ですから，物体が進む速度 v は，$r\omega$ で示されます．

次に物体の速度が変化する場合を考えます．このとき，物体の角速度 ω を時間 t で割った値を角加速度 $\dot{\omega}$（オメガドット）といい，単位は [rad/s^2] で示されます．これは直線運動における加速度と同じ意味を持ち，回転する物体に働く力を考えるときに大事な物理量です．

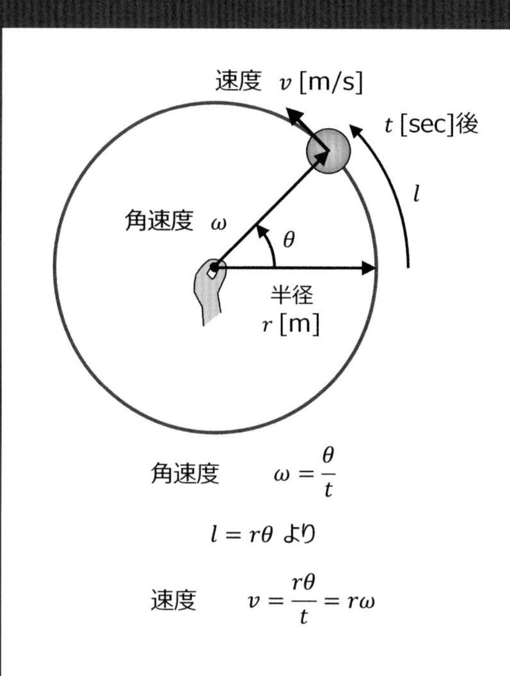

図 3-38　円運動における角速度と速度の関係

車両の運動方程式

ここまでは，車両の運動における力の釣り合いを概念的に説明してきました．しかし，このままでは，運動状態を計算することはできないため，数式化する必要があります．では，具体的に二つの力の釣り合いを数式で表していきましょう．

まずは，並進運動の釣り合いについて考えます．重心に働く遠心力は mv^2/R ですが，これは車体質量と車体に働く横方向の加速度の積で表される慣性力であり，この力と前後のタイヤが発生する横力(F_{yf}, F_{yr})が釣り合わなければなりません．そのため，一つ目の方程式として式(1)の関係が成り立ち，車両の横運動を規定することになります．この数式から，二輪車が大きな遠心力が働く高い速度で旋回し低速度と同じ旋回半径を維持するためには，より大きい前後のタイヤ力が必要になることが分かります．したがって，タイヤ性能の絶対値を上げることが，運動性能を確保する一つの手法であるといえます．

次に回転運動の釣り合いを考えます．回転運動にもニュートンの運動の法則が成り立ちます．回転する角加速度に対して，回り続けようとするモーメントが働くのです．並進運動における質量と同じ意味を持つのが慣性モーメント I (詳細は，次ページのコラム参照)であり，ヨー角加速度 $\dot{\omega}$ との積が数式の左辺になります．このモーメントと重心に働くタイヤ力によるモーメントが釣り合ったとき，車両のヨー運動が規定されます．前後輪の発生するタイヤ横力にそれぞれ重心点までの距離(lf, lr)を掛けた値ですから，式(2)になるのです．この数式から，車体の向きは前後のタイヤ横力のバランスと，車両重心の前後位置で決まるのです．

ところで，タイヤ横力の大きさは，第２章タイヤ工学で解説したように，車体の向きの影響を受ける横すべり角の大きさによって決まります．ですから，旋回中に大きなタイヤ横力を得るためには，適切な車両のヨー運動を伴わなければならないのです．

このように数式として考えることは，タイヤや車体の組み合わせからなる複雑な二輪車の運動を理解するうえで大きな助けになるのです．

横運動の釣り合い

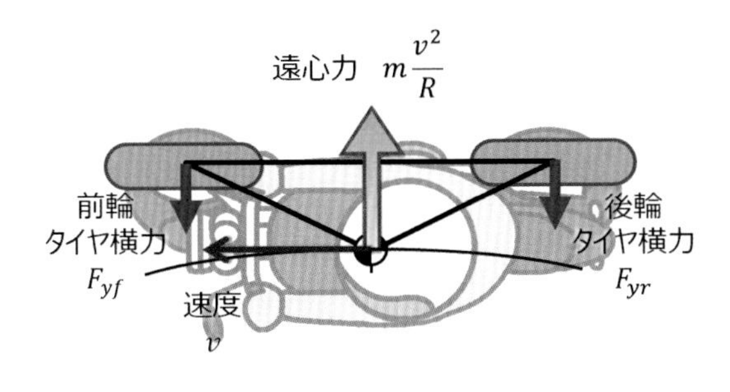

$$m\frac{v^2}{R} = F_{yf} + F_{yr} \quad (1)$$

m ：車体質量

ヨー運動の釣り合い

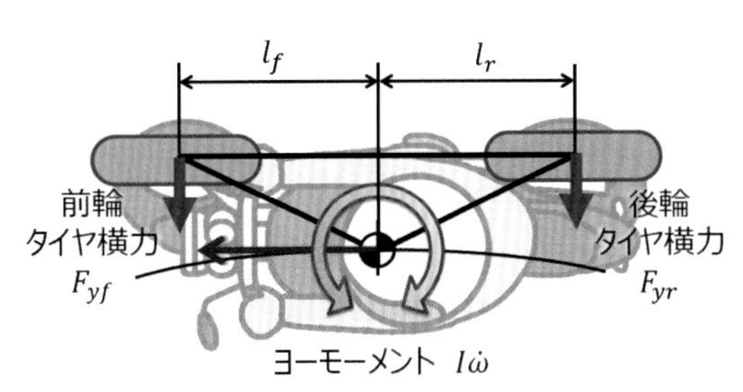

$$I\dot{\omega} = F_{yf}l_f + F_{yr}l_r \quad (2)$$

I ：車体の慣性モーメント

$\dot{\omega}$ ：ヨー角加速度

図 3-39　旋回中の車両の釣り合い状態

二輪車を数式化して物理的に考えることは
運動を理解するのに役立つのだよ

二輪車の運動をつかさどる諸元値

● 重心の計算

二輪車は多くの部品から構成されていますが，個々の部品に重力が作用しています．この重力の合力が作用する点が重心点です．ここでは，質量および重心位置が既知の車両に，積載物を付加した場合の重心位置の算出方法について説明します．車体と積載物の諸元が右図の通りだとすると，合成した重心位置は次式で求められます．

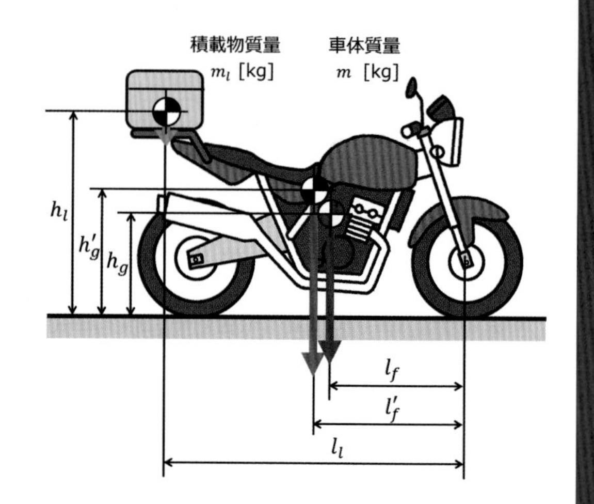

積載状態の重心前後位置 $$l'_f = \frac{ml_f + m_l l_l}{m + m_l}$$

積載状態の重心高さ $$h'_g = \frac{mh_g + m_l h_l}{m + m_l}$$

● 慣性モーメント

慣性モーメントは，物体の回転のしにくさ，あるいは回転の止まりにくさを表す量であり，導き方を右図を用いて説明します．質量 m の車輪が，質量を無視できる長さ l のアームでつながれており，アームの片側は回転できるようにピンで連結されています．物体に力 F を作用させると，$F=ma$ が成り立ちます．トルク T と力 F，加速度 a と回転角加速度 $\dot{\omega}$ の関係は以下の通りとなります．

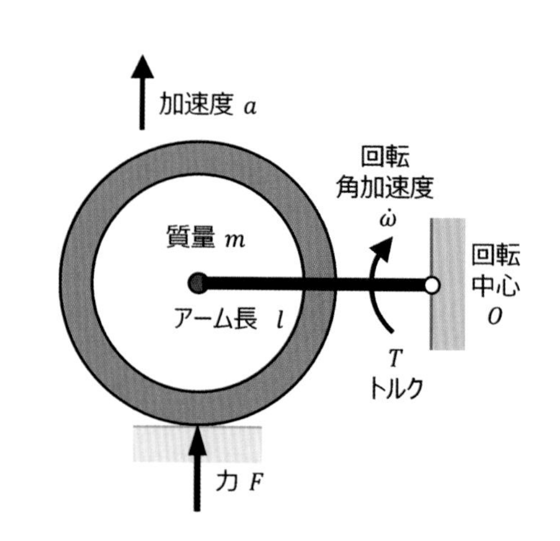

$$F = \frac{T}{l}, \quad a = l\dot{\omega} \text{ ，したがって } \mathrm{T} = ml^2\dot{\omega}$$

ここで， $I = ml^2$ とおいたとき

Iが慣性モーメントであり，単位はkgm^{2}で表します．

● 車両重心の前後位置

車両重心の前後位置は，ここまで説明してきたように車両のヨー運動を考えるうえで重要な諸元値の一つです．この数値は力と力のモーメントの釣り合いから，水平な面に静止している状態にある車両の車体質量(m)，前後輪の分担荷重(W_f, W_r)およびホイールベース(l)を測定すれば，次式から求めることができます．

$W = mg$，$W = W_f + W_r$ とすると，

重心～前輪中心距離 $$l_f = \frac{W_r}{W} l$$

重心～後輪中心距離 $$l_r = \frac{W_f}{W} l$$

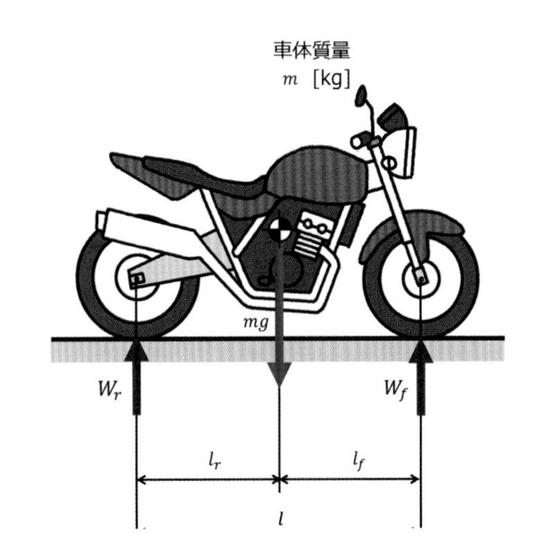

● 車両重心の高さ

車両の重心高さ h_g を求める方法はいくつかありますが，車両を傾けた際の荷重変化を測定することで求められます．車両のサスペンションが作動しないよう固定し，前後方向に車両を傾けて置きます．このときの前輪および後輪の荷重変化に対し，力のモーメントの釣り合い関係から次式が成り立ちます．

$$h_g = \frac{l\Delta W + \left(R_r - R_f\right) \tan\theta \,(W_r + \Delta W)}{W \tan\theta} + R_f$$

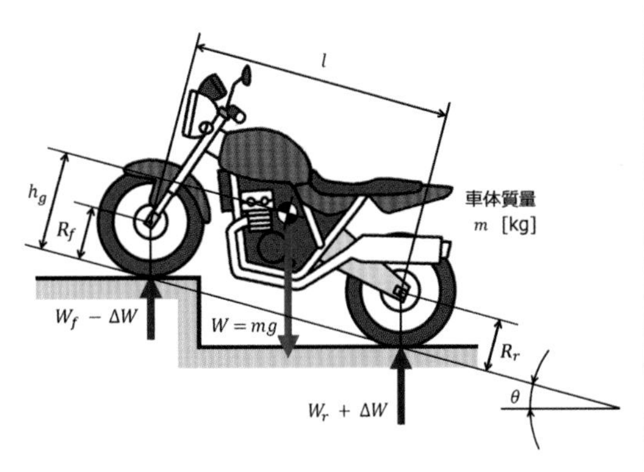

参照:JIS D0051 二輪自動車ー重心位置測定方法

フレームの剛性ってよく聞くけど...

フレームの役割

フレームは，操舵系の回転軸であるヘッドパイプとスイングアームのピボットを結ぶ部品です．フレームは二輪車の骨格とも呼ばれ，動物の骨格と同様に姿勢を保つために不可欠です．しかし，二輪車のフレームは，動物と異なり肉や皮で覆われず，ほとんどの車両が車体の外側にむき出しになっています．そのため，表面の仕上げだけでなく，骨格機能により決まる形状にも見た目の美しさを求められることが少なくありません．では，フレームの役割について解説します．

役割の一つ目は，サスペンション，操舵系やパワーユニットなどを保持し位置を定めることです．狙いの性能を達成するために設定したジオメトリを得るためには，完成品のフレーム各部の寸法が設計通りでなければなりません．二つ目は，サスペンションやパワーユニットからの力を受け止めることです．力を受け止められず変形してしまうと，狙いとするタイヤの向きが維持できなかったり，サスペンションの作動を阻害したりして運動性能に影響を及ぼすことがあります．三つ目は，振動などのエネルギーを伝えることです．特定の周波数の振動を遮断することで，不要な共振などの振動現象を抑制する役割も担っています．

フレームの種類

画像提供:本田技研工業株式会社

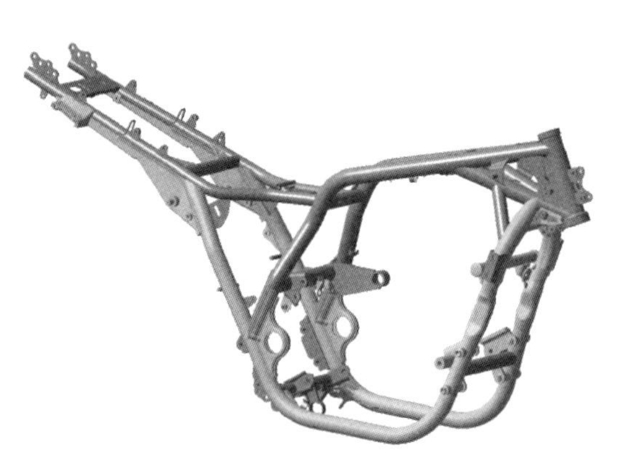

ダブルクレードル形

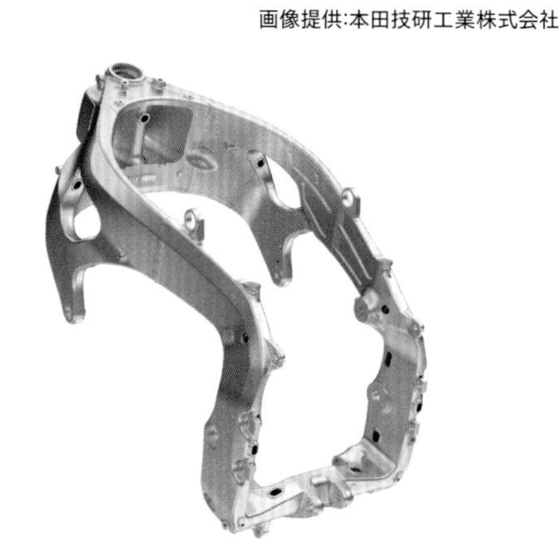

ツインチューブ形

図 3-40　フレームの形態

二輪車のフレームは，大きくクレードル形とダイヤモンド形の二つに分けられます．フレーム全体がエンジンをゆりかごのように包み込む構造で，二本のダウンチューブで抱え込む形態をダブルクレードル形といいます．素材には主に鋼管が用いられます．ダイヤモンド形は，ダウンチューブを持たずエンジンを強度剛性部材として使うフレーム形態です．エンジンに負荷を負わせますが，フレーム構造の簡素化につながり，車体が軽量化できるというメリットがあります．スーパースポーツ車のフレームは，このダイヤモンド形を進化させたツインチューブ形（ツインスパー形）と呼ばれるものが主流になっています．素材にはアルミニウムを用い，メインパイプに上下幅の広い断面を与えることで軽量かつ高剛性なフレームを実現しています．

フレーム形態は，車両の用途，搭載するエンジン形式，サスペンション形式などに合わせて選定されます．

フレームの剛性とは

フレームは，サスペンションからの力をヘッドパイプやピボットなどで受け止めますが，これらの力は主に前後輪で発生するものです．この加えられた力によってフレームが変形する特性を「フレーム剛性」といい，［N/mm］や［Nm/deg］といった単位で示されます．これは，サスペンションにおけるばねの特性値と同じ単位であり，フレームはばねに置き換えて考えられることを意味しています．

指標は，大きく曲げ剛性とねじり剛性に分類され，曲げ剛性には縦曲げと横曲げの 2 つの指標が用いられます．図 3-41 に各剛性の定義を示しますが，特にねじり剛性と横剛性には，ヘッドパイプを固定しピボットを入力点として力を加えた場合と，ピボットを固定しヘッドパイプを入力点として力を加えた場合の二通りの条件があります．この二つの条件により測定した際の結果には，フレームが左右非対称であることなどに起因して，差が生じることがあります．

縦曲げ剛性は，入力点へ操舵軸に直交する前後方向の力または鉛直方向の力を加えたときの変形のしにくさを評価します．主に制動時やサスペンション作動時の入力を想定した入力条件といえます．

横曲げ剛性は，入力点へ車軸あるいはピボットの軸線方向の力を加えたときの変形のしにくさを評価します．これは旋回時などタイヤの横力が発生したときの入力を想定した入力条件といえます．

ねじり剛性は，横曲げ剛性同様に旋回時の入力を想定した条件で，経験的には運動性能への寄与率が高いと言われています．ねじり剛性の荷重入力の条件は，入力点により異なります，入力点がピボットの場合は，両端に互いに反対向きの鉛直方向の力を加えますが，入力点がヘッドパイプの場合はヘッドパイプにアームを取り付け，そのアームの端部にヘッドパイプを回転させる力を加えます．いずれも，入力はモーメントとなり，回転変形のしにくさを評価します．

大型スポーツ車のフレームの剛性は，縦曲げ剛性は 5～10 kN/mm，横曲げ剛性は 1～3 kN/mm，ねじり剛性は 3～7 kNm/deg の範囲にあるとされています．

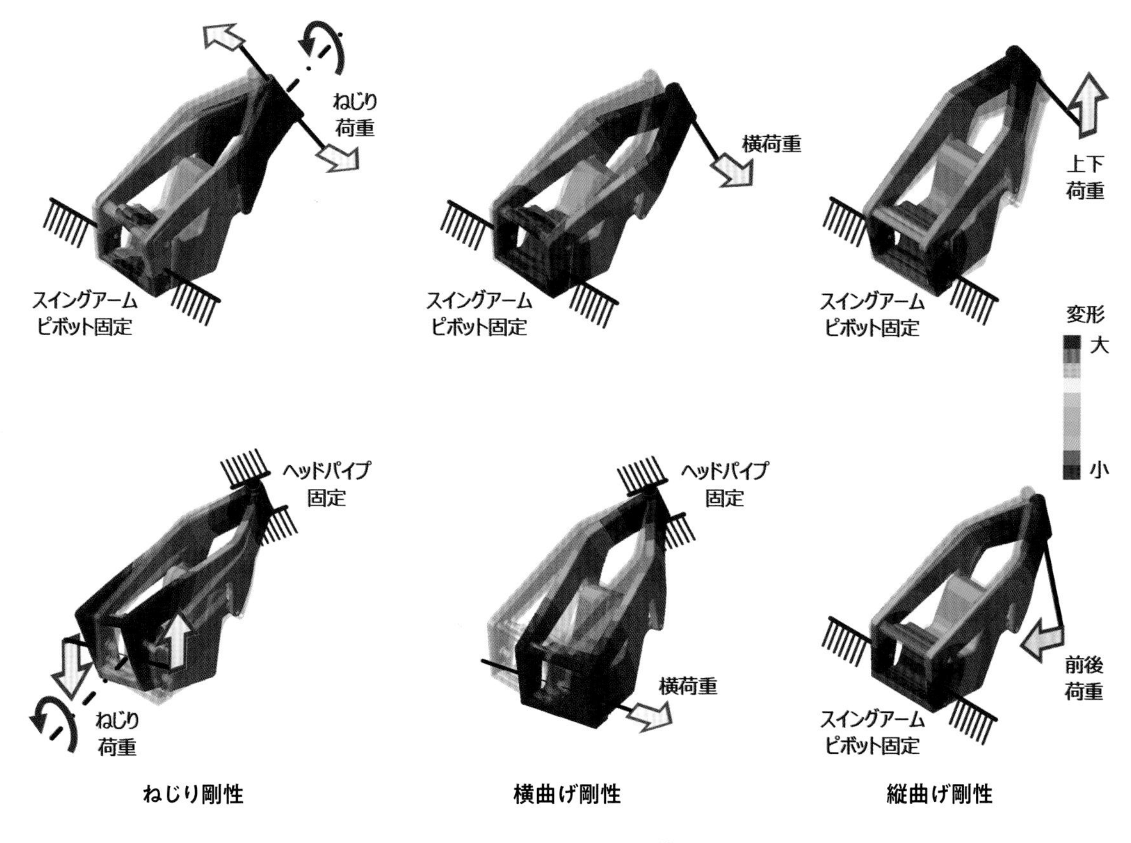

図 3-41　フレーム剛性

二輪車の，速度と旋回半径とバンク角と

山道などのカーブで車が旋回すると，
身体が旋回の外向きに押付けられるだろう．
これが，遠心力といわれるものだ．

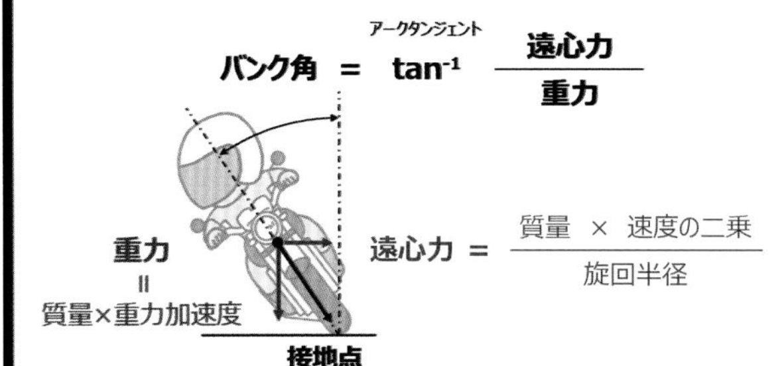

二輪車では，この遠心力と重力の合力がタイヤ接地点を通る時，バランスがとれるのだよ．

バランスがとれるバンク角は，速度と旋回半径で決まるのだ．数式を暗記する必要はないが，覚えておきなさい．

右の表は，数式に速度と旋回半径を代入して計算したものだよ．

バンク角の計算値 [°]		速度[km/h]						
		40	60	80	100	120	140	160
旋回半径 [m]	15	40.0	62.1	73.4	79.2	82.5	84.4	85.7
	30	22.8	43.4	59.2	69.1	75.2	79.0	81.5
	60	11.9	25.3	40.0	52.7	62.1	68.8	73.4
	90	8.0	17.5	29.2	41.2	51.6	59.7	65.9
	130	5.5	12.3	21.2	31.2	41.1	49.9	57.2
	200	3.6	8.1	14.1	21.5	29.5	37.7	45.2
	500	1.4	3.2	5.8	8.9	12.8	17.2	22.0

例えば，旋回半径30mのヘアピンコーナー．

一般的な市販スポーツ車をバンクさせると，
40°程度でステップが擦ってしまうから，
車速60km/h以下でしかバランスして曲がれない．

一方，レーシングマシンでは最大バンク角が
60°程度であるから，フルバンクさせれば
80km/hで曲がることができるのだよ．

速度 60km/h
バンク角 43.4°

速度 80km/h
バンク角 59.2°

旋回半径30m

第4章

人間・二輪車系

4.1 人間・二輪車系

二輪車を操縦するライダの影響

人間と二輪車の関係って?

人間の影響が大きい理由

上図は四輪車と二輪車がカーブを旋回しているシーンを描いたものです．では，それぞれの車両の操縦動作を思い浮かべてください．四輪車の操縦動作は，ハンドル操作を行う腕の動きや，アクセルやブレーキを操作する足の動きです．一方，二輪車ではそれらに加え，車体をコントロールするために身体全体をより大きく動かします．このことから，二輪車の運動を考える場合，それを操る人間であるライダの存在が切っても切り離せないことは，直感的に理解できると思います．

なぜ，ライダが切り離せないのか，物理的に考えてみましょう．ここで，人間と四輪車および二輪車の質量に着目してみます．一般的な四輪車の質量は 1500 kg です．一方，400 cc クラスの二輪車は 180 kg であり，ここで，人間の質量が 70 kg とすると，人間と車両を合わせた質量のうち人間の質量が占める割合は，四輪車では 4 %ですが，二輪車では 28 %となり 3 割近くを占めることになります(図 4-1)．このように，人と車両の質量が近く，ライダが車両の運動に与える影響が大きいことから，切り離すことができないのです．

本章では，二輪車の運動性能を考える上で，ライダをどのように扱えばよいのか，解説していきましょう．

図 4-1　人間と車両の質量比

人間・機械系で考える

「人間・機械系」「ヒューマンマシンシステム」という言葉を，聞いたことがある人がいるかと思います．人間工学という学問の領域では，一般的な言葉ですが，まずは，人間・機械系について説明します．

図 4-2 はブロック線図といわれるものです．左の四角が人間を，右の四角が機械を表し，矢印は情報や信号の流れを意味しています．このような図を用いることで，複雑なシステムを比較的簡単な要素に分類し，システム全体を理解することができます．

この図で人間・機械系を説明すると，人間がある目標を達成するために機械を操作するときに，機械の状態などの情報を人間が感覚器官を使って取り入れ，その情報に基づき操作をしていくシステム，簡単に言うと，人間と機械が情報と操作で結びついたシステムを人間・機械系といいます．

ここまでの説明では，抽象的であり理解し難いと思いますので，具体的に解説します．

機械を四輪車に置き換えて考えてみましょう．機械が四輪車とすれば，人間はドライバになります(図 4-3)．例えば，目標をカーブがあるワインディングロードを走ることだとします．ここでは簡単に考えるために，車はカーブを曲がることができる速度を保って走っていると仮定します．この場合，操作とはハンドルを切ることになります．ハンドル操作をすると，車は曲がりはじめて横に移動するという状態変化を起こします．この車の状態変化(＝位置変化)をドライバは視覚を使って情報として取り入れ，そのままのハンドル操作量でカーブを曲がりきれるなら操作を保持し，曲がりきれないならハンドルを切り増すという判断を行い，継続的にハンドル操作を実行します．これが，人間・自動車系といわれるシステムです．

人間と機械が結びつくシステムの概念について，理解できたかと思います．

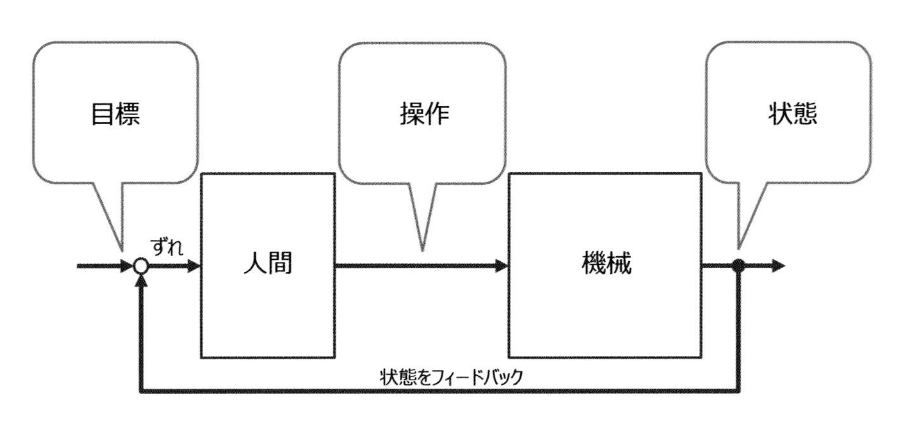

図 4-2　人間･機械系

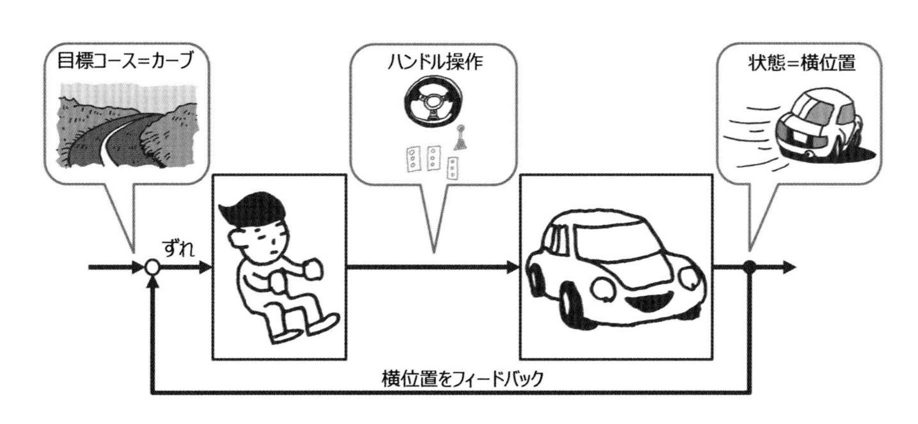

図 4-3　人間･自動車系

人間・二輪車系を考えてみる

人間・機械系の機械を，二輪車に置き換えて考えてみましょう．機械が二輪車であれば，人間はライダになります．ここで，目標は，四輪車の場合と同じカーブを曲がることだとして，四輪車のときと同様に，カーブを曲がれる速度一定で走っていると仮定します．

では，二輪車を操縦する操作や動作について考えてみましょう．第１章の運動性能で説明したように，二輪車は旋回時に車体を傾けることでカーブを曲がります．ここでは，そのための操作を三つに分類します．

冒頭に述べたように，車体の動きをコントロールするために身体を大きく動かす操作です．いわゆる体重移動などといわれますが，ライダの重心を車両に対して移動させることが一つ目の操作として挙げられます．二つ目は，ハンドルを操作したりステップを踏み変えたりなど，ライダが車体に対して荷重を入力することです．三つ目は，車体の運動により動かされてしまったライダの身体の影響が車体の運動に現れてしまうというものです．これは，ライダが意識的に行うものではなく，無意識のうちに慣性力として車体に入力される作用です．

これらの操作により，二輪車はロールしながら車体の向きを変えて，横に移動するという状態変化を起こします．この車の状態変化(＝位置変化，挙動変化)をライダは視覚，平衡感覚や運動感覚などを使って情報として取り入れ，そのままの状態を保つことでカーブを曲がりきれるなら状態を保つ操作を行い，曲がりきれないなら車体をさらにロールさせるなどの判断を行い，継続的に操作を実行します．これが，人間・二輪車系といわれるシステムです．二輪車の操縦は，ハンドル操作が主である四輪車の操縦とは違い，人間の動きの影響を考慮しなければならず複雑なのです．

次に，重心の移動，荷重の入力，身体の影響の三つの操作について解説します．

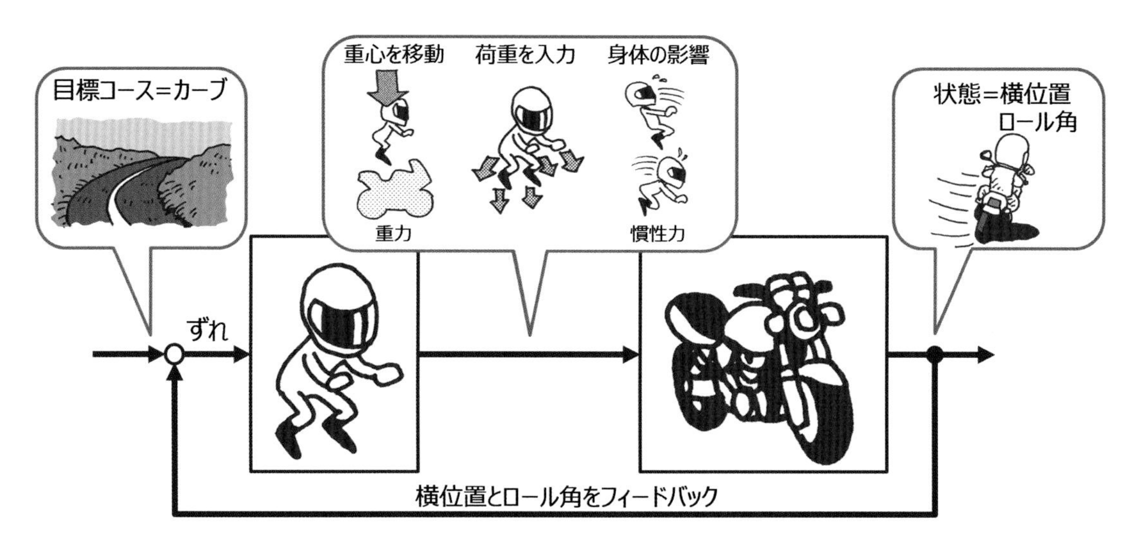

図 4-4　人間・二輪車系

人間・二輪車系として，ライダの影響を考えることが重要なのだよ

ライダが重心移動すると何が起こるの?

人間の重心位置

スポーツを工学的に解説している書物などで，身体の重心をどのような場所へ動かせば良いかを論じられているのを見かけますが，人間の身体の重心位置はどこにあるのでしょうか．

人間の身体の重心位置は，身体が直立した状態では，前後方向は第二仙骨の 3 cm 前方にあり，高さ方向は，成人女性は身長の約 55 %，成人男性は約 56 %の位置にあります．例えば，身長 175 cm の男性であれば，重心位置の高さは 98 cm になります．

身体の重心位置は，人間の姿勢によって変化します．二輪車に乗車した姿勢での重心位置は，片山らの論文で報告されています．この論文では，ツーリング車のような一般的な直立した乗車姿勢では，重心位置は座面からおよそ 26 cm の高さ，前後位置は大腿骨の付け根である転子から前方に 10 cm ほどにあるとされています．また，スポーツ車のような前傾した乗車姿勢では，重心位置は座面から 20 cm ほどの高さになり，前後位置は転子から前方におよそ 22 cm と前方になります．前傾した乗車姿勢では，頭が低く，前に位置しますので，直立した乗車姿勢に対しては，重心は低く前方に位置することになります．

車体とライダを合わせた重心位置は，車体の重心位置とその車両の着座位置が分かれば，計算することができます．では，車体と組み合わせると，どのような影響が現れるのかを説明します．

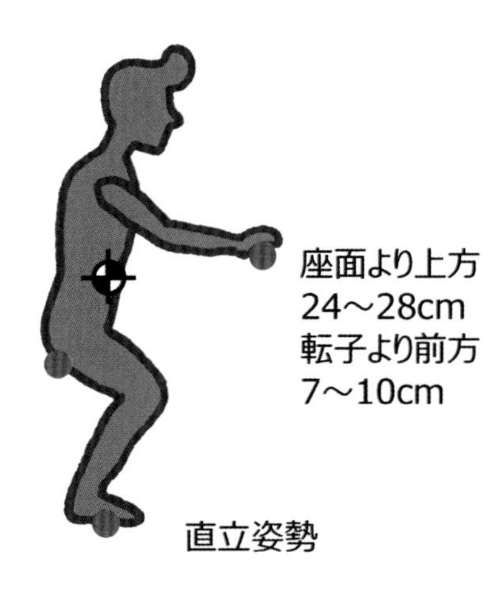

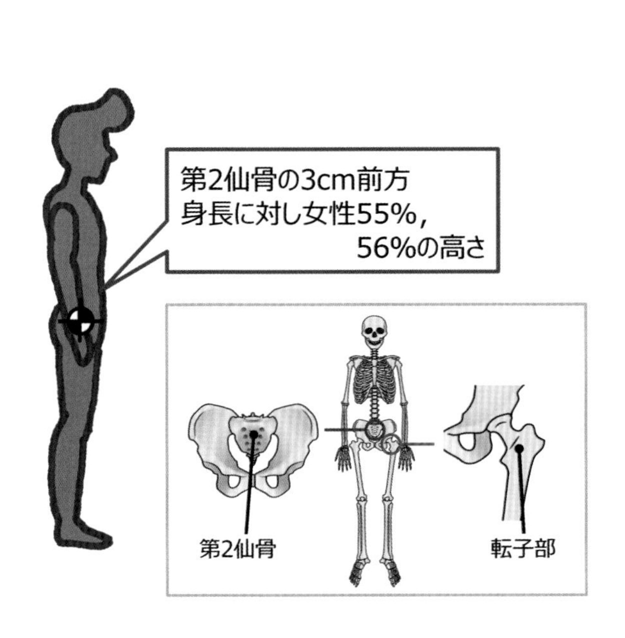

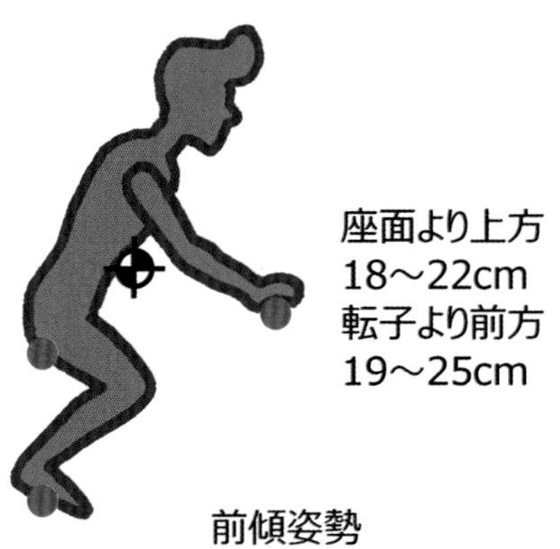

参考文献　片山ほか：ライダの重心位置および慣性モーメントの測定，
自動車研究，Vol.7，No.10(1985)

図 4-5　ライダの重心位置

前後方向への重心移動

まずは，ライダが前後方向に乗車位置を変えた場合の影響についてみていきましょう．

質量が 180 kg の一般的な中型ツーリング車に，質量が 70 kg のライダが通常の乗車位置に座ったとします．このとき，前輪にかかる質量は 115 kg であり，前輪の質量分担は 46 %になります．

ここで，座る位置を後ろにします．タンデムシートに座るくらいまで後ろに下がって座ると，前輪にかかる質量は 6 kg 減って 109 kg，質量分担は 44 %になります．

逆に，座る位置を前にします．タンクの上に座るくらいまで前に座ると，前輪にかかる質量は 6 kg 増えて，121 kg，質量分担は 48 %になります．このように乗車位置によっては，前輪にかかる質量が ± 6 kg，計 12 kg も変化します．

ここまで中型ツーリング車で計算してきましたが，オフロード競技車両で考えてみましょう．車体質量はモトクロス車が 110 kg 前後，トライアル車は 70 kg 前後ですから，質量分担への影響度がより大きくなります．トライアル競技で身体を大きく動かし操縦しているのを見かけますが，軽量な車両ほど重心移動による車体のコントロールが容易なためであり，これらの車両が前後方向に身体を移動させ易いシート形状をしているのは，積極的な重心移動を可能にするためなのです．

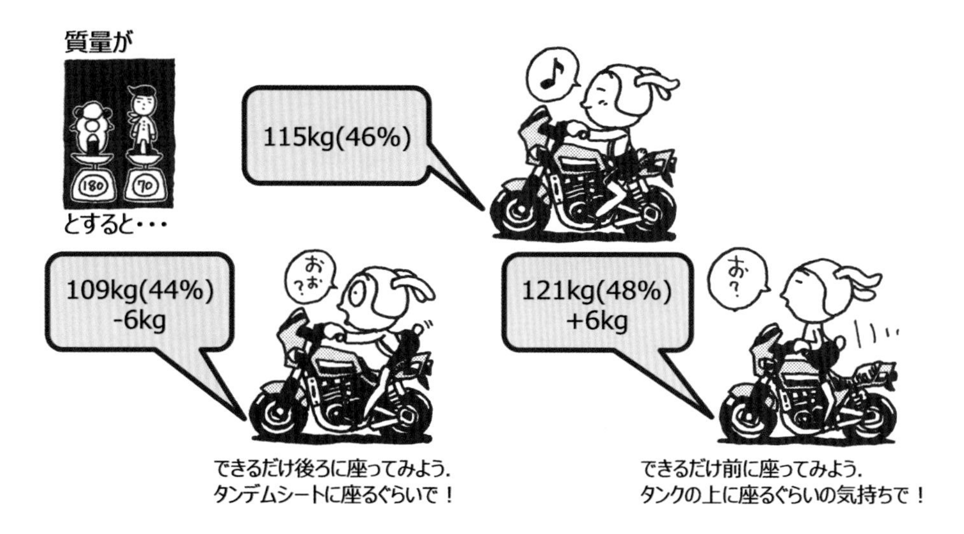

図 4-6　前後方向の重心移動の影響

数字で見る運動特性

左右方向の乗車位置の影響が，車体の運動にどれだけ影響を与えるのでしょうか．実験的に調べた，藤井らの報告事例について紹介します．

この実験は，旋回半径 50 m のコースを幾通りかの速度にて定常円旋回し，そのときの操舵に加わるトルクや操舵角などの車体挙動を計測したものです．この計測をリーンイン，ウィズ，アウトそれぞれの乗車姿勢で行い，各状態量の変化を分析しています．

図 4-8 のグラフは，実験結果の一つであるロール角に対する保舵トルク（旋回を維持するためのトルク）を示しています．リーンインは三角，リーンウィズは菱形，リーンアウトは四角でプロットしています．

リーンウィズで走行した場合に対し，リーンインでは保舵トルクが減少し，リーンアウトでは保舵トルクが増加する傾向が見られます．また，リーンインではある領域で保舵トルクがゼロとなっています．この領域では操舵入力がなくても，車両は旋回を続けようとする状態であることを表してます．

このように，ライダの乗車姿勢によって，定常円旋回中の保舵トルクの大きさが異なってくるのです．

ロール時の重心移動

次に，ライダが左右方向に重心を移動した場合を考えます．特に車体のロール運動に対する影響として，リーンイン，ウィズ，アウトの違いを物理的に説明します．ここで，車両は質量 180 kg の中型スポーツ車，ライダの質量は 70 kg とし，車体を 30 度ロールさせた状態を考えます．なお，車体の重心は高さ 530 mm，車体中心にあり，シート高は 780 mm とします．

リーンインは，ライダの重心が車体中心より旋回の中心方向に移動している乗車姿勢です．ライダの重心が車体より 10 度深い位置にある場合，二つを合成した重心のロール角は 34 度になります．リーンウィズは，ライダの重心が車体中心上にある乗車姿勢であり，二つの重心は同じ 30 度の位置にあるため，合成重心のロール角も 30 度になります．リーンアウトは，ライダの重心が車体中心より旋回中心の反対方向に移動している乗車姿勢です．ライダの重心が車体より 10 度浅い位置にある場合，合成重心は 26 度になります．

このように，左右方向へのライダ重心の移動により，車体ロール角に対してライダ込みのロール角を変えることができ，これにより運動特性が変化します．なお，ここで説明したライダの重心移動の影響は一例であり，その影響度は，車両の質量や重心位置，ライダの質量や乗車位置によって変化するのです．

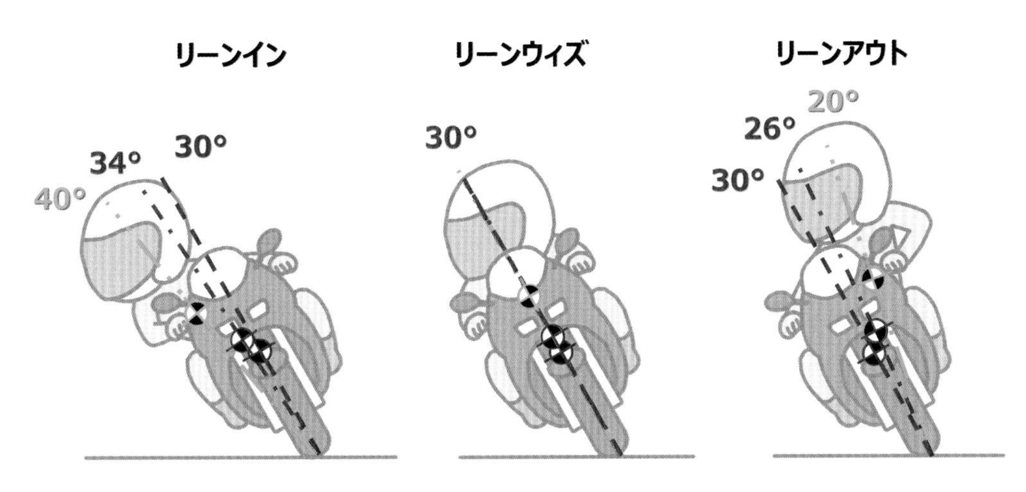

図 4-7　左右方向の重心移動の影響

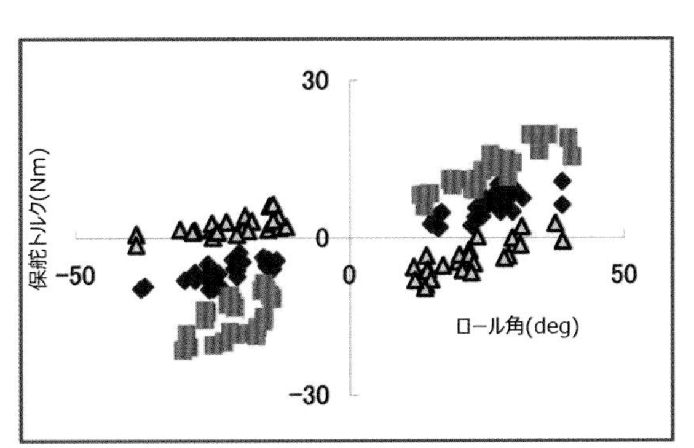

ライダ姿勢による
定常円旋回中の保舵トルク変化(旋回半径50m)

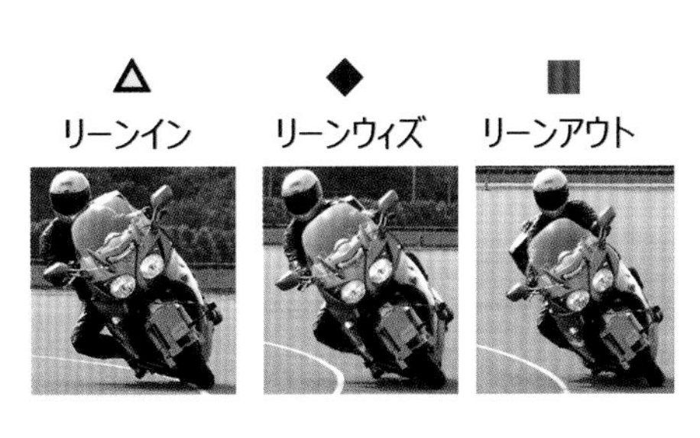

参考文献　藤井ほか：二輪車の操縦特性調査，
ヤマハ技報2009-12　No.45, (2009)

図 4-8　乗車位置が運動特性に及ぼす影響

二輪車への荷重入力とは?

ライダはどこから入力しているの?

ライダは二輪車に対し，どこから荷重を入力しているのでしょうか．まず，手で保持しているハンドルから，操舵荷重あるいは操舵トルクとして加わります．上半身の動きによる力は，膝が触れるタンクやライダが座っているシートから入力され，これをシート荷重などと呼びます．さらに，下半身の動きによる力は，足を乗せるステップ(フットレストともいう)からステップ荷重として入力されます．

その他にも，ライダが車体と接触する箇所から荷重が入力されます．これらの入力は，ライダが意図的に筋力を使って行う場合と，ライダが視線移動したり重心を移動させたりするために身体を動かした際などに，車体に反作用として入力されてしまう場合の二つを考えなければなりません．

また，ライダと車体がどのように接触しているか，接触させるかで入力の加わり易さに変化が現れます．

ライダが膝や内腿で車体あるいは上体を保持する，ニーグリップと呼ばれるテクニックがあります．タンクや外装部品など身体と触れる部分に配置される部品に出っ張った部位があると，局所的に身体と接触するようになり，ライダは痛みを感じる場合があります．このような状態では，ライダは意のままに操縦することができなくなってしまいます．一方，ライダの身体に合わせた形にした場合，すべりやすくなってしまうことがあります．タンクの側面などにゴムや凹凸のついたシリコン製のパッドを貼り付けているのを見かけますが，これはすべりを抑えることで，ニーグリップの様な操縦動作を行いやすくさせているのです．

以上のように，二輪車においては，ハンドル，ステップ，シートなどの車体のレイアウトだけでなく外観デザインも人間工学的な考慮が必要です．

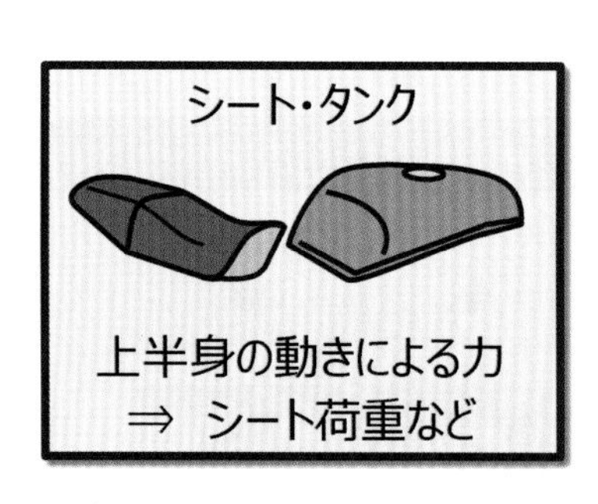

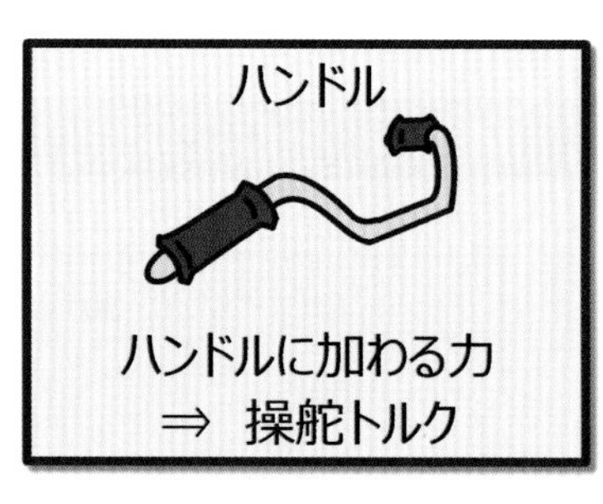

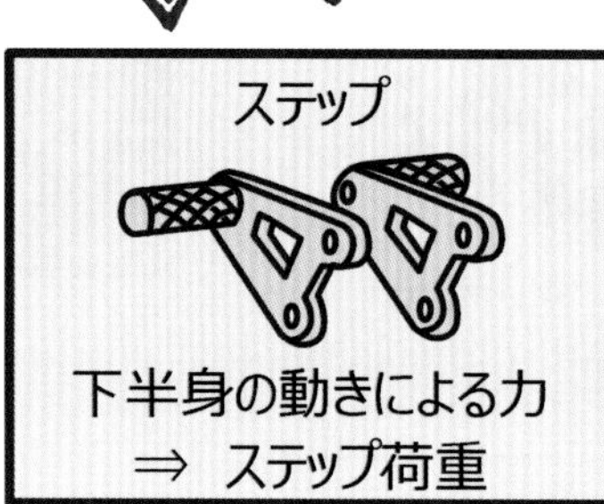

図 4-9　ライダの荷重入力

人間・機械系の特性を数値化する

図4-3で示した，人間・自動車系のハンドル操作に対する車両の応答を数値化してみます(図4-10A)．ハンドルを10度回して一定の速度で走ると，車両は一定の旋回運動を続けます．このとき，車両が1秒間に30度の割合でヨー方向に向きを変えたとします．このような場合，入力に対する出力の倍率で特性を示すのが一般的であり，車両運動量の30度をハンドル操作量の10度で割った3倍がこの車両の特性値になります．しかし，二輪車ではすべての入力を一定に保つことは難しく，入出力は時々刻々変化する波形で表されます(図4-10B)．このような入出力関係は，どう分析すれば良いのでしょうか？

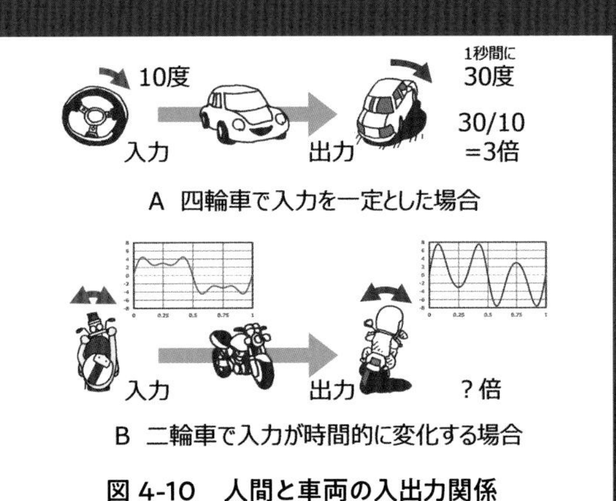

図4-10　人間と車両の入出力関係

車両挙動のような複雑な波形でも，単純な正弦波と余弦波の足し合わせで表現できます．足し合わされている単純波形を並べることで，時間領域のデータを周波数領域に変換できるのです．これをフーリエ変換といい，周波数ごとの成分の大きさが分析可能となります．ここで，入出力波形が，図4-10Bで示した波形だったとします．入力波形についてこの分析をしてみると，1 Hz，3 Hz，5 Hzの3つの周波数で振幅がそれぞれ4，2，1の正弦波の足し合わせでできています．同様に出力波形を分析すると，振幅は1 Hzが2，3 Hzが6，5 Hzが1と異なった成分の特性を持っています．

入力に対する出力の倍率は，周波数ごとに出力の振幅を入力の振幅で割ることで算出することができます．この例では，1 Hzは0.5倍，3 Hzは3倍，5 Hzは1倍という倍率(振幅比，ゲインという)で入出力関係を示すことができます．この結果から，車両は3 Hzの入力に対して大きく応答する特徴があると言えます．もし，どの周波数においても振幅比が小さい場合，入力に対して車両は応答しにくいと分析することができます．

このように，時間領域のデータでは入出力関係を説明することが難しい場合でも，周波数領域に変換することで，その関係性を数値化することができるのです．

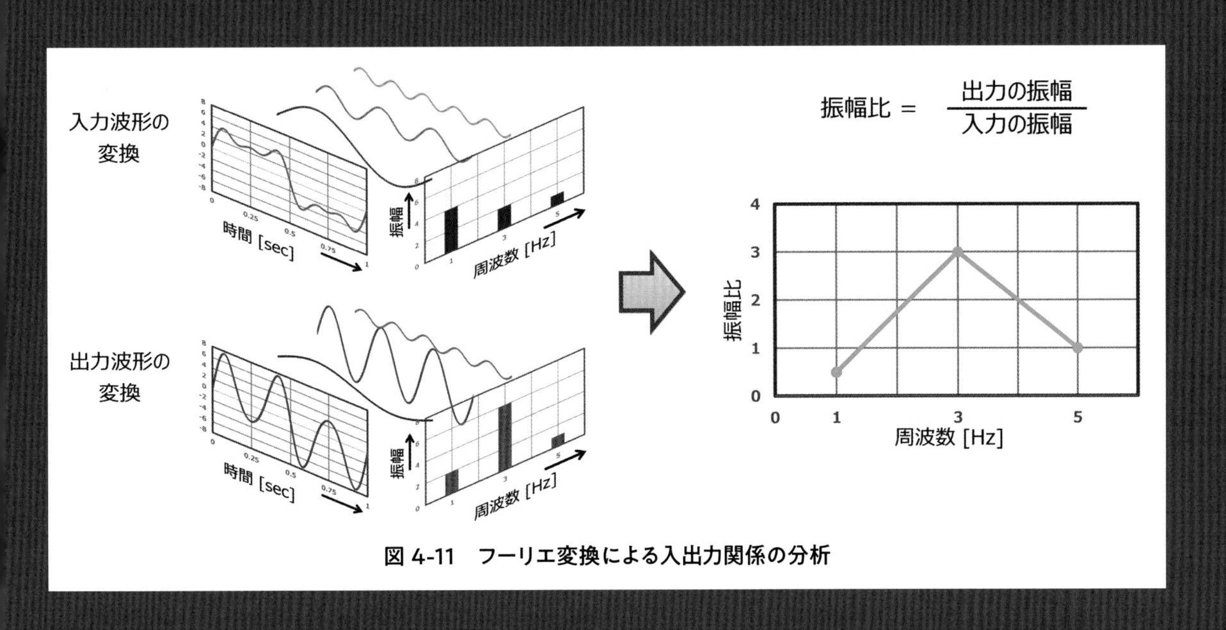

図4-11　フーリエ変換による入出力関係の分析

ライダの荷重入力を考えてみる

では，どの荷重入力が最も二輪車を大きく運動させることができるのでしょうか．その入力の影響度を調べた，景山らの実験論文について紹介します．

実験車両は排気量 650 cc で，ライダの身体を車体に固定させるため，図 4-12 に描いた背もたれのような装置が取り付けられるとともに，ライダの操作入力および車両の挙動を捉えるセンサが装着されています．

実験は，車体へのライダの固定を一箇所ずつ解放し，一つの入力のみを二輪車に与えられるようにして行われています．例えば，ライダの身体は固定し，ハンドルを持つ腕だけを動かすことができるという状態です．そして，その入力が加えられたときの応答を計測するという手順で行われています．

図 4-12 のグラフは，前頁のコラムに記述したフーリエ変換を用い，ライダの入力による車両の応答を周波数分析したもので，グラフ A にヨー運動，B にロール運動の解析結果を示しています．ライダの入力は，ハンドルトルク（操舵トルク）とステップ荷重，ロール，ピッチおよびヨー軸を中心にライダが身体を動かして姿勢角を変える，という 5 つの項目について検討しています，グラフの横軸は周波数，縦軸は振幅比に相当する車両応答の大きさを表しています．

グラフから，ヨー運動については，他の入力に比べハンドルトルクの影響が最も大きいことがわかり，ロール運動については，ハンドルトルクとならんで身体によるロール入力の影響も大きいことが分かります．

つまり，身体による入力だけでも積極的に車体をロールさせることができるということであり，ライダがハンドルから手を放した状態でも，ゆっくりと旋回させて走行ラインを追従できることからも，妥当な結果であるといえます．

一方，ハンドルによる入力は，車体をロールさせるとともに，向きを変えるための入力として最も有効です．ですから，ハンドル入力をすることで，小さい半径での旋回や障害物回避などの素早い旋回動作が可能になるといえます．なお，この実験は大型車で行われていますが，車体質量が軽い小型車やスクーター，スーパースポーツ車では，ライダの身体の入力による応答がより大きいものになると考えられます．

ライダの操作入力を考えることは，車両の開発を行う上で重要であるとともに，ライディングスキルを高める上でも有用です．皆さんも，ご自身がどのような入力で操縦しているのか，意識してみましょう．

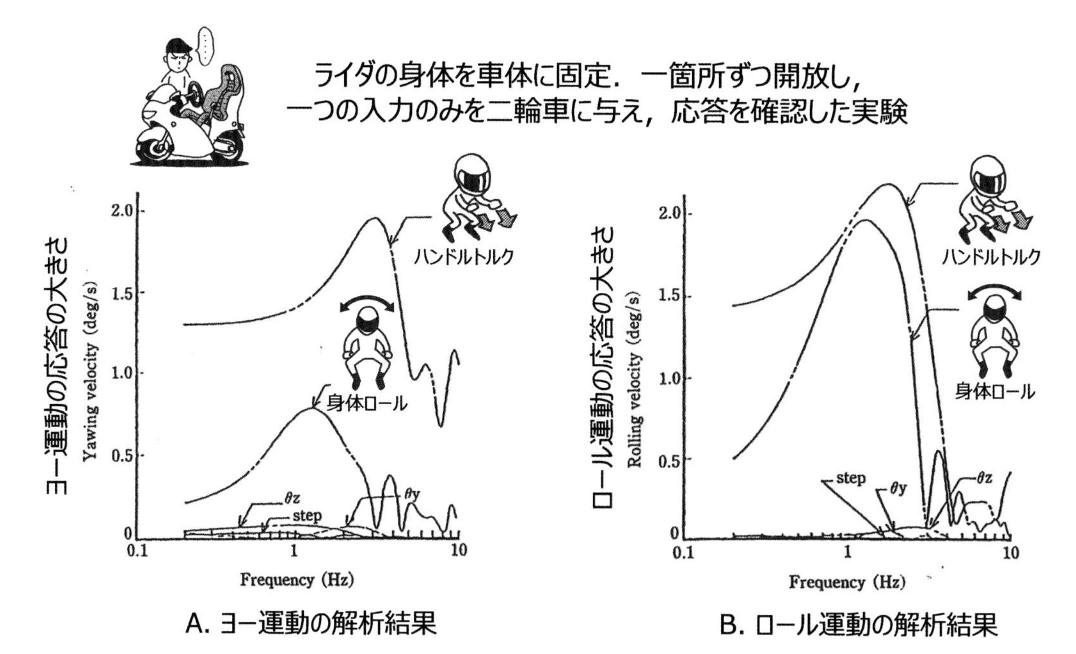

参考文献　景山ほか：人間・二輪車系の運動特性と各種制御入力について，日本大学生産工学部報告，Vol.22，No.22(1989)

図 4-12　ライダの入力の影響度

データで見る荷重入力〜操舵と保舵

ハンドル入力の実例を紹介します．図 4-14 は半径 20 m のコーナーを抜けたときの操舵トルクを計測したデータです．操舵トルクとは，図 4-13 に示すようにハンドルに加えた力に操舵軸からハンドルを握っている点までの距離をかけた数値です．正の値はライダから見て反時計回り，負の値は時計回りのトルクを表します．

データを見てみましょう．二つの車両を，同じライダが，同じ走行ラインやタイムで走行したデータを重ねています．どちらのデータも 0 秒から 1.5 秒にかけて時計回りの操舵トルクが大きくなっていって，ピークを迎えています．これは，曲がるためにハンドルに入力を加えている状態で，このときのトルクを操舵トルクと呼びます．次にトルクがピークを越して，1.5 秒から 4 秒にかけて入力が一定になっています．これは曲がり続けるためにハンドルに入力し続けており，保舵トルクと呼びます．

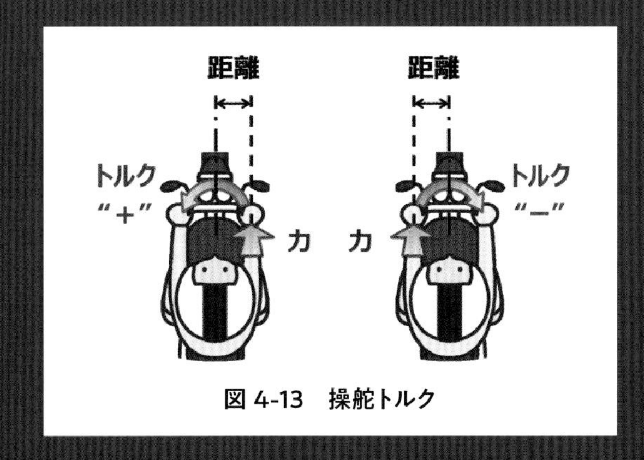

図 4-13　操舵トルク

また，二つの車両のデータを比べるとトルクの大きさに 5 N ほどの差が見られます．これは，車体諸元やエンジン形式などの違いから生じていると考えられます．このように，二輪車のキャラクタの違いは操舵トルクに現れたりしますので，こういった数値を捉えることは，重要な意味を持っています．

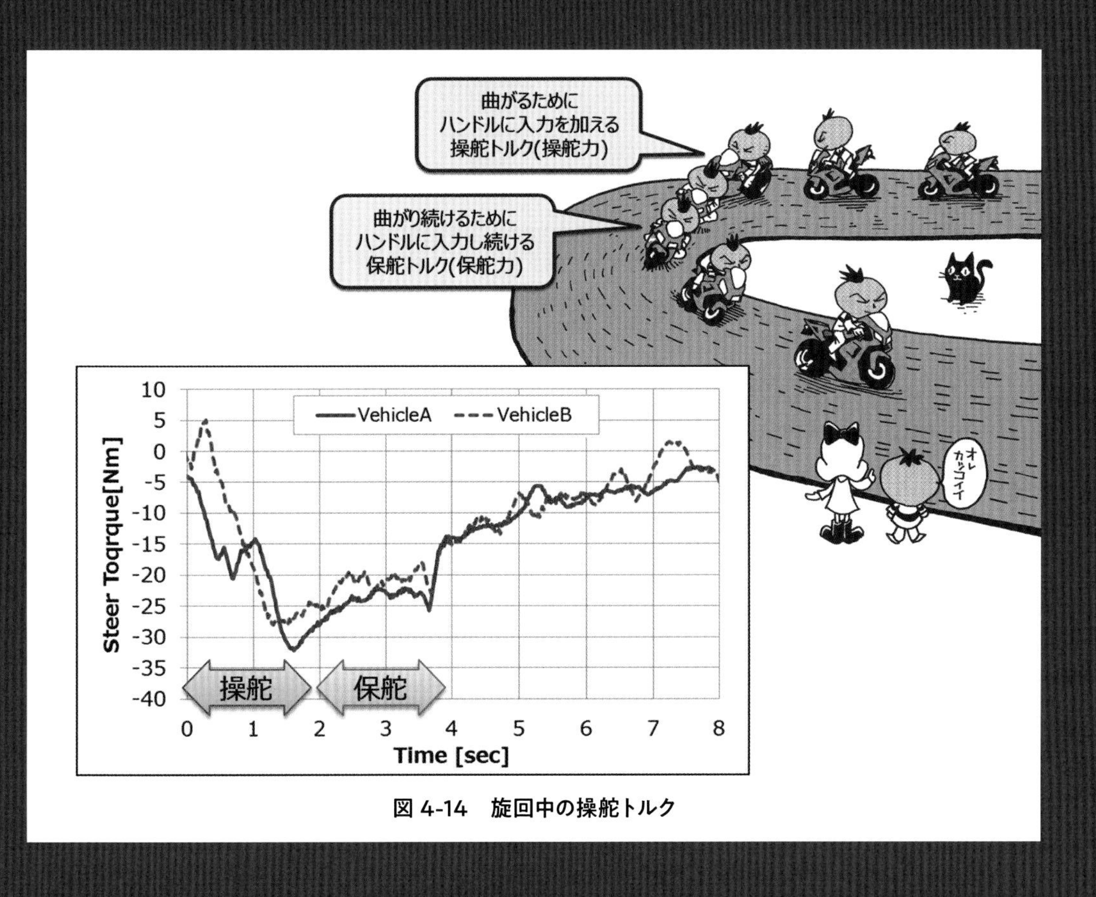

図 4-14　旋回中の操舵トルク

4.2 ライダの振動特性

ライダの身体の影響を科学する

ライダが無意識に操縦している?

ライダは何もしていない？

二輪車を真直ぐ走らせる場合，ライダが緊張して身体が硬直していると(地蔵乗りなどといわれる)，車体がふらついてしまったりします．ライディングテクニック教本などを見ると,「二輪車が持つセルフステアを阻害しないように身体の力を抜こう」などと書かれていたりします．これは，正しい教示だと思いますが，力を抜いて何もしないと意識しているライダは，二輪車に対して本当に何も入力していないのでしょうか．ライダの質量は車両のどこにどういう作用をしているのでしょうか．

二輪車は四輪車と異なり，操縦する人間がシートにホールドされたり，ベルトで固定されたりしていないため，わずかな身体の動きでも車体への荷重状態を変化させるため，車両の運動に影響するような入力となってしまいます．例えば，カーブを曲がるために視線を動かしただけでも，ハンドルに力が加わる場合があります．また，路面のうねりなどでライダの身体が振られて動いてしまうことによっても，無意識に車体へ力が加わってしまうことがあります．その結果として，車体のふらつきが助長される場合もあるのです．

この節では，ライダの身体が持つ特徴とその影響について説明したうえで，ライダが二輪車を操縦する動作の考え方を解説していきます．

ライダの入力を可視化してみよう

どの程度のライダの動きが二輪車への入力となるのか，左右のハンドルにシート型圧力センサを取り付けて実験しました．このセンサで測定される圧力と面積から手による入力荷重が算出でき，左右の荷重の差から操舵トルクが算出できます．実験は図 4-15 に示す手順で行い，バイクタレントとしても活躍されている大関さおりさんと梅本まどかさんに参加して頂きました．

図 4-16 は，右方向へ旋回するために視線移動した際の，左右の手のひらに生じた圧力の分布を示します．青色は圧力が低い部分を，赤色は高い部分を表します．大関さんのデータを見ると右手の圧力が左手より高く，左へ操舵するトルクが入力されていると読み取れます．視線を向けた方向に車体を倒すよう自然にハンドルに入力していると考えられます．上体がリラックスしているライダに見られる特徴です．一方，梅本さんのデータを見ると左右差は見られず，操舵トルクは入力されていないといえます．ハンドルに力が加わらないよう筋力により上体を保持しているライダの特徴です．

このように，視線移動によるライダの動きだけでも，二輪車への荷重入力となりうるのです．

1，実験参加ライダは静止した二輪車にまたがり，
直進走行を想定した乗車姿勢をとる．
2，前方にカーブを描いたボードを提示する．
3，ライダはこのカーブを曲がることを想定し，
視線を移動させる．

図 4-15　実験手順

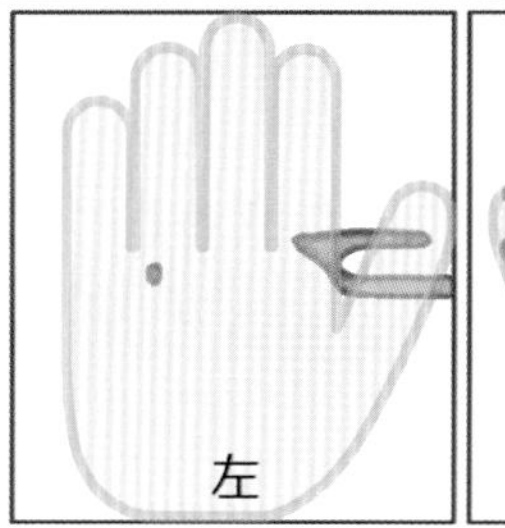

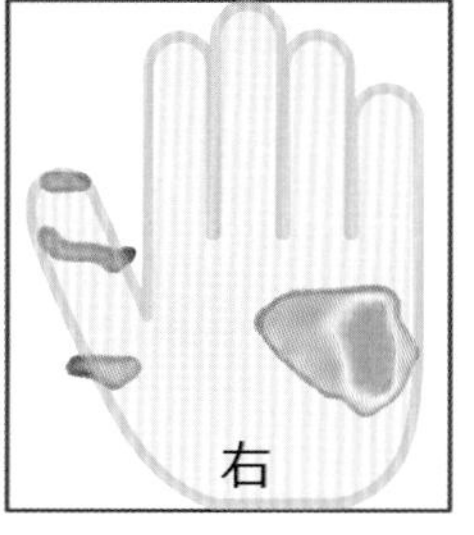

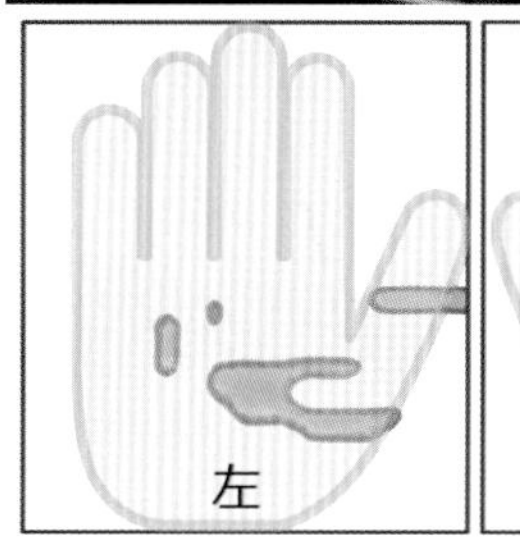

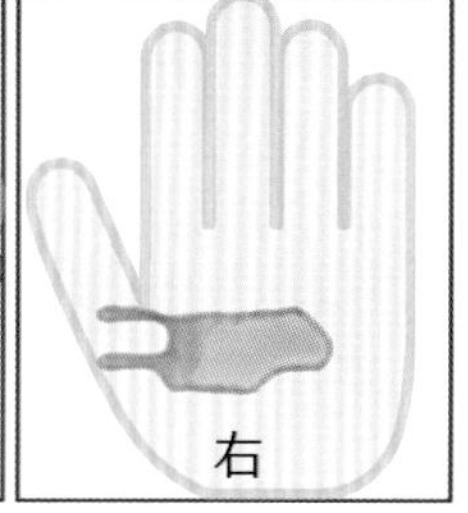

図 4-16　実験結果

人体の共振とは？

自動車などに乗って移動した際，揺れによって乗り物酔いになった経験がある方は少なくないと思います(図4-17)．人間が振動を受けると，不快に感じたり，気分が悪くなったり，疲労したりします．二輪車を操縦するライダも様々な振動を受けます．そこで，人体と振動について説明していきます．

物体には振動しやすい形，固有モードがあることを3.1 節にて説明しました．人体にも固有モードや共振周波数があり，人体が共振すると様々な影響が生じます．乗り物酔いは，人間の内臓が共振して起こるとも言われており，また，長時間，手や腕が振動を受けた場合，神経などに障害が発生する場合もあります．

共振周波数などの，物体振動特性を把握する方法として一般的であるのが加振試験です．これは物体に振動を加え，その応答を観測するという試験方法です．人体の着座姿勢における上下方向の振動に対する特性を捉える場合，図 4-18 に示すように，人間が座った椅子および床を上下に振動させ，人体を加振します．そして，人体の各部位における応答として，加速度，角速度や変位を計測します．加振する周波数を連続的に変化させたり，複数の固定した周波数で加振したりすることで，人体の共振周波数を調べることができます．

図 4-17　乗り物酔い

加振試験における振動特性の評価は，実走実験と同様に，得られた入出力データを周波数分析して得られる振幅比や位相などの数値で行うことができます．

図 4-19 に示したグラフは，座った状態の人間を上下に加振したときに，頭部が振られる度合いを分析したものです．横軸は振動数，すなわち周波数であり，縦軸は伝達係数という振幅比に相当するものです．4 Hz において係数が 1.0 超えており，頭部が入力振動より大きく振動するということが分かります．このように，人体にも振れやすい共振周波数があることが，データからも示されています．

図 4-18　人体の加振試験

このような人体の振動特性に関する研究は，特に人間が振動する機械を使うようになってから多く行われ，その結果から，機械を操作する人間が負傷や疾病に至らないよう，受けてもよい振動の大きさや時間などがISO（国際標準化機構）で決められているのです．

二輪車も振動する機械の一つです．では，二輪車を操縦するライダの共振周波数はどこにあるのでしょうか．ライダの振動特性についてみていきましょう．

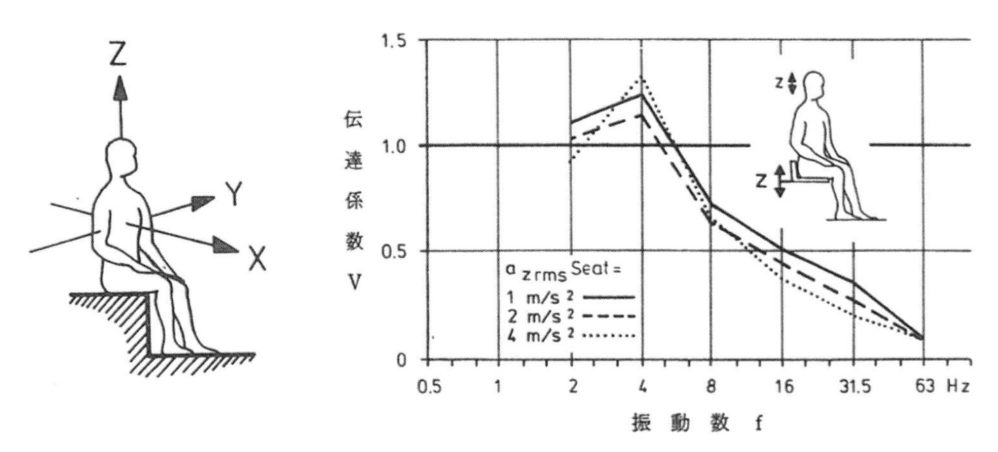

参考文献 Dupuis, H. and Zerlett, G.，松本忠雄，岡田晃他3 名訳： 全身振動の生体反応 (1989), pp.54-61, 名古屋大学出版会

図 4-19　人体の加振試験結果

人間・機械系の特性を数値化する～続編

フーリエ変換により周波数領域に変換することで数値化できるのは，入力に対する出力の倍率であるゲインだけではありません．二つの波形データの時間的ずれが，振動の位相と呼ばれることを説明しました．この位相を周波数ごとに算出することで，入力に対する出力の時間的なずれを数値化できるのです．周波数を横軸にとり，ゲインと位相をプロットしたグラフを，ボード線図といい，振動特性を表す図として一般的に用いられています．このとき，位相は時間ではなく角度で示され，振動の 1 周期を 360 度として扱います．

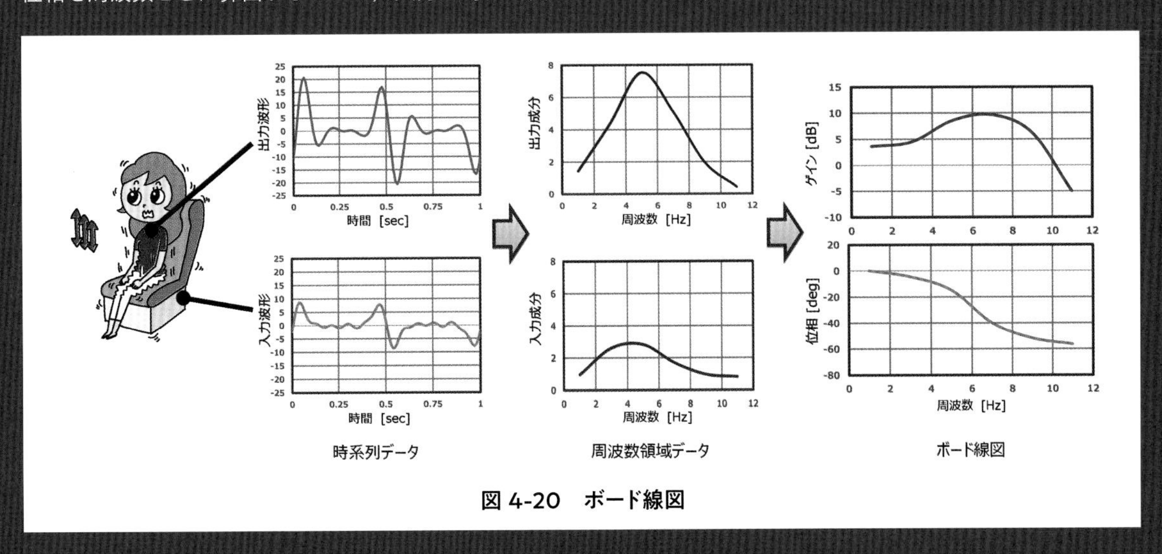

図 4-20　ボード線図

ライダの振動特性を考える

二輪車を操縦するライダの振動特性について，実験的に分析した論文を用いて説明します．

実験は図 4-21 に示すような，モーションベースと呼ばれる振動を発生させる加振機の上に，二輪車の乗車姿勢を模擬したフレーム(車体)を取り付けた装置により，ライダへロール方向およびヨー方向の振動を加えたものです．このときの，車体およびライダ胸部に取り付けたセンサや，モーションキャプチャシステムでライダの振動状態を計測しています．その結果から，車体の振動を入力，ライダ胸部における振動を出力として周波数分析を行っています．

図 4-23 は，ライダのロール方向の振動特性を示すボード線図です．青線が胸部におけるロール角速度のゲインを示しています．縦軸は dB(デシベル)で示されていますが，数値が大きいほど大きく動かされていることを表します．一番高くなっているのが 3 Hz で，車体の振れに対するライダ胸部のゲインは 3 倍(10 dB)となっています．ピンク線は位相を示しており，負の数値は遅れを表します．3 Hz では−270 度です．3 Hz は周期が 0.33 秒ですから，0.33 × 270 ÷ 360 = 0.25 秒の遅れとなります．ですから，ライダは 3 Hz のロール振動に対して，3 倍の大きさで 0.25 秒遅れて振られると読み取れます．

このように，ライダも，車体の振れに対して大きく振らされてしまう共振する特性を持っているのです．

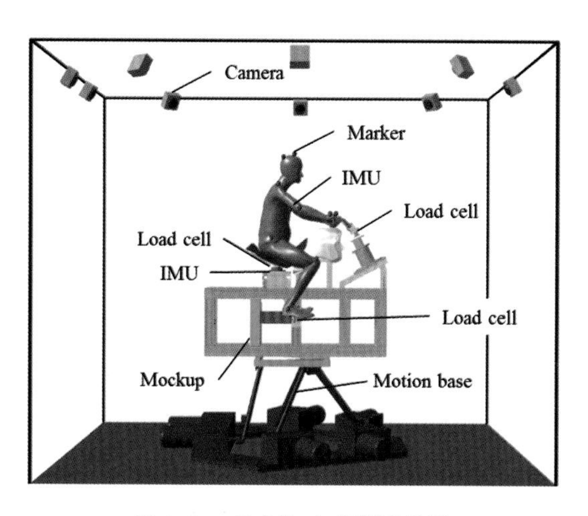

図 4-21　ライダの加振試験装置

図 4-22　ライダの加振試験

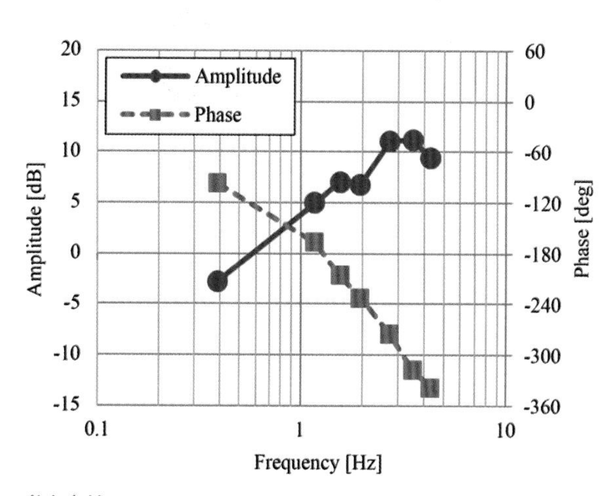

参考文献　Uchiyama et al. : Study on Weave Behavior Simulation of Motorcycles Considering Vibration Characteristics of Whole Body of Rider, SETC2018, 2018-32-0052/20189052.(2018)

図 4-23　ライダの加振試験結果

乗車姿勢と振動特性

前頁で解説した解析結果は，オンオフタイプの二輪車を模擬した乗車姿勢のものです．2.1 節にて説明した通り，ライダの重心位置は直立姿勢と前傾姿勢で変化します．したがって，人体の振られ方の特性も，乗車姿勢によって変化することが想像されます．

では，大きく前傾した姿勢のスーパースポーツ車や，足を前に投げ出して座るスクータータイプのような乗車姿勢を取ったときに，ライダの振動特性にどのような違いが現れるのでしょうか．

三つの乗車姿勢の実験結果を比較することとし，ロール軸周りに 3Hz で加振した実験条件における，ライダ胸部の動きに着目して解説します．

前述のようにオンオフタイプでは，車体の振動に対してライダは 3 倍の速度で，0.25 秒遅れて振られます．これに対してスーパースポーツタイプでは，振られる大きさはオンオフタイプの 2/3 程度となり，振られにくくなります．その理由は，車体のロール軸とライダの背骨の軸のなす角が 90 度でなくなるからだと推測されます．一方，スクータータイプでは，ロール方向に振れにくく，ヨー方向，つまり頭の向きが左右へ回転するように振れてしまいます．これは，骨盤が後傾し股関節廻りが動きにくくなることで身体がロール方向には倒れにくくなり，その代わりに臀部とシートの間でねじれが生じたと考えられます．

このように，乗車姿勢によっても人体の振られ方に違いがありますから，ライダが車両の運動に及ぼす影響も変化するということを理解しておきましょう．

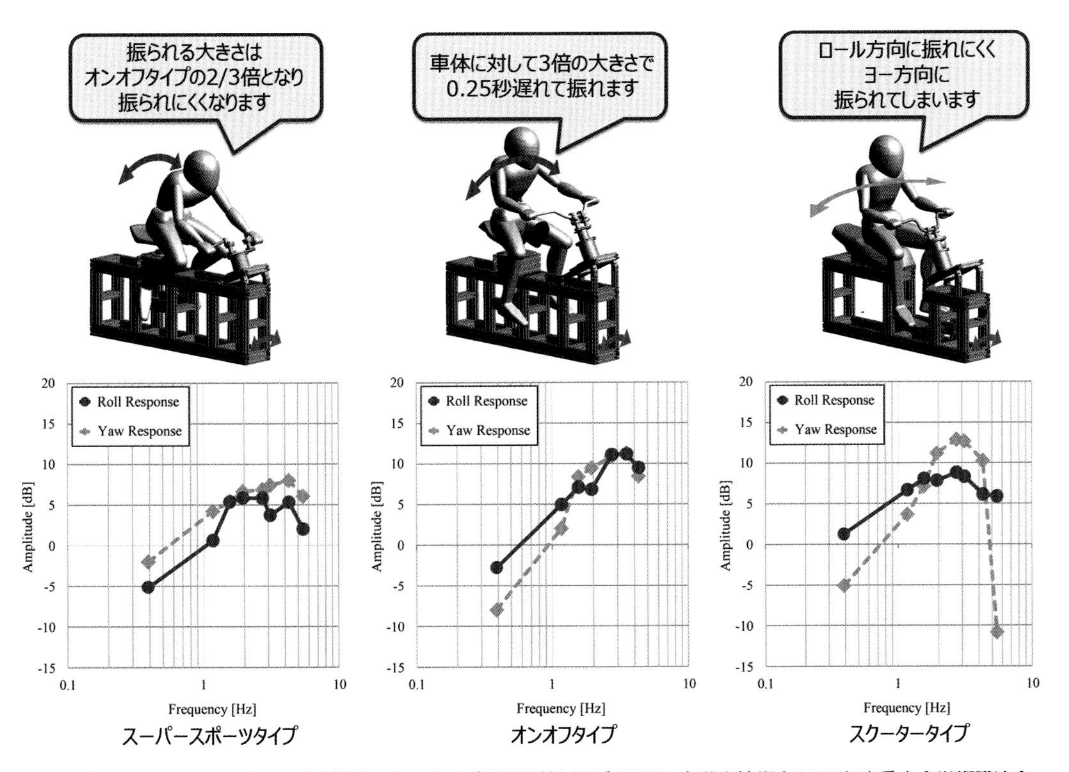

参考文献　中川ほか：二輪車の乗車姿勢の違いがライダ振動特性に及ぼす影響，自動車技術会2019年春季大会学術講演会予稿集 (2019)

図 4-24　乗車姿勢がライダの振動特性へ及ぼす影響

二輪車の上に乗っているライダは，
車体の動きに影響されて振動してしまうのだよ

ライダが振動すると何が起こるの?

ライダの身体をモデル化する

ライダの身体が二輪車の運動へ及ぼす影響を調べる一つの方法が，身体をモデル化し，運動シミュレーションの車両モデルに組み込んで計算することです．

腕の影響を分析し，そのモデル化を試みた論文を紹介します．操舵軸が可動する二輪車を模擬した実験装置でライダの腕を加振し，その特性を分析したものです．結果，ライダの腕は，ばねとダンパの効果を持っていると報告されており，クッションユニットでモデル化することができると言えます．

図 4-25 は，握り力(Grip Force)の変化に対する腕のばね，ダンパ特性を示したグラフです．ハンドルの握り力を強めることで，特性値が増加する傾向が見られます．二輪車を操縦するとき，ハンドルを強く握らないようにすることは，ばねやダンパ効果を弱めセルフステアを阻害しないようにするためと考えられます．

では，身体全体はどう考えたらよいでしょうか．図 4-26 に示すように，全身も同様に，ばねとダンパの特性に置き換えられるのです．人体をいくつかのパーツ(質量)に分けて，それらをばね，ダンパならびにボールジョイントでつなぐことによって，振動を受けたときの人間の動きを表現することができるのです．

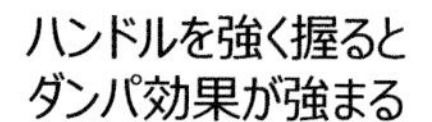

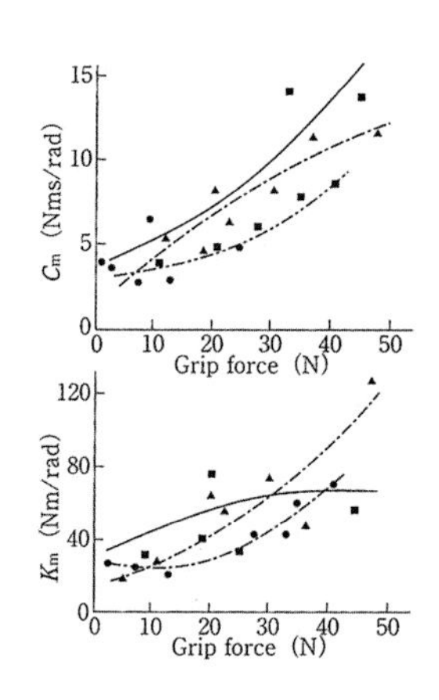

参考文献　景山ほか：二輪車のハンドル系における人間の要素，日本機械学会論文集(C編)， Vol.50， No.458(1984)

図 4-25　ライダの腕の特性

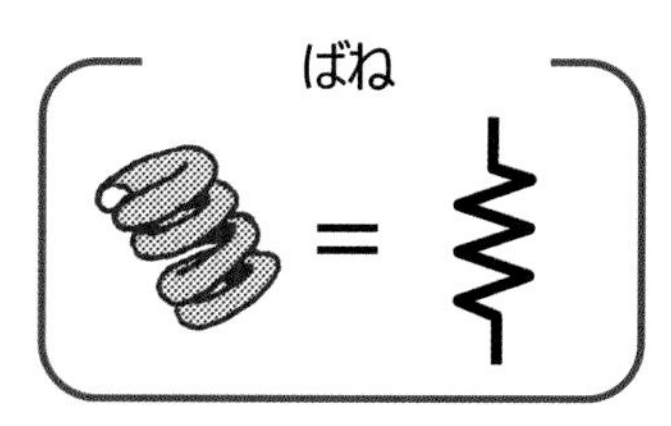

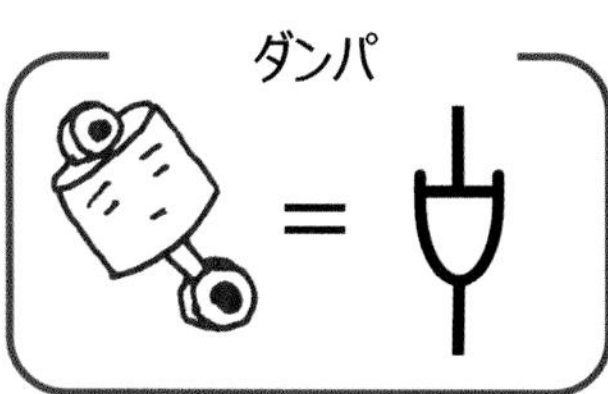

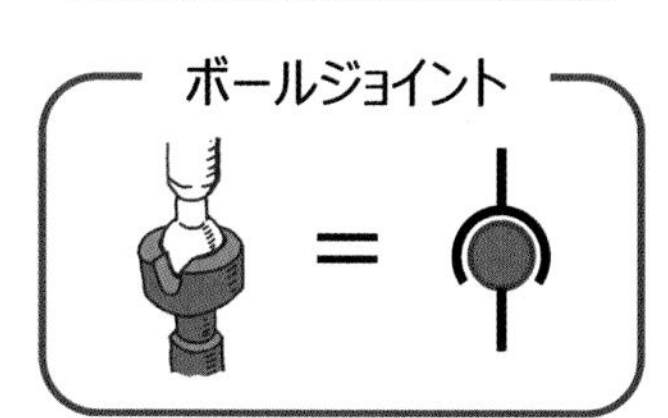

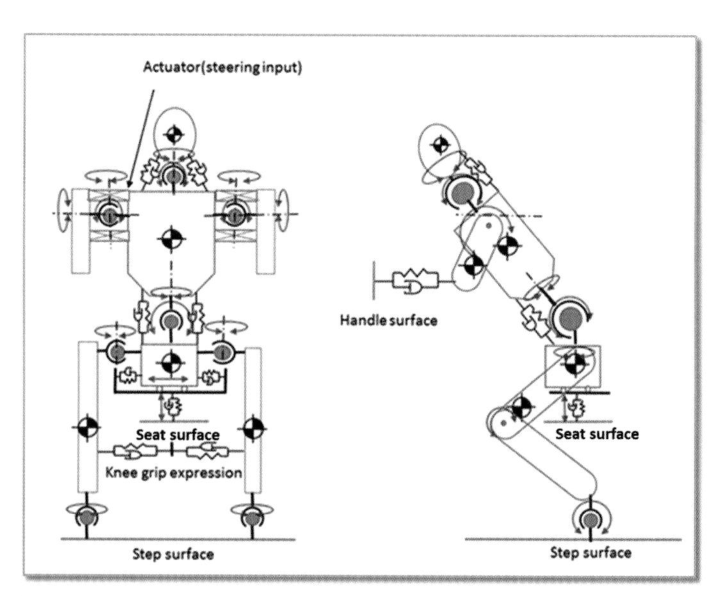

参考文献　景山ほか：二輪車を運転するライダの振動特性に関する研究，自動車技術会2017年春季大会学術講演会予稿集 (2017)

図 4-26　身体のモデル化

ライダの影響を調べてみる

前述のように，ライダは 3 Hz 付近に共振周波数があります．一方，二輪車の固有モードであるウィーブモードも，3 Hz 付近の振動であると説明しました．両者の振動が連成し，車両の運動に影響を及ぼすことはあるのでしょうか．加振実験結果を基にライダの身体をモデル化し，シミュレーションした事例を用い説明します．

解析した走行条件は，車速 180 km/h の直進走行状態から，ライダがハンドルへ外乱入力するパルス応答試験というものです（図 4-27）．ここでは，外乱入力後の挙動の違いを分かりやすくするため，車両は振れが収まりにくい過積載状態としています．

図 4-28 は，実車実験の結果から得られた，車体のヨー方向の振れを表した 4 秒間の波形です．4 秒間では振れが収まらない挙動を示すことが確認できます．

次に，実車実験と同じ車両をシミュレーションモデル化し，同条件で走行させた結果を図 4-29 に示します．ここで，A はライダ相当の変形しない（剛体）質量をシートの上に固定した状態で計算し，B は人体特性をモデル化したライダを乗せています．ライダを剛体質量としたモデルでは外乱入力後，車体挙動が収まっていく傾向にあることが分かります．一方．人体特性を考慮したライダモデルの結果は，実車実験同様，振れが収まらない挙動を示しています．この結果から，実際のライダは，車体に振らされることによって，ウィーブモードの挙動に影響を及ぼすと考えられます．

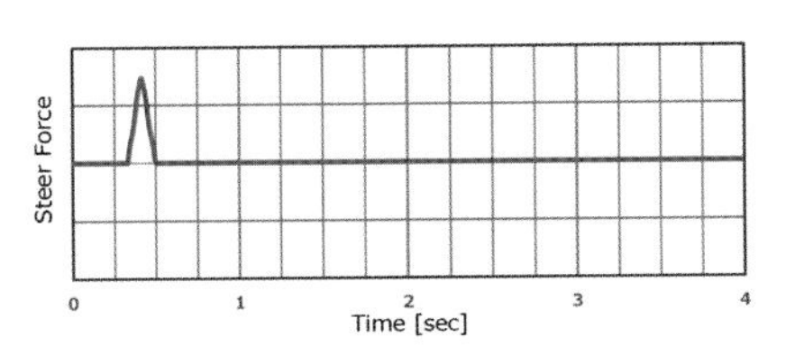

図 4-27　パルス応答試験

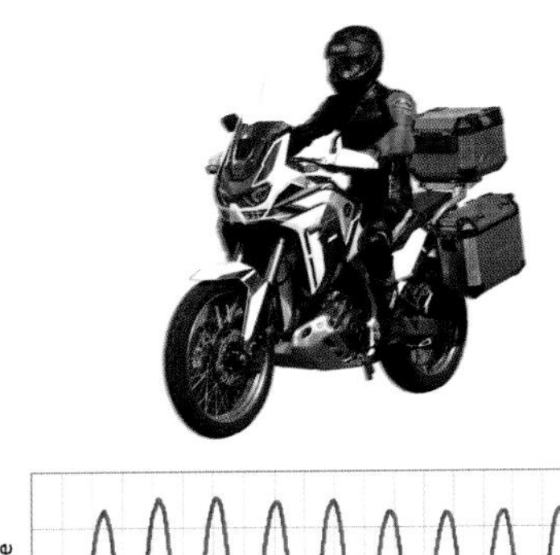

図 4-28　実車実験結果

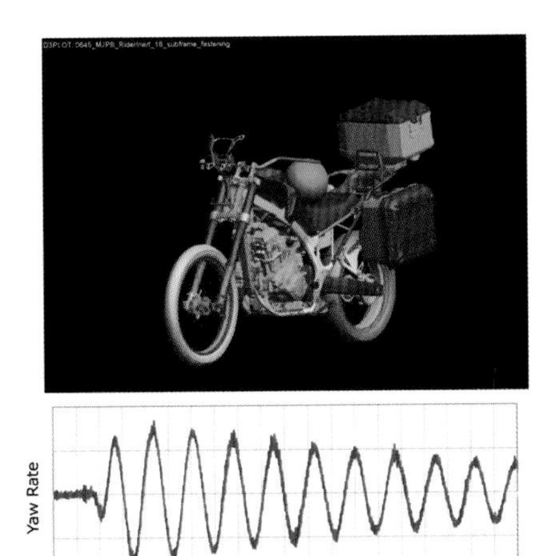

A　ライダを単純な質量とした場合

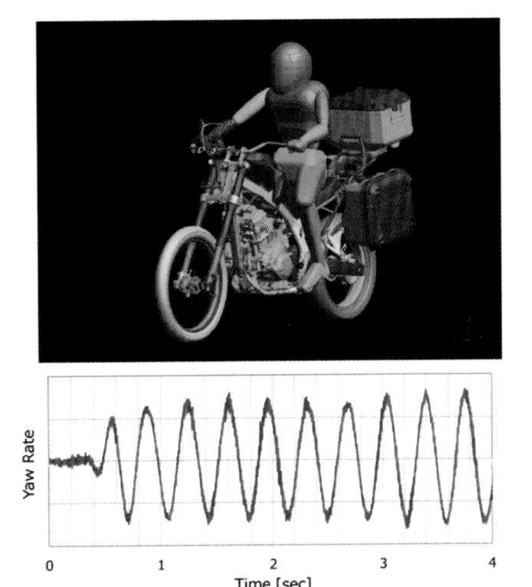

B　ライダモデルを適用した場合

図 4-29　シミュレーションによるライダ影響の分析

4.3 ライダのモデル化

ライダの操縦動作を研究する

ライダは何を考えて操っている?

ライダの思考と感情

ライダが二輪車で，気持ちよさそうにワインディングロードを走行しています．このとき，ライダは何を感じたり，考えたりしているのでしょうか．

4.1 節で解説した通り，ライダはコースや車両の状態などの情報を感覚器官を使って取り入れ，その情報に基づき操作をしていくという操縦を行っています．ですから，ライダは，道路の先の情報や路面の状況を視覚で認識すると同時に，車両がどんな状態で走行しているのか車体の動きを体で感じ取り，どこを走るか，どう操作するかを考えているでしょう．そして，操作入力を加えた後に車両の動きを感じ取り，その結果，想定した範囲で車両が動いていればライダは安心し，考えた通りに操縦できれば気持ちよいという感情を得るでしょう．

このようなライダの思考や感情変化から，二輪車の操縦が楽しく感じるものと考えられます．そこで，ライダの操縦について，研究事例を用い解説します．

モデル化の必要性

人間が機械を意のままに操作できないと，どう感じるでしょうか．例えば，図 4-30 に示す，パーソナルコンピュータを操作するためのマウス．画面内のカーソルを動かし，目的とする場所でボタンをクリックしてアプリケーションを操作します．このとき，マウス本体が手のひらに収まらない様な形をしていたら，非常に操作が難しいと感じるでしょう．また，マウスの操作量に対して，画面内のカーソルが動き過ぎても，オペレータはストレスを感じると思います．この場合，オペレータは自身の感覚に合わせて，システムの設定を変更するでしょう．このように，機械の操り易さは，車両のみならず様々な機械に求められるものです．

機械のなかでも，二輪車は身体を使って操縦することから，「人馬一体」とも言われる操縦フィーリングが特徴であり，「意のまま」に操縦できることは二輪車の楽しさの醍醐味と言えるでしょう．では，車両の開発，設計や実験，また，サスペンションなどの調整において，どのように考えれば「意のまま」を実現できるのでしょうか．その一つの手法が，機械を操作する人間を分析し，モデル化して考えることです．

図 4-30　マウスの操作

人間・二輪車系における信号の流れを，もう一度見てみましょう(図 4-31)．人間・二輪車系で考えた場合，設計・調整により車両の仕様を決めることは，入力に対する車両の応答を決めることを意味します．そのため，ライダの入力が何かを知っておく必要があります．そして，ライダは環境情報や車両の応答を知覚して次の入力を判断していますから，ライダがどういった情報から動作を決めているのか，どのような応答を期待し，何から安心や気持ち良さを感じているのかを，理解しなければなりません．この入出力の関係が，意のままに操れる二輪車をつくるための，有効な情報なのです．さらに，客観的な評価を行うためには，車両を操縦する人間の動作を，数式的なモデルにする必要があるのです．

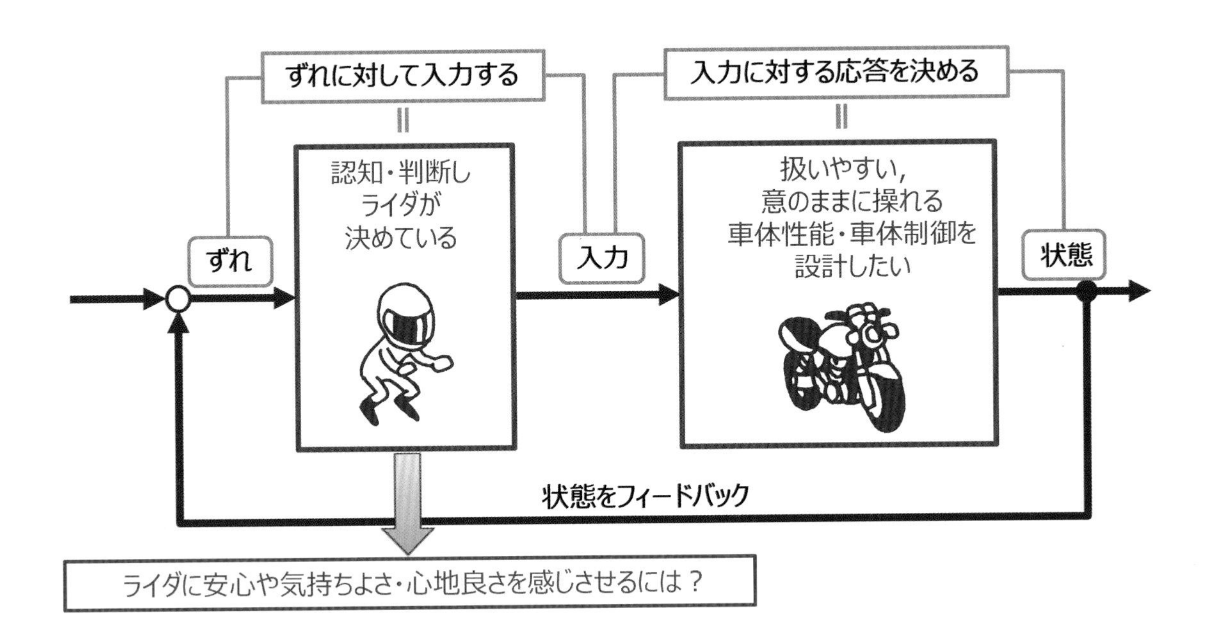

図 4-31　ライダをモデル化する必要性

どうやってライダをモデル化するの?

ドライバの操縦モデル

このような人間の操縦をモデル化する研究は，四輪車においては，かなり古くから行われていて，1950年代に近藤博士が提唱した前方注視モデルというものが基本的な考え方となっています．

これは，図4-32に示すように，自動車を操縦するドライバが進行方向の前方を注視しているものとして，注視している点(前方注視点という)における目標コースとの横変位のずれ量からハンドルの操作量を決めて，ずれなく走行する(追従という)というものです．前方注視点における目標コースとの横変位のずれ量が3 mであればハンドル操作量は5度，6 mであれば10度といったように，操作量がずれ量に対して比例すると仮定したものが，最も単純なモデルです．

次に，横変位の予測について考えます．仮にドライバが横変位を車両の前方ではなく，横の窓から読みとり操作量を決めて自動車を操縦しているとします．この場合，ある速度以上でコースを追従できなくなります．そこで前方注視位置での横変位を，現在の横変位に加えて車両のヨー角から決定していると仮定したのです．このモデルは，将来における車両の位置を現在の位置と速度で予測していると近似できるため，1次予測モデルといいます．さらに，経験が豊富なベテランドライバほど，より多くの情報を基に操作していると考えられることから，現在の加速度も考慮して横変位を決定する2次予測モデルも提案されています．

このように，複雑な人間の操縦を，簡単なモデルに置き換えることで，人間が持つ曖昧な部分によって車両運動に影響を与えてしまうことを減らし，車両運動の基本的な特性を明らかにすることや，ドライビングをアシストするデバイスの制御成績を評価することが可能となるのです．

ライダの操縦モデル

二輪車を操縦するライダのモデルを考えてみましょう．ライダが目標コースを追従するための操作の基本は，四輪車のドライバモデルである前方注視モデルと同じ考え方で成り立ちます．しかし，二輪車ではもうひとつ，考えなければならない要素があります．第一章の運動性能で説明したように，二輪車は倒れるという運動の特徴を持っています．そのため，ライダの操縦モデルとしては，目標コースを追従するだけでなく，車両を転倒させないように姿勢を維持しなければなりません．では，これを実現するためのライダの操作はどのように考えれば良いのでしょうか．

1962年井口博士により提案された二輪車を操縦するライダのモデルは，前方における目標コースからのずれ量を車体の横変位とヨー角から予測し操舵量を決めるという四輪モデルの操作を方向制御とし，直立を保つために車体のロール角に応じた操舵量を決めて操作する直立制御を追加したものです(図4-33)．このモデルでは，直進走行中の横風外乱に対する応答や車線変更など，直立近傍という限定した範囲の運動は表現可能であると考えられます．

しかし，二輪車は，旋回中に車体を倒さなければならないという運動の特徴も持っています．このモデルでは，倒れる車体を起こそうと操舵するというロジックで操縦しますから，常に直立を維持しようとしてしまうため，深いロール角を伴う旋回運動をさせることは難しいのです．つまり，通常のライダが行うような様々なコースを走行する操縦動作は再現することができません．より多くの走行条件において，二輪車を操縦するライダを含めたシミュレーションを行うため，前方注視モデルをベースとして改良されたライダモデルが提案されています．

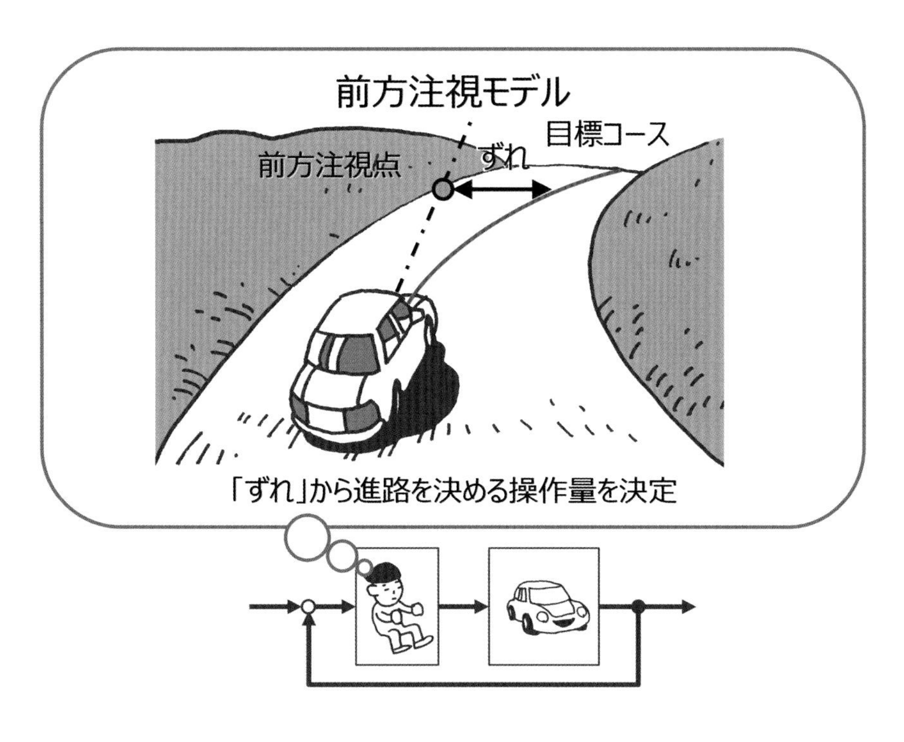

図 4-32　ドライバの前方注視モデル

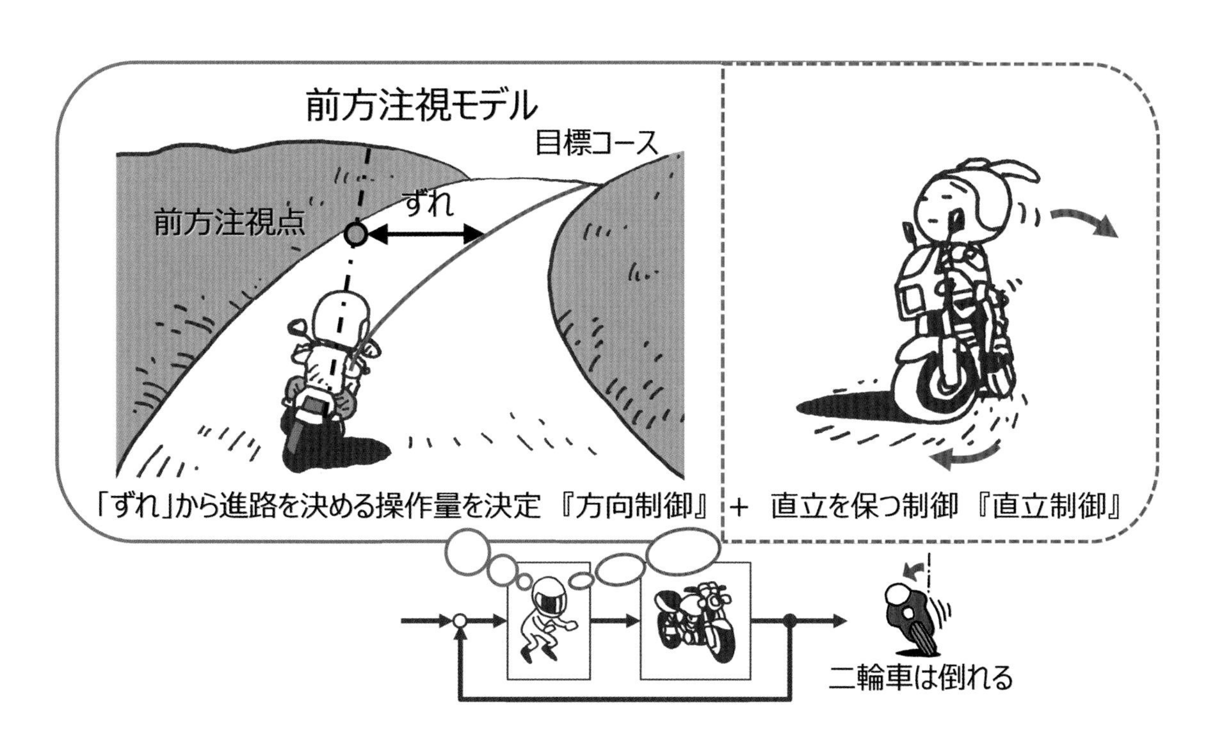

図 4-33　ライダの前方注視モデル

改良されたライダモデル

　では，直進時は直立を維持し旋回時に倒しこむという複雑なライダの操縦動作を，どのような考え方でモデル化すれば良いのでしょうか．ライダモデルの改良を考えるうえで基本となるのが，第１章の運動性能で解説した，旋回中の二輪車が釣り合うロール角が速度と旋回半径から求められるという法則です．

　これまでに説明したドライバモデルやライダモデルと同様に，ライダが進行方向の前方を注視しているものとすると，前方注視点において目標コースに対しずれが生じます．まず，この横方向のずれ量と，現在の位置から前方注視点までの距離を用い，ずれを減少させるような円弧の半径を求めます．これを要求旋回半径といい，この旋回半径で走行すれば目標コースを追従できることを意味します．次に，要求旋回半径と現在の車速から旋回するために必要なロール角が求められます．この角度を目標ロール角として操作量を決めれば，コースを追従しつつも車体姿勢を維持することができることになります(図 4-34)．この考え方であれば，様々な半径で旋回ができるだけでなく，要求旋回半径が限りなく大きいと考えれば目標ロール角がゼロに近づきますから，直進走行も成り立つのです．

　実際に二輪車に乗られている皆さんの中にも，コーナーが見えてきたら，「この車速だと，このくらい倒さないと」というように考え，操作する人がいらっしゃるのではないでしょうか．ですから，この考え方は，感覚的にも操縦動作が分かりやすいといえます．

　実際にこのライダモデルを用いた走行シミュレーションの研究事例では，実際のライダの操縦を模擬できていると報告されており，机上でコースを走行させることにより車両の運動性能を評価するといった試みも行われています．

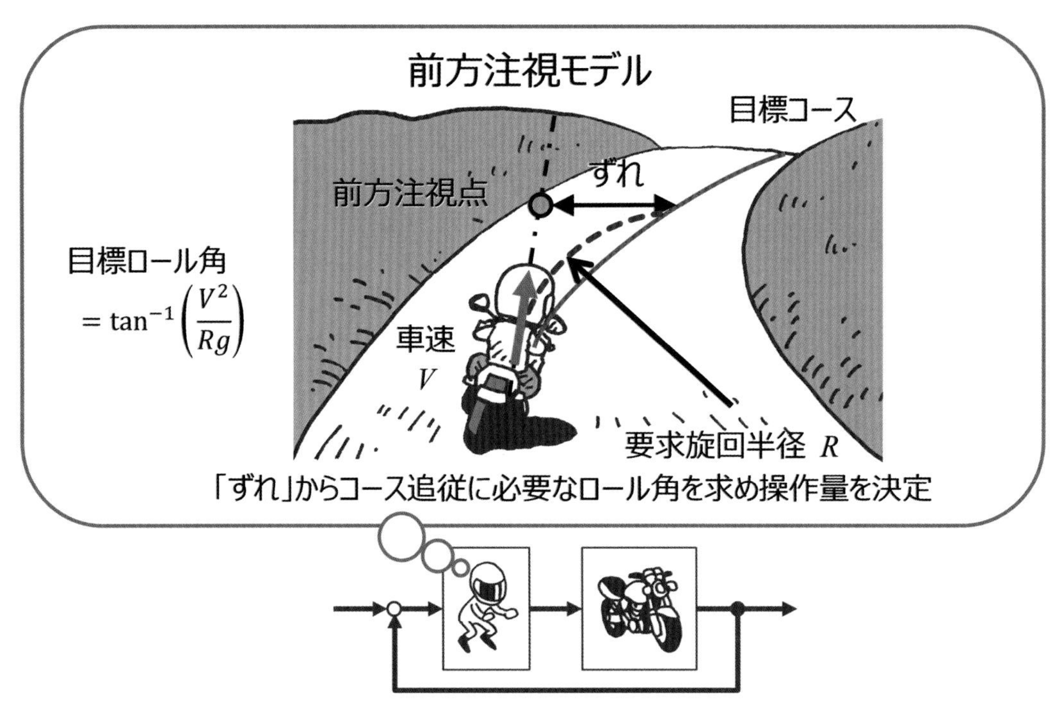

図 4-34　目標ロール角を考慮したライダモデル

ライダの操縦を分解し，モデル化することで
車両の運動特性が評価できるのだよ

ライダモデルによる車両の性能予測

ライダモデルを使った事例を紹介します．これはレース車両の走行を解析した事例です．あるコースのS字コーナーをエンジン違いの車両を使って，タイム差を検証した結果です．このように同じ操作ロジックを持つライダであっても，車両の違いによって，人間・二輪車系としての全体性能に差が生まれるのです．

また実際の開発では，新しいエンジンなどを試作すると，莫大なコストがかかりますから，人間・二輪車系のシミュレーションを使った完成車の性能予測は，開発の失敗を減らすという大きな価値があるのです．

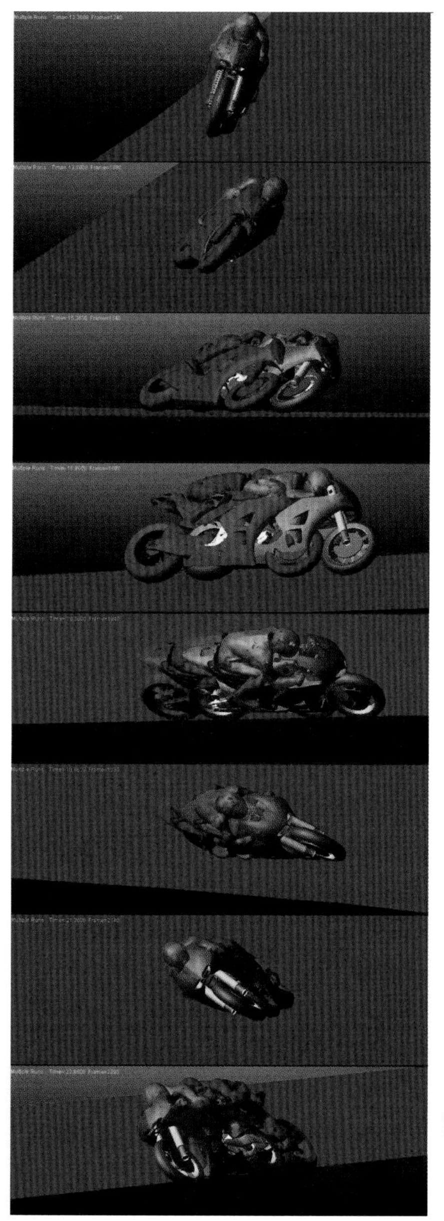

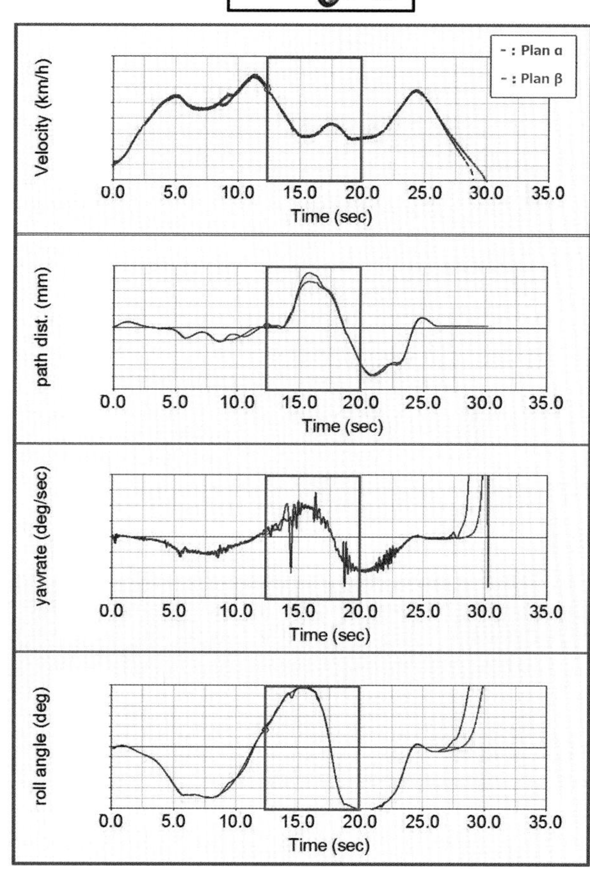

✓ エンジン仕様のみの違いで，車両の運動挙動が異なる
✓ 減速進入から深いロール角の旋回において、差が顕著
レーシングライダによる極限走行時の車両性能予測が可能になる

参考文献　西村ほか：MotoGP開発における完成車シミュレーション技術，自動車技術会 モータースポーツシンポジウム，(2017)

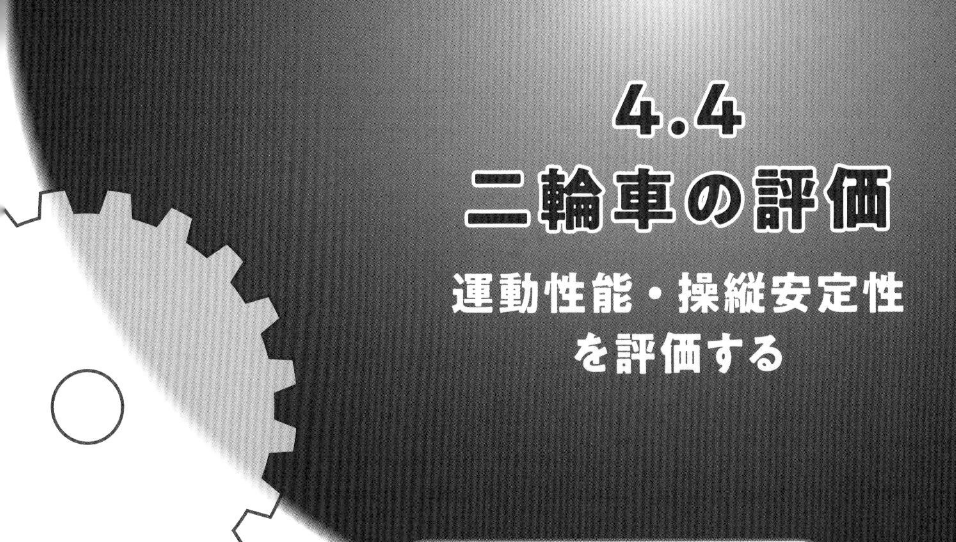

4.4 二輪車の評価

運動性能・操縦安定性を評価する

誰でも評価ができるの?

運動性能を評価する

テスト走行をしていたテストライダが車両を止め，車両の運動特性についてコメントしています．

「安定感はあるんだけど，旋回性が悪いね」

「操舵力が多めに必要だわ」

二輪車の開発では，このようなコメントから不足する性能の原因を考察し，車体の設計やセッティングにフィードバックしていく手法が多く取られています．特に，操縦安定性の評価は，例に挙げたような感覚による官能評価によって行わるのが一般的であり，雑誌やネットのインプレッション記事も同様です．読者の皆さんの中にも，記事から運動性能などの良しあしを判断される方が多くいると思います．しかし，実際に自身で乗ってみると，記事のように感じない場合もあるでしょう．運動性能の評価は非常に難しいものです．

では，テストライダは評価するにあたって，どういった点に注意しなければならないのでしょうか．二輪車の操縦安定性評価について解説していきましょう．

四輪車の運動性能評価

まず，車両運動の評価について理解を深めるために，四輪車の評価手法について説明していきましょう．

最も一般的に行われる手法は，冒頭で紹介した官能評価です．これは，決められたコースなどを走行し，ドライバの感覚で評価コメントや評点を得る手法であり，主観的評価ともいわれます．この方法では，個人の特性が評価結果に大きく影響を与えるため，訓練を受けたテストドライバであっても評価のばらつきが発生する場合があります．そこで有効となるのが，運動性能を物理量などで定量的に捉える客観的評価であり，その手法は大きく三つに分類されます．

一つ目は，ドライバが行う操作を一定にして，車両の応答の違いを捉えて評価する手法です．例えば，目標コースは定めず一定のハンドルの操作量を入力として規定し，操作後の車両応答である横位置の移動量やヨー角速度，ロール角などで評価するものです．転覆試験やステップ操舵応答試験などが挙げられます．

二つ目は，車両の応答を一定にして，ドライバが必要となる操作量の違いを捉えて評価する手法です．例えば，定常円旋回などコースに目標となるラインやパイロンを設置し，そこに沿うように走行をします．その際のハンドル操作量や操作荷重などを評価するものです．定常旋回試験などはこの手法にあたります．

最後は，操作と応答を捉えて，その関係を評価する手法です．4.1 節，「人間・機械系の特性を数値化する」の項で解説したように，ハンドル操作量と車両の応答である横変位やヨー角速度などを捉えて，ゲイン，位相を求めて評価する方法です．周波数応答試験や過渡応答試験などがこの手法として挙げられます．

これらの客観的評価においては，ドライバの個人差などの評価がばらつく要因を排除するため，基本的にドライバは車両の運動状態を操作にフィードバックしないものとします．そのため，これらの評価試験を行う場合は，テストコースの中でも広いスペースが確保できるコースを使用する必要があります．

このように，四輪車の操縦安定性評価の手法には主観的評価と客観的評価の二つあり，客観的評価においては一般的にドライバの操作と車体の応答を一つに絞り込んで評価する方法が用いられます．

図 4-35　四輪車の主観的評価

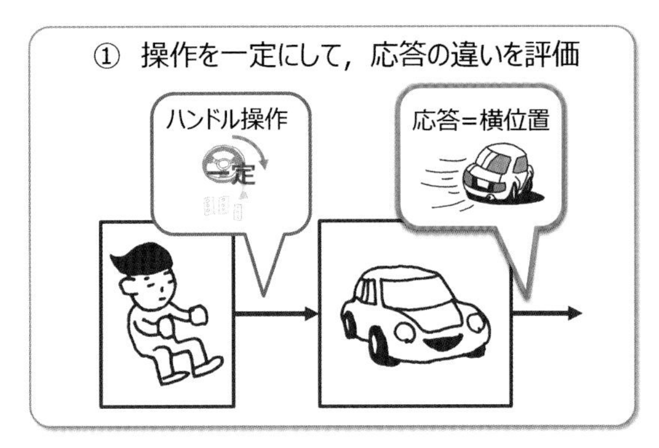

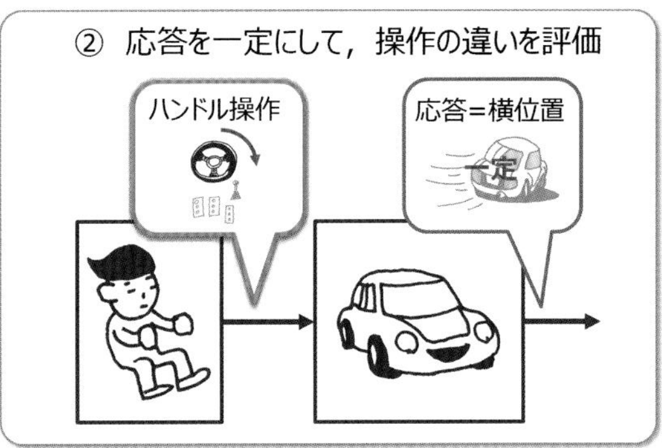

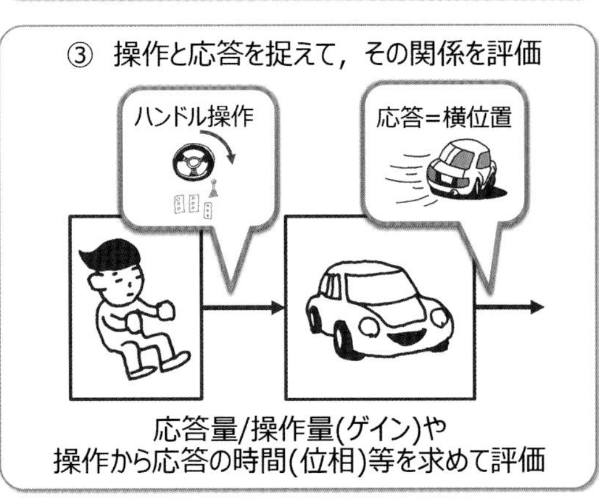

図 4-36　四輪車の客観的評価

二輪車における評価の難しさ

次に，二輪車の操縦安定性を評価する手法について考えて見ましょう．四輪車の客観的評価と同じように操作を一定にして応答を評価しようとしても，二輪車の場合，車体が倒れてしまうため，ライダがロール角のフィードバックをかけて操作してしまいます．さらに，ライダの操作はこれまで説明したとおり，複数の入力系があったり，無意識の入力が入ってしまったりと，操作と応答を一つに絞り込むことが難しいのです．ですから，二輪車の評価で最も重要なことは，テストライダが自身のライディングを分析し理解したうえで評価をすることであり，ライディング技量や直感力も大事な能力ですが，力学的に仮説を立てる力，考察する力も求められるのです．

では，二輪車の運動性能は，どのように評価すればよいのでしょうか．まず，走行するにあたって目標や条件を規定し，車両の状態を明確に応答として捉えることです．目標とする走行ラインや車速などの条件が毎回異なっていては，正確な評価はできません．また，車体の応答がどういう動きなのか，どの状態量なのかを見極められなければなりません．そして，常に同じ操作入力の手順，定まった操作ロジックで，安定して操縦する必要があります．例えば，操舵荷重をどの方向にどの量を加えるか，身体の重心をどのくらいの速さで移動させるか，車両の挙動に対する操作へのフィードバック量を含め基本となるロジックが定まっていなければなりません．

このように，二輪車の評価では，ブラックボックスになりがちなライダの要素をできるだけ明確にして行うことが重要となるのです．

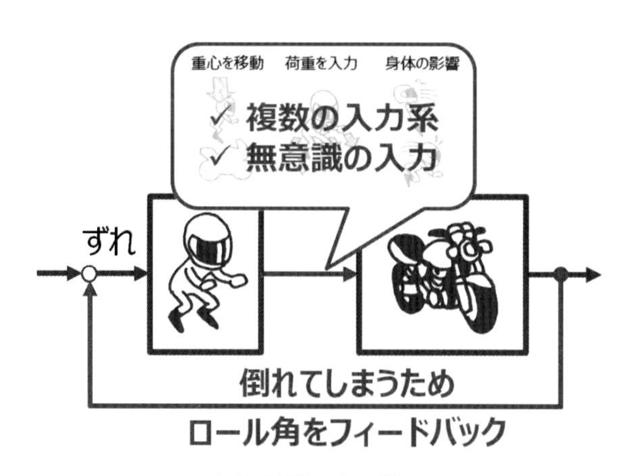

A. ライダの影響による難しさ

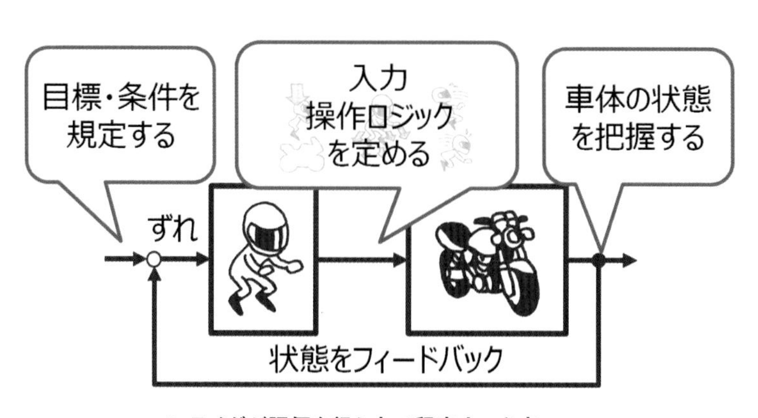

B. ライダが評価を行う上で留意すべき点

図 4-37　二輪車における評価の難しさと留意点

二輪車の運動性能評価

● フィードバックのフィーリング評価

最も一般的であり，容易かつ簡便な評価方法が，車両の状態変化をフィーリングで評価する手法です．これは，ライダが規定した目標コースや走行ラインを追従している際に，車体からの状態のフィードバックを感じ取り評価するもので，完全な主観的評価となります．インプレッション記事にある評価の多くはこの方法で評価されていますが，前節で述べた通りライダの操作ロジックや嗜好の影響を受け，評価者間でコメントが大きく異なってしまう可能性があることに留意しなければなりません．

評価には剛性感や接地感など，○○感という用語が多く用いられます．これらの評価項目は物理量に置き換えることが難しく，定義が非常にあいまいなのです．そのため，開発やセッティングなど的確な仕様構築を求められる場面においては，テストライダは目標とした走行状態，操作ロジックを含めてコメントすることが必要となります．

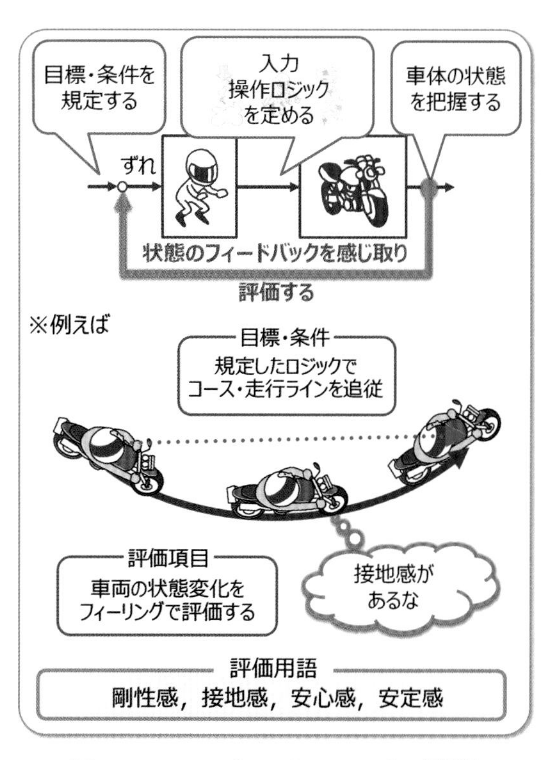

図 4-38　フィードバックのフィーリング評価

● 目標とのずれ量による評価

二番目に簡便な方法は，定めたロジックで操作した際の，ずれの量を評価する方法です．フィーリング評価同様に，ライダが規定した目標コースや走行ラインを追従していた際，狙った走行ラインからずれ量などを評価するものです．この場合は，車両の特性により操作ロジックを変更せず，一定に保たなければなりません，また，ずれを修正するために必要な操作量の変化から評価することも可能です．例えば，狙った走行ラインで旋回するためにより多くの大きい操舵トルクが必要となったことから，操舵が重く旋回性が悪いという評価を導くことです．この場合，ある程度の長い時間をかけて評価をするため，トルクの絶対値が高かったのか，操舵トルクを与えなければならない時間が長かったのかを切り分けることが難しいという課題があります．

評価には，旋回性やライントレース性などの用語が用いられます．これらの評価項目では，目標とのずれ量を物理量(走行軌跡の横位置，ヨー角など)に置き換えてコメントすることが求められます．

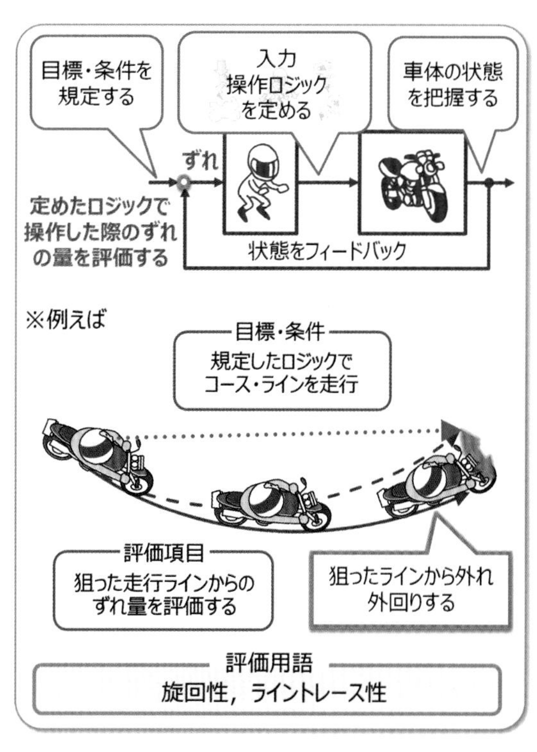

図 4-39　目標とのずれ量による評価

次に，二輪車の開発に携わるエンジニアが主に行うであろう二つの評価手法を紹介します．これらの評価手法の最大の特徴は，ライダが車両状態のフィードバックを極力，行わないように操縦することです．したがって，操作や身体への力の入れ具合が一定あるいは一様に操縦できるよう，訓練を受けたライダのみが，安全を確保したテストコース等で行うことができる手法になります．

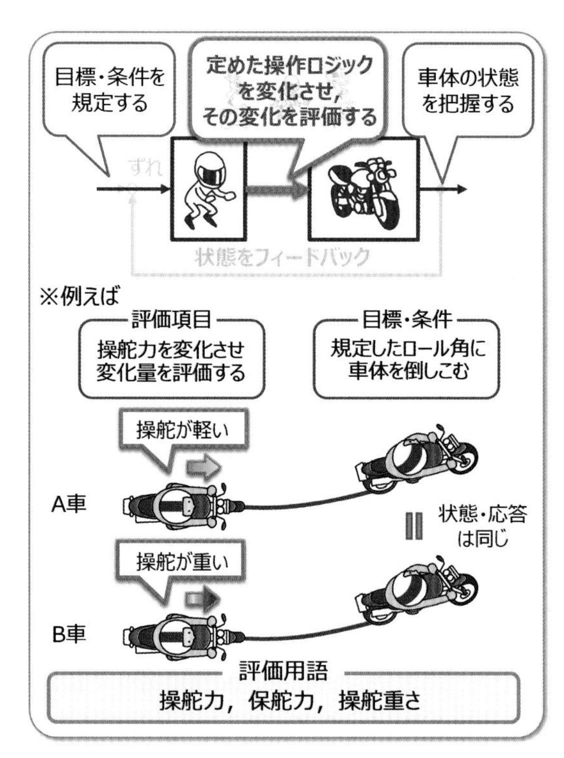

図 4-40　操作ロジックの変化を評価

● 操作ロジックの変化を評価

一つ目は，目標や条件を規定し，その車体状態になるように定めた操作ロジックを変化させ，その変化量を評価する方法です．前述のずれ量による評価で説明した方法と似ていますが，この方法は一回の入力操作により目標の応答を得るという走行条件で評価を行います．走行は，車体の倒れを修正する必要のない範囲，例えば，直立状態近傍から入力したり，旋回状態から切り返し入力したりといった条件に限られます．

この評価手法で使われる用語は，操舵力，保舵力や操舵重さなどの，力の大きさを示す言葉が主に用いられます．したがって，実際に走行データを取得して，定量的に表現しやすい評価項目といえます．しかし，操作入力時の車体の初期状態が，得られる車体の状態に大きな影響を与えることから，評価にばらつきが発生します．そのため，同じ入力を繰り返し行い，傾向を把握することが必要となります．

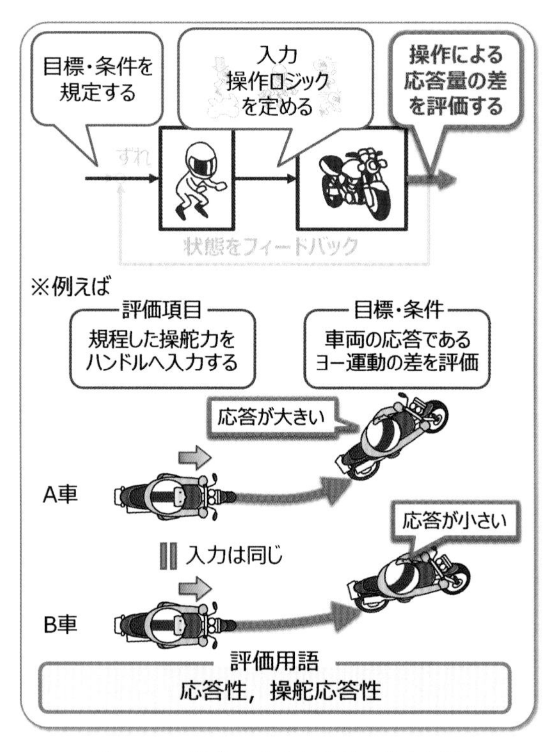

図 4-41　操作による応答量の差を評価

● 操作による応答量の差を評価

二つ目は，定めた操作ロジックを二輪車に入力して，その操作による応答量の差を評価する方法です．この方法も，一回の入力に対する応答を評価するもので，主に直立直進走行で行います．パルス応答試験もこの方法の一つです．

評価は，応答性や操舵応答性などの用語が用いられます．車両の応答は様々な動きを含みますから，応答性という用語はそれらを包括しています．より的確に評価するためには，どの方向の応答なのかをコメントに加える必要があります．例えば，向きの変わり方に差異があった場合には，ヨー方向の応答性が良い／悪いというように，応答の特徴を具体的に表現することが望まれます．

● 入出力を総合して判断，評価

最後に説明する方法は，定めた操作ロジックで，規定した走行条件に見合うようフィードバックをかけながら操縦し，その入出力関係から車両の状態や挙動の良し悪しを総合的に判断するというものです．入力やロジックを一定に保つとともに，複数の車体状態量を把握し評価するという，ライダの技量と能力が求められる最も難易度が高い方法です．

この評価では，過渡特性，ロール特性といった性質を示す用語や，切れ込み，倒れ込みなど事象を表す用語が用いられます．特に，切れ込み，倒れ込みといった項目は，ロールと操舵という最低でも二つの応答量を感じ取り，その量や時間的な遅れを評価する必要があります．

二輪車の操縦安定性評価は，条件や操作を定めて一貫性を保つ必要があり，評価を行うテストライダは常に定めた操作ロジックを意識すること，そして，テスト結果から開発を行うエンジニアは，走行条件を含めてコメントを聞き取ることが重要となります．

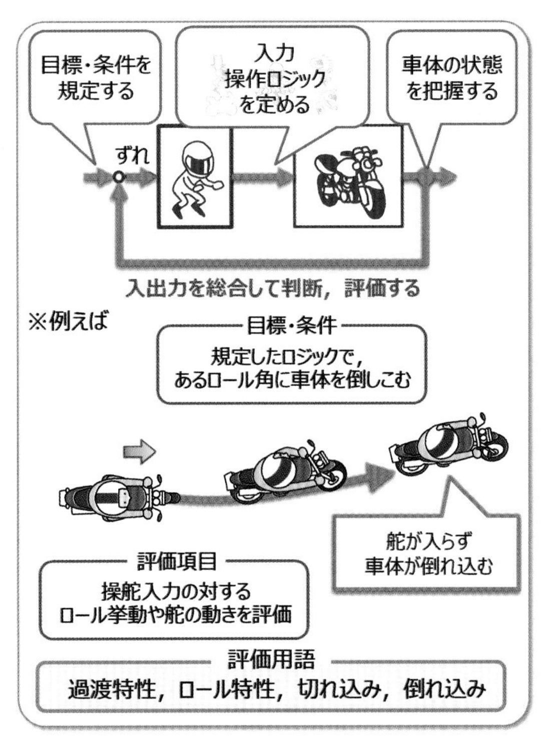

図 4-42　入出力を総合して判断，評価

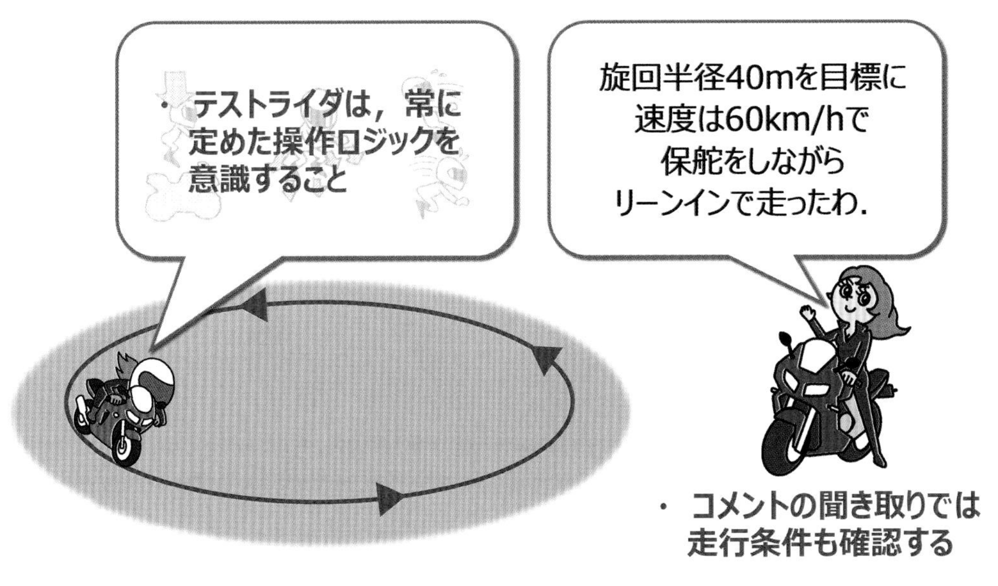

図 4-43　テストライダに求められる技量

フィーリング判定にとどまらず，
挙動を分析的に評価することが肝要なのだよ

曲がる走行ラインを的確に決めよう

ライダの操縦について考えてみよう.

ライダは，曲がった道路の車線中央を
走行しようとしているとする.
このライダは前方を見ながら走っていて，
見えてきたカーブの形と，今の車速から，
このままでは車線から外れてしまうことに
気づくだろう.

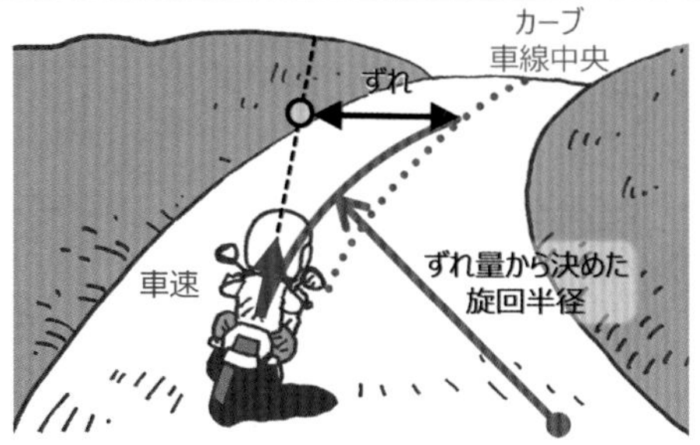

車速と旋回半径から，
必要なバンク角が計算できる
そのバンク角になるように
操作するというわけだ.

ライダは『進路前方でのずれ量から操作を決めている』と考えらえる.

現在位置から近い位置のずれ量で操縦していくと，ふらつきやすくなる.
カーブ全体の形を把握し，適切な旋回半径＝走行ラインを決めるべきなのだ.

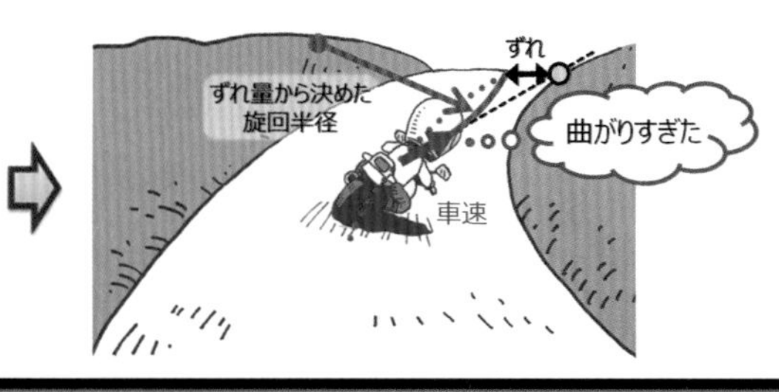

コース前方の遠くを見ることで，
旋回半径を認知しやすくなり，
うまく一定に曲がれるようになる.

また，一般公道では，路面の状況や
他の車の有無などにも注意を払う
必要があるのだ.

第5章

サスペンション

5.1 サスペンションの役割

二輪車のサスペンション構成と形式

そもそもサスペンションとは?

サスペンションの起源

サスペンションの必要性を考えたとき，多くの人は，快適な乗り心地を実現するためという理由を思い浮かべるでしょう．また，サスペンションのセッティングを変更して走行したときに，車両の動き方が変わったという経験から，運動性能を向上させるために必要だと考えている人も少なくないと思います．一体，なぜ，サスペンションは必要なのでしょう．

サスペンション「suspension」は，吊るすという動詞である「suspend」の名詞形の言葉です．では，何を吊るしている装置なのでしょうか？

扉絵は，中世の馬車の構造を描いたものです．車輪を取り付けた車体に対し，客室をハンモックのように吊るす構造をもっています．この機構が発明されたことにより，馬車の乗り心地は格段に快適になったと言われています．これが，サスペンションの起源とされています．その後，サスペンションは，車輪と車体の間をつなぐ懸架装置として進化していったのです．

二輪車用サスペンションも，より快適に，よりはやく，より遠くへ移動するために，その形を変えながら進化し，乗り心地の確保だけでなく，車両の基本的な運動に対しても大きな影響を与える要素になりました．

本章では，サスペンションの役割を解説し，二輪車用サスペンションの構造と特徴を学んでいきます．

サスペンションの役割とは?

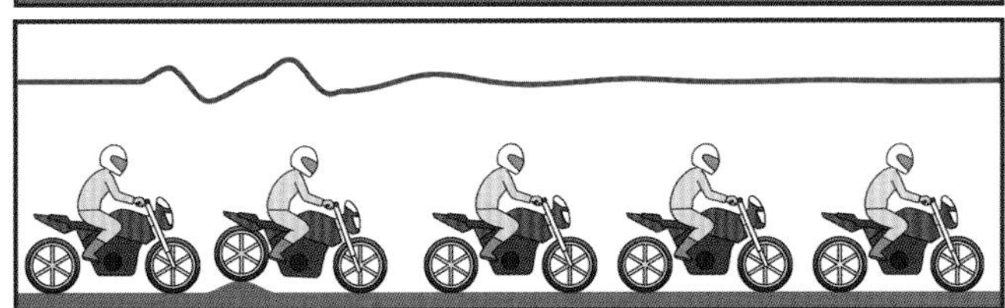

図 5-1　サスペンションの仕事

サスペンションの仕事

サスペンションの仕事について，走行中の二輪車が路面の段差を乗り越した場合を例にとり説明します．

まず，サスペンションが無く，車体と車輪が固定されている場合の運動を考えます(図 5-1A)．前後輪が段差を乗り越す際，車体は強制的に上方に持ち上げられ，その後，段差の形に合わせて下方に落ちます．物体に働く衝撃は，運動の法則(物体に働く力＝物体の質量×加速度)から，一般的に加速度で評価されます．図中の赤線は車体の上下加速度を示しており，発生する加速度は大きくその変化が速いことから，ライダがドスンと大きな衝撃を受けることが想像できます．

次に，車輪が上下に動けるよう，ばねだけを装着したサスペンションの場合を見てみます(図 5-1B)．前後輪が段差に乗り上げた際，ばねがたわむことによってサスペンションが縮みます．これにより，車体の上下動が減少し，発生する加速度の大きさや変化は大幅に小さくなります．そして，段差を乗り越す際にも，サスペンションが伸び縮みし，緩やかに車体が上下に動きます．この伸び縮みする動きのことを，ストロークといいます．サスペンションがストロークしてくれることで路面からの衝撃は吸収されます．しかし，ばねの力を抑えなければ伸び縮みを繰り返し，車体が上下およびピッチ方向に揺れ続けます．これでは，ライダの気分が悪くなるばかりか，タイヤの接地荷重が安定せず，意のままに操れる運動性能は実現できません．

では，ばねに加えて，ダンパという装置を組み付けたサスペンションの運動を考えてみます(図 5-1C)．ダンパとは，減衰力と呼ばれるストロークする速さに応じた力を発生する装置です．段差に乗り上げた際，ばねのみのサスペンションと同様にばねがたわみ，ストロークします．そして，段差を乗り越してばねが伸び縮みした際に，ダンパがその動きを抑える力を発生してくれます．これにより，ばねは伸び縮みを続けることなく，車体の揺れが収まるのです．

衝撃を吸収して和らげ(緩衝)，車体と車輪の動きを抑制することで，快適な乗り心地，安定した姿勢，そして，高い運動性能が得られます．これがサスペンションの仕事です．この仕事は，ストロークとその動きが収まるという働きにより成立しているのです．

サスペンションの構成

図 5-2　ばねだけのサスペンション

一般に「サスペンションはどの部品？」とたずねられた場合，金属の線材をコイル状に巻いたばねと，注射器のような形をしたダンパからなる部品を思い浮かべる方が多いのではないでしょうか．

サスペンションが，ばねだけで構成された場合をもう一度考えてみましょう．図 5-2 のように，車輪と車体の間に，ばねがつけられた乗り物，ちょうど，公園にある遊具のようなイメージのものになるでしょう．このような構成では，車体が前後左右へ自由に動くことができてしまい，車体が進む方向や車輪の向きも定まらないでしょう．

このように，車輪を車体に連結するだけでなく，車輪と車体の位置関係を決める必要があり，サスペンションはその役割も担っているのです．皆さんが思い浮かべたばねとダンパが組み合わされた部品は，クッションユニットと呼ばれます．そして，クッションユニットと車体，車輪の回転軸（アクスルまたは車軸という）を連結するフォークやアームなどの支持部材をあわせた部品の集まりがサスペンションなのです．

では，一般的な二輪車の構造を例にとって，サスペンションの構成を具体的に説明します．

フロントサスペンションは，アクスルを支持する筒形の部材に，ダンパとばねを内蔵したテレスコピックフロントフォークが用いられています．このフロントフォークは，衝撃の緩和と車輪の位置決めの両方を受け持っています．そして，操舵できるようにするため，操舵軸を持ったブラケットによって，フロントフォークを車体につなげるという構成になっています．

一方，リアサスペンションは，スイングアームと呼ばれる支持部材によって車輪の位置が決められ，スイングアームと車体をつなぐクッションユニットは，衝撃の緩和に専念する構造となっているのです．

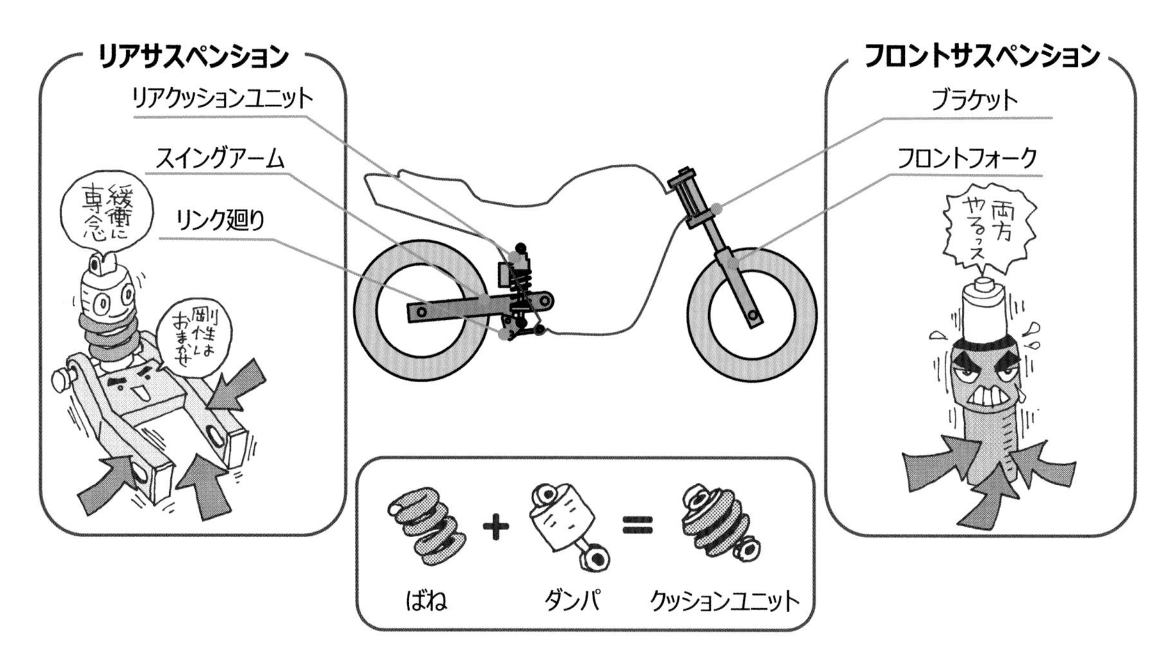

図 5-3　サスペンションの構成

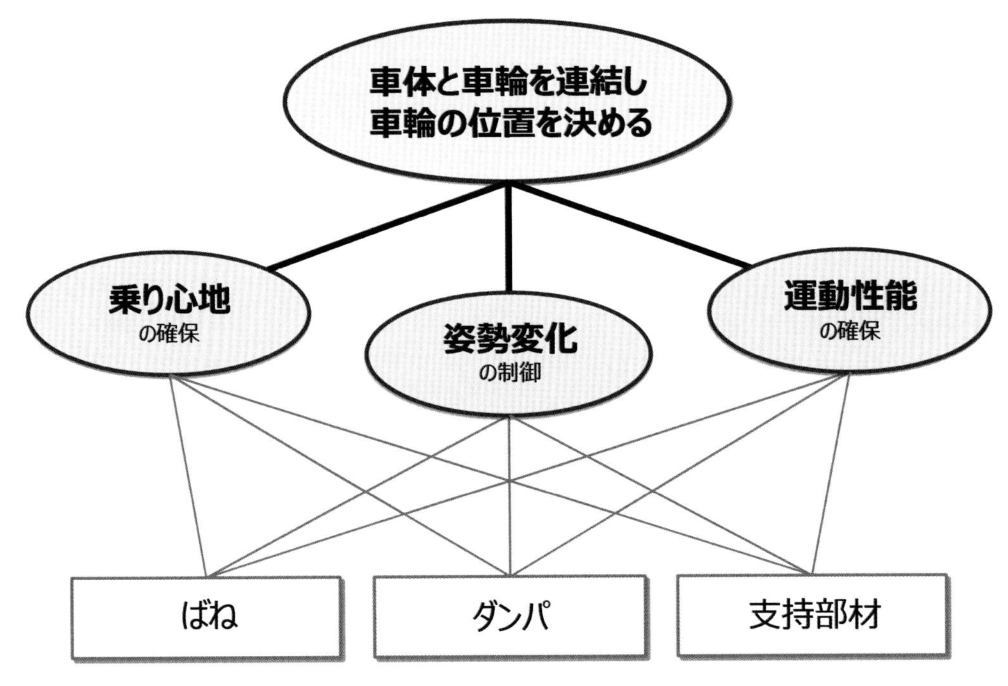

図 5-4　サスペンションの役割

サスペンションの役割

ここまで，サスペンションの仕事と構成について説明してきましたが，ここで，サスペンションの役割についてまとめておきましょう．

サスペンションは，車体と車輪を連結し，車輪の位置を決めるという役割を担っているとともに，3 つの性能を実現するための機能を持っています．まず一つ目は，路面凹凸などの入力に対して，サスペンションを動かすことによって衝撃を緩和し，乗り心地を確保することです．二つ目に，車体を安定させるため，サスペンションの動きを抑制し，車体姿勢の変化を制御することです．そして三つ目は，ライダが意のままに操縦できるように適切にタイヤを接地させ，車両の運動性能を確保することです．これらの役割を実現するため，サスペンションは，ばね，ダンパ，支持部材の三つの要素で構成されており，それぞれの要素は連携して機能しているのです．

サスペンションに要求される性能は，車両の用途によって変わり，それぞれの要素に必要となる特性も変化します．ツアラーであれば乗り心地が重視され，スーパースポーツ車であれば姿勢の制御や運動性能が重視されるでしょう．

例えば，アクスルの上下方向の総ストローク量(ホイールトラベルという)について考えてみます．スポーツ車では，機敏な運動性能やコンパクトな車体を実現するため，フロントサスペンションのホイールトラベルは，120mm 前後とするのが一般的です．一方，荒れた不整地を走破するオフロード車では，ジャンプ着地時の衝撃を吸収する必要があります．そこで，スポーツ車の倍以上の 300mm 前後という大きなホイールトラベルを与えています．このように，サスペンションは車両の走行目的に見合ったホイールトラベルが設定され，構成部品を組み合わせて設計されています．

では，部品の組み合わせには，どのような種類があるのでしょうか．次に，サスペンション形式について説明していきます．

サスペンションは，乗り心地や運動性能に関わる重要な部品の集まりなのだよ

サスペンション特有の用語を教えて!

ばね上とばね下とは？

サスペンションには基本的に「ばね」があり，そのばねを境に振動します．そこで，車両をばねの上下に分けて考えます．ばねより車体側の部分をばね上と呼び，サスペンションが支えている質量がばね上質量です．ばねよりタイヤ側の部分をばね下と呼び，完成車質量からばね上質量を引いた値がばね下質量です．サスペンションの設計は，これらの質量を把握することから始めます．

一般に，ばね下質量の軽量化は，運動性能の向上に効果的であると言われています．その理由を，ばね上質量が固定されているものとして考えてみましょう(図5-6)．ばね下の質量は，サスペンションのばねで吊るされていることになり，路面から力が入力されると，ばね下が振動します．このとき，ばね下質量が重いと，動きにくく止めづらいという特性になり，路面の追従性や振動の収まりが悪化し運動性能に影響を及ぼします．

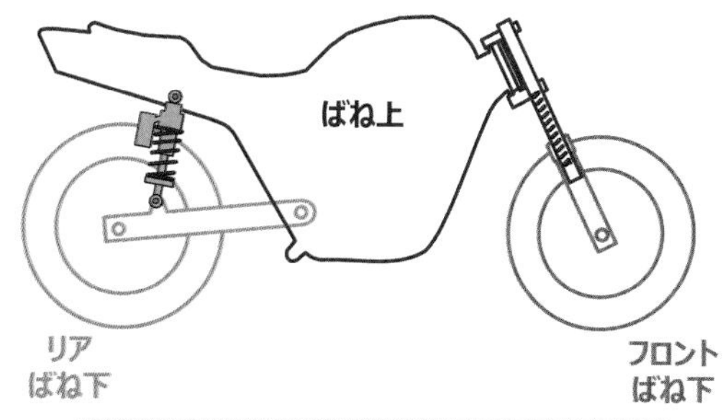

ばね上	サスペンションのばねより車体側 ばねが支えている部分
ばね下	サスペンションのばねよりタイヤ側 タイヤと一緒に上下動する部分

図 5-5　ばね上とばね下

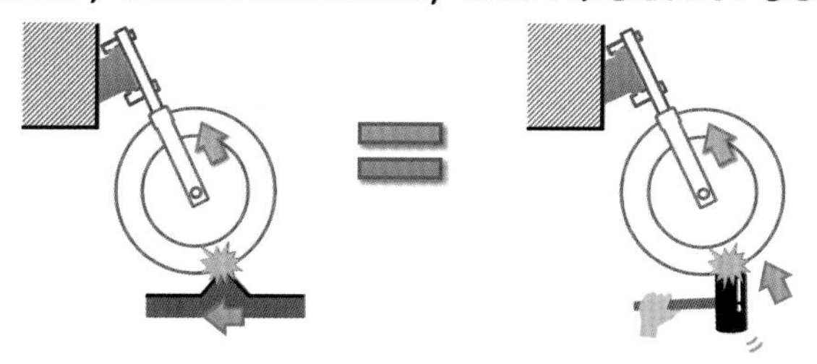

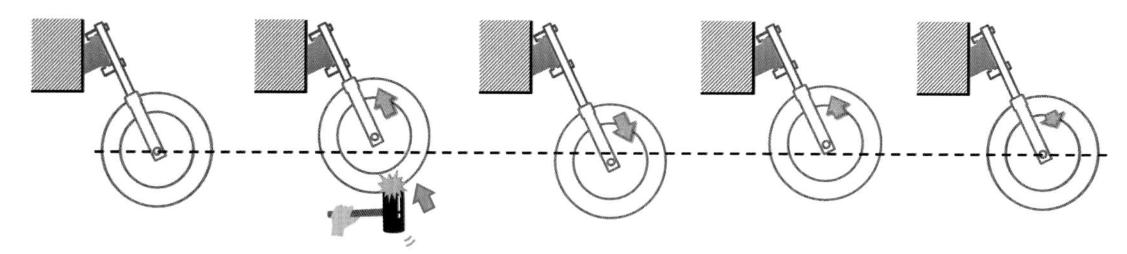

図 5-6　ばね下質量の運動

車体挙動の分類

サスペンションの動きによって発生する車体挙動を説明します．代表的な車体挙動は図 5-7 に示すように，ばね上の挙動を伴うピッチング，バウンス(ヒーブとも呼ばれる)と，ばね下のみの挙動であるフロントホップ，リアホップの四つに大別されます．

○ ピッチング

前後サスペンションのどちらか一方が動いたり，またはそれぞれが逆方向に動いたりし，車体重心点回りに回転運動する場合をピッチングと呼びます．多くの場合，加速や減速時に発生する加速度が車体重心に作用することで発生します．ピッチングは車体全体の姿勢が変化する為に，ライダの操縦フィーリングにも大きな影響があることが知られており，適切なピッチング姿勢の設定が必要です．

○ バウンス・ヒーブ

前後サスペンションのストローク量に差がなく，ばね上が上下に並進運動する場合をバウンスやヒーブといいます．主に乗り心地の悪化に関連し，対策は運動性能とのトレードオフが発生することがあるため，車体姿勢の検討はピッチングと共に注意が必要です．

○ ホップ

ばね上が大きく姿勢変化することなく，ばね下が運動する場合は別の呼び方になります．比較的大きなストロークでフロントばね下が制御感なく振動した場合にフロントホップ，同じことがリアで起きた場合はリアホップといいます．急激な加減速時に発生することが多く，ライダの適切な操縦動作を阻害する要因となります．また，発生原因が駆動系の慣性や車体剛性等の複数の要素が関係する場合が多いだけでなく，ライダの操作によっても発生する場合がある為，サスペンションだけで解決することが難しい現象です．

これらの車両の運動性能に影響を与える姿勢変化や動きは，サスペンションの働きによりコントロールできます．そのため，サスペンションの設計・調整時には，挙動をしっかり把握する必要があるのです．

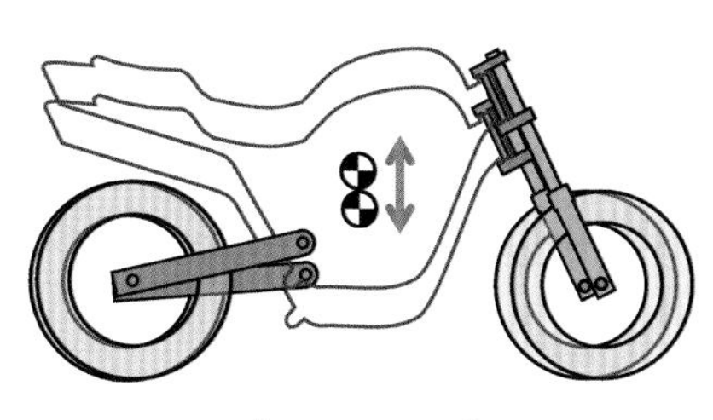

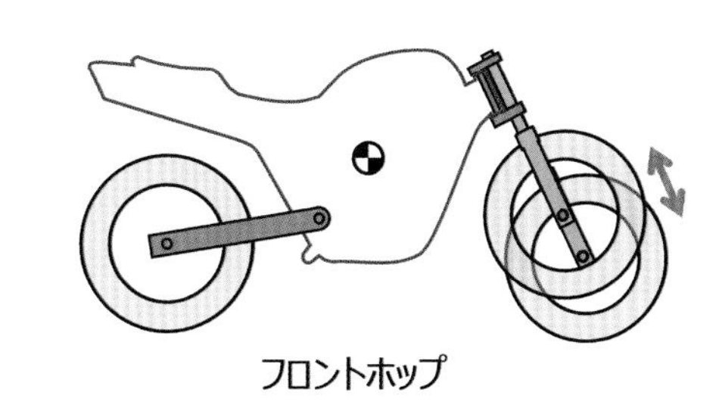

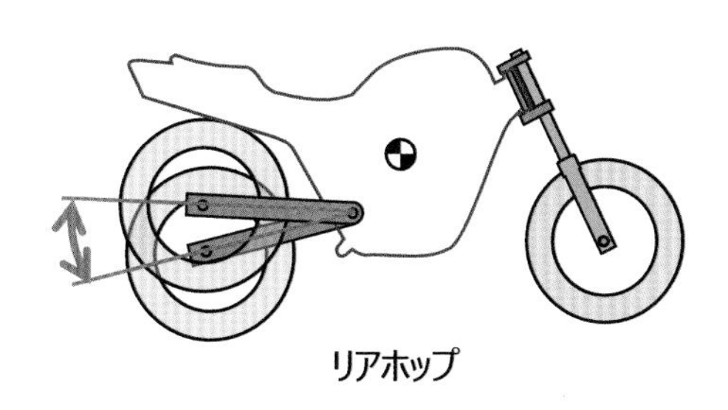

図 5-7　サスペンションによる車体挙動

見た目が違うサスペンションは何が違うの?

フロントサスペンションの形式

フロントのサスペンションは，緩衝と操舵の機能を持たせなければならず，緩衝機構ごとに転舵するように機能を一体化した形式と，緩衝機構が転舵されないように分離した形式の二つに分類されます．

○ 緩衝と操舵機能が一体の形式

「ボトムリンクフロントフォーク」

フォークの先端にリンク機構を設けた構造で，クッションユニットがストロークすると，前輪はフォーク先端の回転軸を中心に弧を描いて上下します．揺動運動なのでサスペンションが作動しやすく，良好な乗り心地が得られます．アクスルのストロークを長くとれないというデメリットがありますが，構造が単純で低コストというメリットがあるため , 小排気量のスクーターなどに採用されています．

「テレスコピックフロントフォーク」

外径の異なる二本の筒を嵌め合わせて望遠鏡のように伸縮可能にした構造の内部に，ばねとダンパを組み込んだフォークを用いた形式です．筒形の部材が，緩衝と車輪の支持を受け持ち，その機構ごと転舵するという合理的な形式で，大多数の二輪車に採用されています．しかし，フォークの嵌め合い部に，作動の妨げとなる曲げの力が加わるという特徴を持っています．

○ 緩衝と操舵機能が分離した形式

「センターハブステア式」

リアサスペンションで見られるようなスイングアームで前輪を支持した形式で，前輪ハブの中心に転舵軸をもつことからこの名がつけられています．ブレーキングでの姿勢変化が少なく , ハンドリングが安定することが特徴です．しかし，転舵の構造が複雑で部品点数が多くなるというデメリットがあります．

「ダブルウィッシュボーン式」

ウィッシュボーン(鳥の胸の骨)と似た形状の２本のアームで車体とフォークを支えるホルダをつなぎ，アームにクッションユニットを配置した形式です．構造が複雑というデメリットはありますが，前輪を路面に対してほぼ垂直方向にストロークさせられるなど，設計自由度が高くなるというメリットがあります．

リアサスペンションの形式

現在の二輪車の主流となっている形式が，スイングアーム式サスペンションです．後端にアクスルを取り付けたスイングアームを，車体フレームに設けたピボットを中心に回転するようにした構造です．後輪は駆動力を路面に伝える役割を持っており，その力を受けても大きく変形したりしないよう堅牢なアームが用いられます．ストローク量の確保が容易で，チェーン駆動車ではストロークに伴うチェーン張力変化の少なさから，広く用いられています．

スイングアーム式サスペンションには，クッションユニットの配置の違いから，いくつかのバリエーションがあります．最もオーソドックスなのが，スイングアームの両側に２本のクッションユニットを配置したツインショックです．クッションユニットを１本で支持するものをモノショックといいます．これらのサスペンションのアクスルストロークとクッションストロークは，概ね比例関係になります．一方，リンクを介してクッションユニットが取り付けられる構造を，リンク式サスペンションといいます．リンクを設けることで，二つのストロークの関係を，比例ではない特性に設定することができるのです．

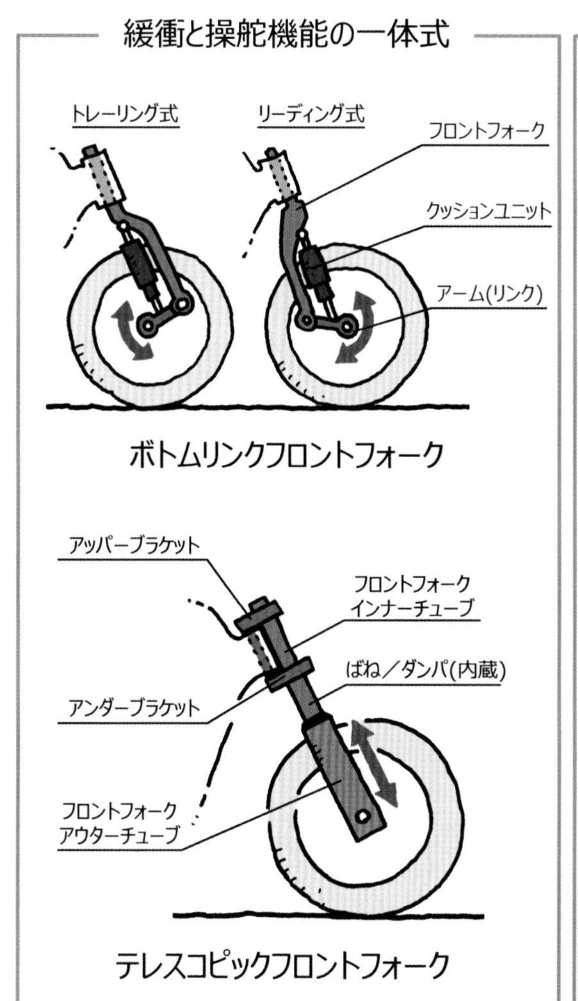

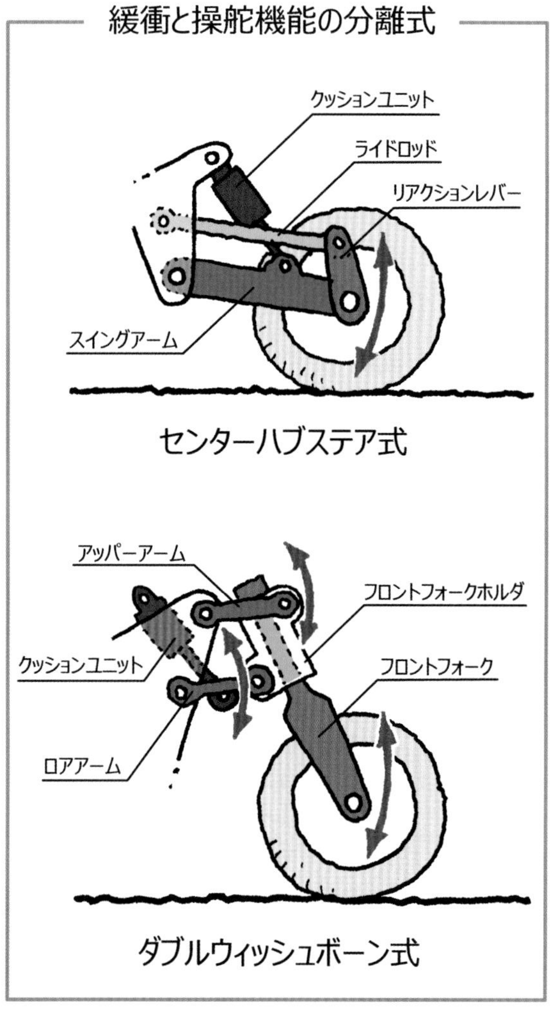

図 5-8　フロントサスペンションの形式

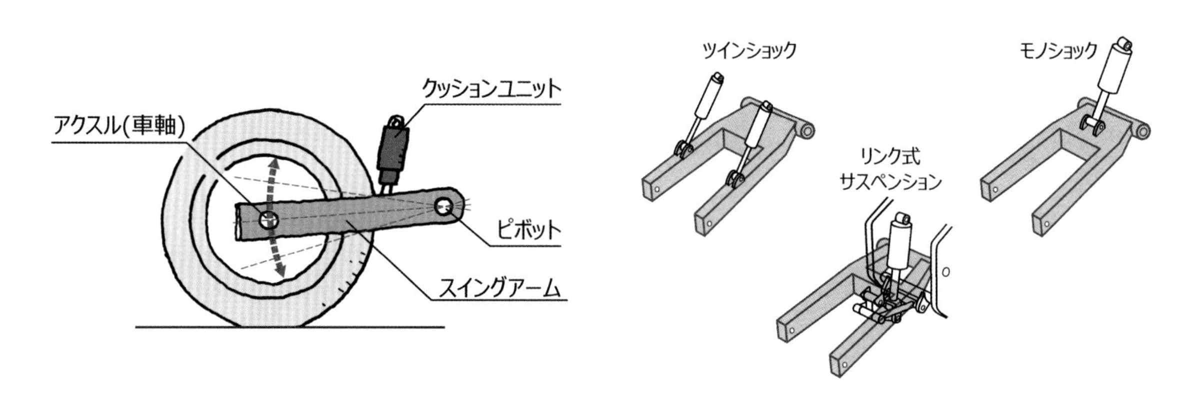

図 5-9　リアサスペンションの形式と種類

ストロークの関係とは？

スイングアーム式リアサスペンションでは，種類によってクッションユニットの取り付け位置に違いがあると説明しましたが，その違いにはどういう意味があるのでしょうか．

ここで，同じ長さのスイングアームに，アクスル上にクッションユニットが取付けられた形式Ａと，アクスルとピボットの中間点にクッションユニットが取付けられた形式Ｂの違いについて，シーソーを使って考えてみます．

シーソーには，先端と回転軸の中間に前席が，先端に後席が設けられているとします．シーソーの回転軸がピボット，板の左半分がスイングアーム，そして，左側後席がアクスル位置だとすれば，その上下移動量がアクスルストロークに相当します．また，左側に座った人がクッションユニットと考えると，人の上下移動量がクッションストロークを表します．

まずは，ストロークの関係について見てみます．一人の人がシーソーで遊んでいます．形式Ａは，人が後席に座った状態と等しく，後席の移動量が人の移動量になります．すなわち，アクスルストローク＝クッションストロークということです．形式Ｂは，人が前席に座った状態と等しく，後席の移動量が形式Ａと同じ場合，回転する半径が半分になりますから座っている人の移動量は半分になります．つまり，アクスルストロークが等しい場合，形式Ｂのクッションストロークは，形式Ａの半分になるのです．

このように，クッションユニットの取り付け位置によって，アクスルストロークに対するクッションストロークの量を変えることができます．この二つのストロークの比率を，レバー比(レシオ)といいます．

次に，力の釣り合いについて考えます．二人の人がシーソーで遊んでいるとすると，右側の後席に座っている人の体重が，アクスルへ加わる力に相当します．左側の後席に，右側と同じ体重の人が座ることで釣り合います．これは形式Ａの状態を表しており，アクスルに加わる力＝クッションに加わる力であることを意味します．一方，左側前席に人が座って釣り合うためには，回転軸から座席までの距離は半分ですから，同じ体重の人が二人座る必要があります．つまり，形式Ｂのクッションユニットは，アクスルに加わった力に対して２倍の力を受けることになります．

レバー比の設定によっては，短いクッションユニットでもアクスルストロークが長いサスペンションが設計でき，車体をコンパクトにしながら快適な乗り心地を実現できます．ただし，クッションユニットに加わる荷重の大きさが，変化することを考慮しなければならないのです．

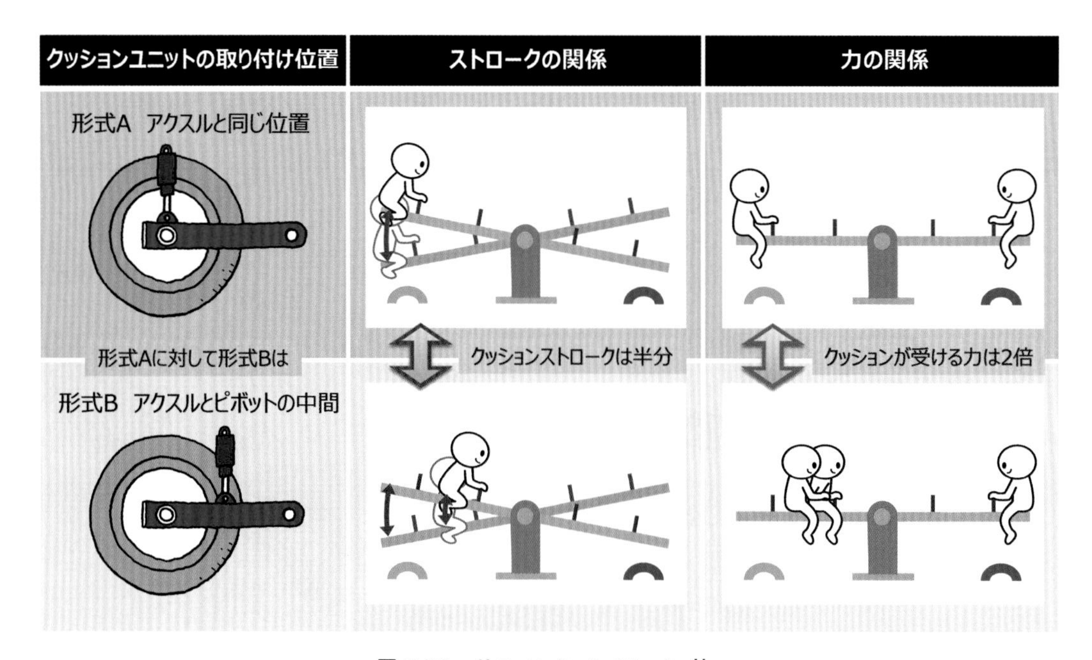

図 5-10　サスペンションのレバー比

データで見るサスペンションの仕事

走行中のサスペンションストロークを計測しデータを見ることで，サスペンションの働きを可視化することができます．図 5-11 に，600 cc のスポーツ車（フロントホイールトラベル 110 mm，リアホイールトラベル 130 mm）を用い，3 つの走行条件下でアクスルストロークを計測したデータを示します．

グラフは，横軸が時間，縦軸がアクスルストローク量を示しており，青線がフロント，赤線がリアアクスルストロークを表しています．また，縦軸の数値は，ライダ 1 名が乗車した状態で釣り合う位置をゼロとして，サスペンションが伸びたらマイナス方向に，縮んだらプラス方向の値をとります．

○ 加速走行

図 5-11A は，平坦な路面で 80 km/h まで 4 秒間で加速している状態の波形です．加速を始めるとリアサスペンションは一瞬縮みますが，元の位置に戻ります．一方，フロントサスペンションは，ほぼ伸び切る位置まで伸びています．リアは後輪が駆動力を路面に伝えられるよう踏ん張り，フロントは前輪が接地し続けられるよう伸びています．これにより，車体が加速するために適正な姿勢を維持していることが分かります．

○ 波状路走行

図 5-11B は，高さ 30 mm の突起が並んだ波状路を，20 km/h で走行した状態の波形です．フロント，リアアクスルともに，およそ段差の高さである 30 mm 程度ストロークしています．サスペンションが素早くストロークしており，リアは主に縮み側にストロークするのに対し，フロントは伸びと縮みの両側にストロークすることで段差による衝撃を吸収し，乗り心地を確保していることが読み取れます．

○ スラローム走行

図 5-11C は，パイロンスラローム走行時の波形です．この走行条件では，スロットル操作により車体姿勢を変化させながら，ロール方向に切り返す操作をしています．0 秒から 0.5 秒にかけてフロントサスペンションが縮んでいるのは，スロットルを戻して前輪に荷重を載せて旋回させている状態です．その後，1 秒にかけてフロントが伸びているのは，加速によって前輪荷重を変化させて切り返している状態です．このように，サスペンションの動きが運動性能にも大きく影響しているのが分かるのです．

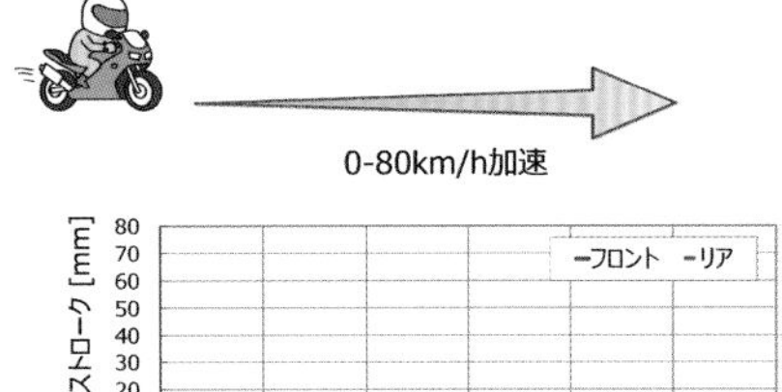

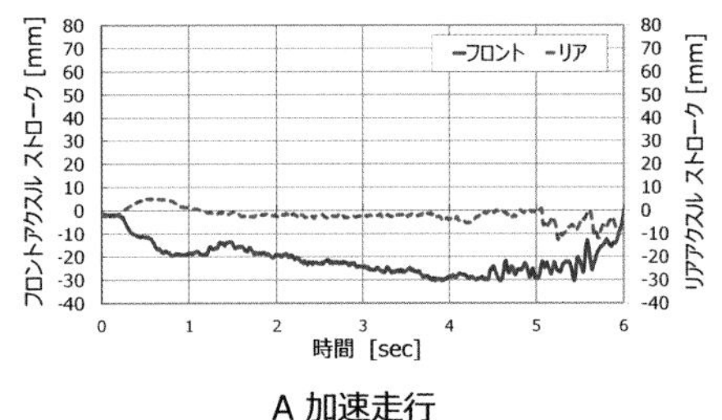

A 加速走行

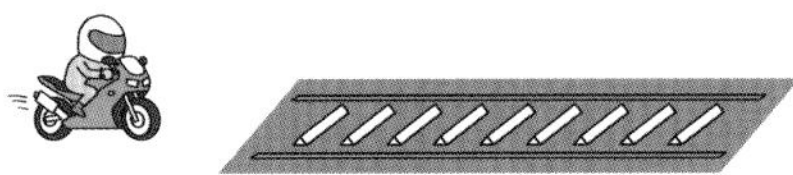

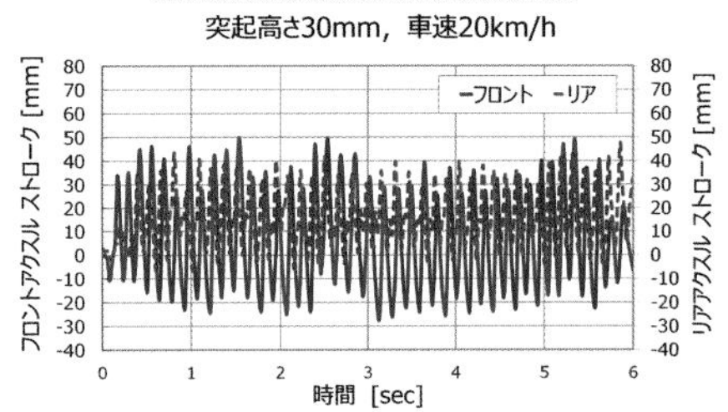

B 波状路走行

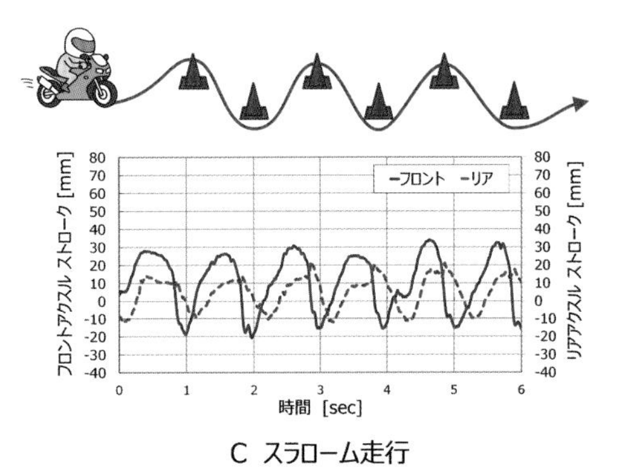

C スラローム走行

図 5-11　走行中のサスペンションデータ

5.2 サスペンションのしくみ

サスペンション構成要素の構造と原理

サスペンションの構成要素を理解しよう

高性能なサスペンションとは?

5.1 節では，サスペンションの役割と形式について解説してきました．記事を読んで，『性能が良いサスペンションを設計するにはどうすべきか』，あるいは『調整・セッティングして性能を高めるにはどうしたら良いのか』ということに興味を持たれた方もいらっしゃるのではないでしょうか．

サスペンションは三つの要素が連携して機能していると説明しましたが，性能が良いサスペンションを設計・セッティングするためには，それぞれの要素の原理を理解し，適切に組み合わせていく必要があります．レースで用いられているような高価なクッションユニットを取り付けたり，指南本に従ってクッションユニットのセッティングをしたりすることで，高い運動性能や快適な乗り心地が得られるかもしれません．しかし，高価なユニットの構造や作動原理を理解したり，指南本の解説から知識を得たりすることで，より的確に性能を高めていくことができるのです．

そこで，今回は，支持部材，ばね，ダンパの構造や作動原理について説明したうえで，完成車におけるサスペンション確認項目の基本となる車体姿勢の設定について解説していきます．

支持部材としてのフロントフォーク

フロントフォークを用いたフロントサスペンションでは，前輪接地点からの荷重入力でフロントフォーク全体がたわみます．特に制動時は，図 5-12 に示すように，接地点に前後方向の力がかかり，その力によってフロントフォークが後方に曲げられてしまいます．

テレスコピックフロントフォークにおいては，車体に連結しているアンダーブラケット部が，接地点からの距離が遠いため大きなモーメントを受けます．また，インナーチューブとアウターチューブが嵌り合って作動する部分に力が集中しやすく，この部分がたわむとストローク時の抵抗増加の原因となります．ここで，ライダを含めた質量が 250 kg の車両で，フロントブレーキのみで 0.3 G の減速（40 km/h で走行中，4 秒で減速し停止する）した場合を考えます．フォークを曲げる力は，キャスタ角が 24 度とすると 670 N となります．フロントフォークを外径 43 mm，板厚 2 mm の単純な 2 本のスチールパイプだと仮定します．接地点からフォークブラケットまでの長さを 750 mm とすると，接地点での前後方向のフロントフォークのたわみ量は 4.2mm になります．

タイヤやブレーキを含む車体性能向上により，安定して高い減速度の制動が行えるようになりました．そのため，フロントフォークを外力に対してたわみにくくする，つまり，より高い剛性が必要とされるようになりました．この剛性を高めるには，フロントフォークのパイプ外径を太くすることが有効です．例えば，前述の条件でパイプ外径を 43 mm から 54 mm に拡大すると，前後のたわみ量は 1.9 mm に減少します．

ここで，フロントフォークを単純なパイプではなく，テレスコピックフロントフォークとして考えてみましょう（図 5-13）．正立タイプの場合，インナーチューブの外径を 43 mm から 54 mm に変更すると，アウターチューブもそれに応じて最低でも 63 mm まで太くする必要があります．インナーとアウター共に一回り太くなるため，クッションユニットの質量が重くなってしまいます．これを解決するため，フロントフォークのレイアウトを上下逆さまにした倒立タイプが考えられたのです．倒立タイプでは，外径の太いアウターチューブが，大きなモーメントが加わるアンダーブラケット側となるので，インナーチューブを太くすることなく高剛性化が可能です．ユニットの質量増加を抑えることができるため，スポーツ車を中心に広く採用されています．

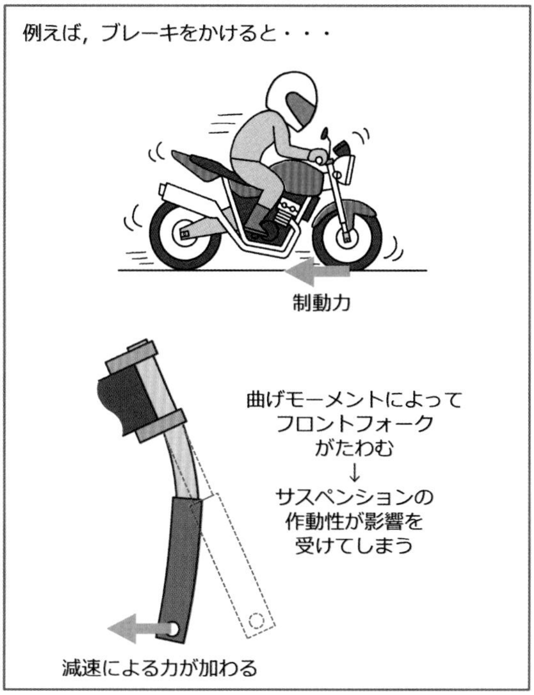

図 5-12　制動力によるフロントフォークのたわみ

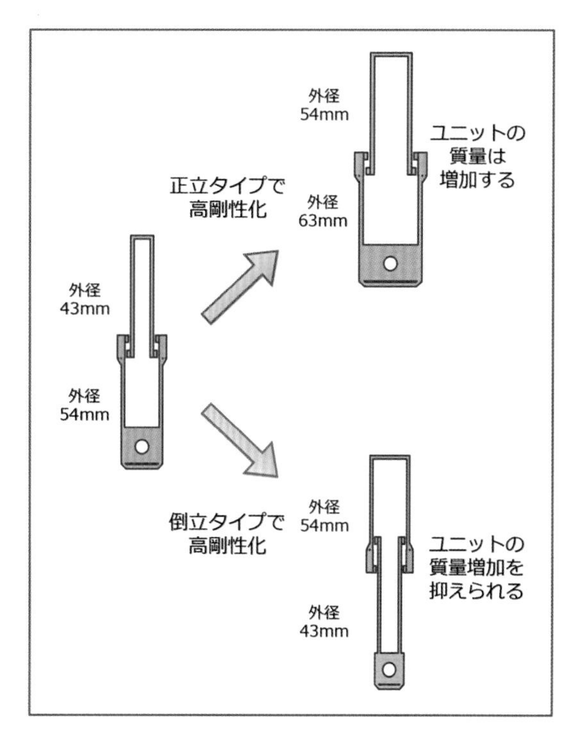

図 5-13　フロントフォークの剛性

支持部材としてのスイングアーム

次に，リアサスペンションの支持部材である，スイングアームについて考えてみましょう．

後輪はエンジンの発生する大きな駆動力を地面に伝える役割があります．二輪車の場合，チェーンやシャフトドライブの駆動反力をスイングアームで直接，受け持つ構造となっています．そこで，リアサスペンションは，緩衝機能を担うクッションユニットと車体と後輪の支持部材としてのスイングアームに分けた構造としています．スイングアームは，駆動力などによる変形で後輪がぐらつくことなく，位置決めすることが求められます．また，路面凹凸などの入力に対してはクッションユニットが適切に作動できなければなりません．そのため，機能を分離させた構造とすることで，適切な剛性を与えられるようにしているのです(図 5-14)．

では，具体的にスイングアーム剛性の与え方について考察してみましょう．1980 年代(A 車)と 2010 年代(B 車)のツインショック式のリアサスペンションを採用したネイキッド車を例に，スイングアーム剛性を決定づけるメインパイプの断面積を比較します(表 5-1)．

A 車は排気量 750 cc，最大トルク 59.8 Nm であるのに対し，B 車では排気量は約 1.7 倍，最大トルクは 1.9 倍に増加しています．また，スイングアームの断面積も 5.4 倍と非常に大きくなっています．ここでスイングアームの材質について着目すると，A 車はスチール丸パイプですが，B 車はアルミ角パイプとなっています．アルミはスチールに比べて弾性係数が約 1/3 ですので，断面積に 1/3 をかけて比較しなければなりません．すると，1.8 倍となり，増加した駆動力に対抗するために必要な剛性が与えられていると考えることができます．また，アルミはスチールに比べて密度が約 1/3 ですので，重量の増加を抑えつつも駆動力に対して高い剛性を確保することができるのです．

	1980年代 A車	2010年代 B車	変化率
排気量 [cc]	750	1300	1.7倍
最大トルク [Nm]	59.8	114.7	1.9倍
車体質量 [kg]	244	268	1.1倍
スイングアーム 断面積 [mm²]	227 (スチールパイプ)	1215 (アルミパイプ)	5.4倍 材質を考慮すると1.8倍

表 5-1　車両性能とスイングアーム断面積の比較

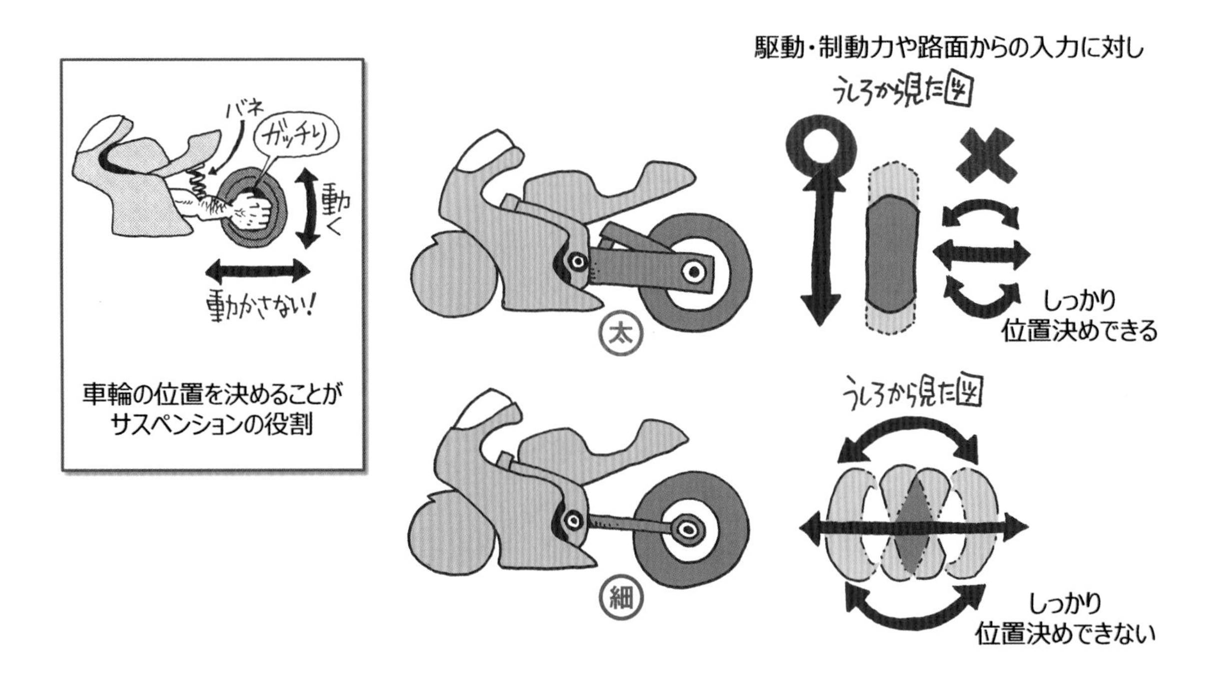

図 5-14　スイングアームの剛性

ばねの原理

ばねの役割は，車体の重量を支えることと，路面からの衝撃を和らげることにあります．ばねは，車両の質量や用途，サスペンションの形式などに応じて設計されており，主な設計パラメータは二つあります．

一つ目はばね定数です．二輪車のサスペンションでは，図 5-15 のようなコイルばねが多く用いられています．ばねが縮められた長さをたわみ量といい，ばねはその量に応じて反発する力を生じます．ばねの特性は，横軸にばねのたわみ量，縦軸をばねの反力としたグラフ (図 5-16) で示され，グラフの傾きをばね定数と呼びます．ばね定数は，ばねの材料や太さ(線径という)，コイルの巻き数などの設計によって決まります．例えば，線径が太いほど，巻き数が少ないほど，たわみ量に対し反力が大きい硬い特性が得られ，グラフ上では傾きは大きく，ばね定数は高くなります(図 5-17 ①)．

二つ目はプリセット量です．ばねをクッションユニットに縮めて取り付けると，縮めた分だけ反力が発生します．この縮めた長さをプリセット量といいます．クッションユニットは，プリセット量に応じたばね反力(プリロードという)以上の力を受けないとストロークすることができません．プリセット量の変化による影響をグラフで表してみます．図 5-17 ②のように横軸をクッションストローク，縦軸をばねの反力とした場合，変化量は切片に相当し，ばね特性のラインが上下に平行移動することを意味します．

図 5-15　ばねのたわみ

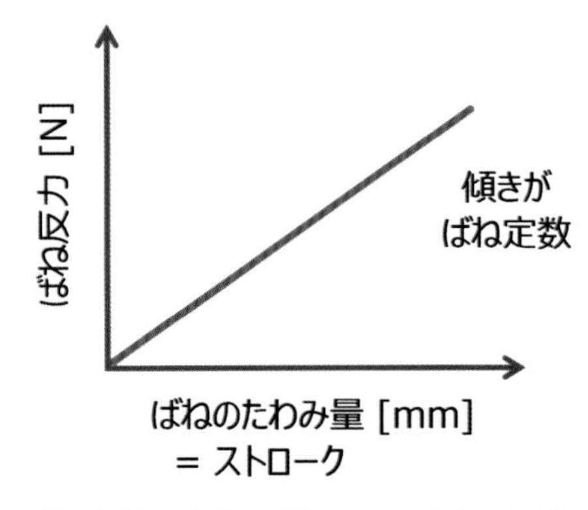

図 5-16　ばねの特性線図

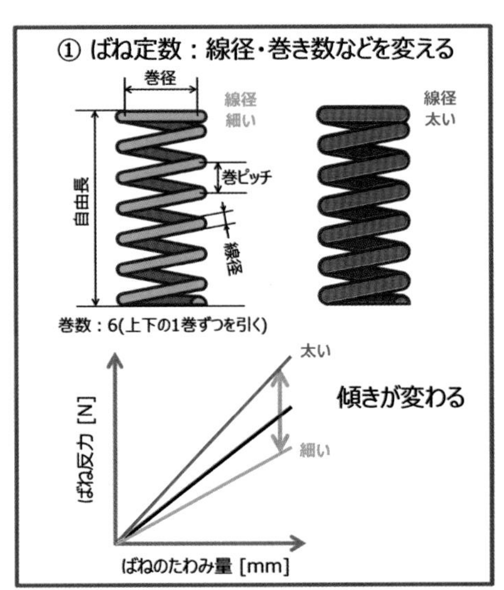

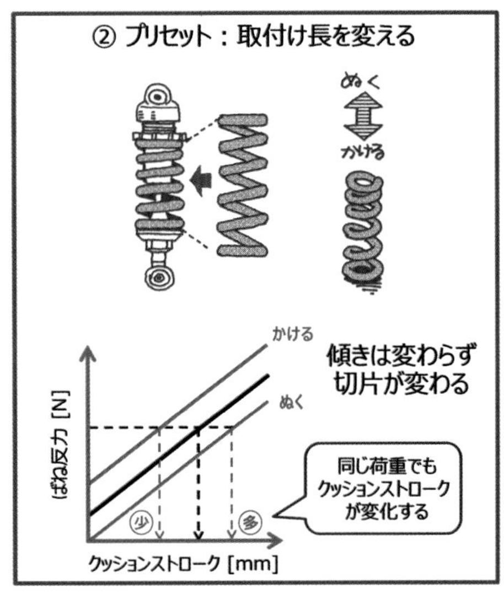

図 5-17　ばねの設計パラメータ

ダンパの原理

ダンパの原理を，マヨネーズ容器に例えて考えてみます．マヨネーズ容器のキャップには，星形の大きな穴と，小さい穴の二種類の口が選べるものがあります(図 5-18)．大きい穴の場合は，弱い力でマヨネーズが出てきます．一方，小さい穴の場合，容器を押すと抵抗力を感じ，勢いよくマヨネーズが飛び出します．この押すときの抵抗力が減衰力であり，同様の現象がダンパの内部で発生しているのです．

図 5-19 は，テレスコピックフロントフォークの内部をイメージしたものです．フォーク内部はインナーチューブ側とアウターチューブ側に部屋があり，オイルがある高さまで入っています．この二つの部屋の間にオリフィスと呼ばれる小さい穴が設けてあり，その穴をオイルが流れる際に抵抗が生じるのです．

ダンパがストロークするために必要なものが，オイルとオリフィス以外にもう一つあります．図 5-20 にダンパが伸びた状態と縮んだ状態を示します．ダンパがストロークしたとき，ダンパの中にロッドが入り込むことになります(赤く塗った部分)．ここで，ダンパの中がオイルで完全に満たされていると，オイルは力を加えてもほとんど体積変化しないため，ロッドはダンパ内に入ることができません．この対策として．体積変化をしやすい，空気や窒素ガスなどの気体をダンパ内に封入する構造が一般的です．気体がつぶれることで，ダンパ内に入り込むロッドの体積の分を吸収し，ダンパがストローク可能になるのです．

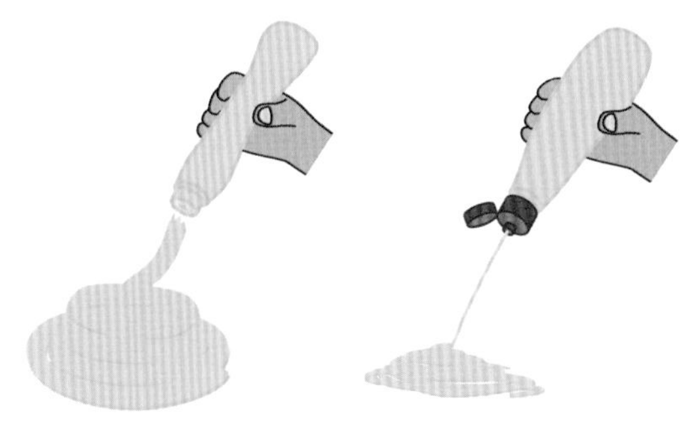

図 5-18　マヨネーズ容器の口

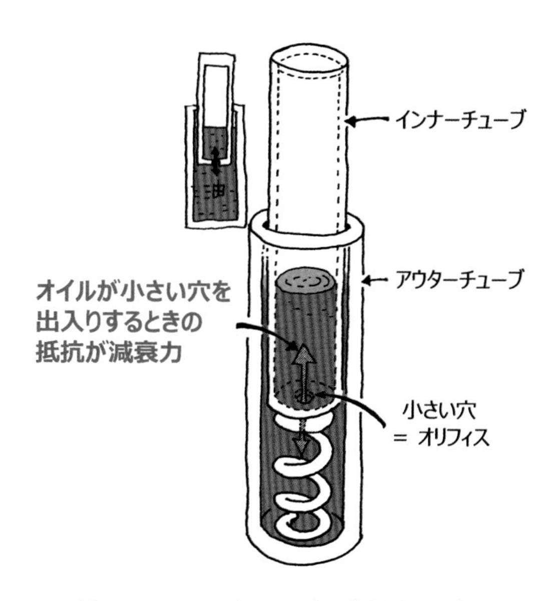

図 5-19　フロントフォークの内部イメージ

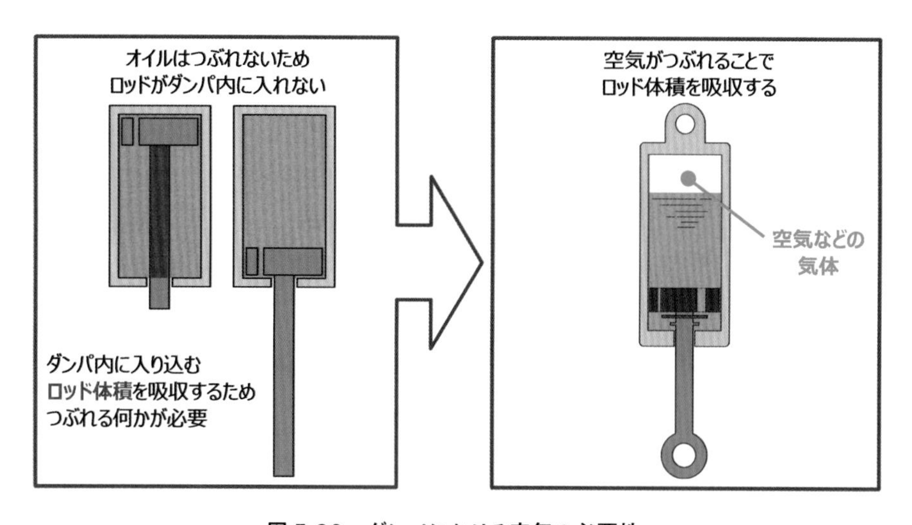

図 5-20　ダンパにおける空気の必要性

ダンパの機構と特性値

ダンパ内部の減衰力発生機構は，単純な一つの穴だけで構成されているのではなく，より複雑な形や構造をしています．その実例を図 5-21 に示します．ここに示した機構では，オイルが押し行程と伸び行程で別の穴を通るようになっており，それぞれの穴をバルブといわれる金属製の薄い板で塞ぐことで，オイルが一方向にしか流れないようにしています．また，穴の出口側を塞ぐようにバルブを積み重ね，流れるオイルの力でバルブをたわませて減衰力の発生量を調整できるようにしています．バルブのたわみ具合はバルブの板厚や枚数によって決まり，この組み合わせで減衰力の特性をコントロールできるのです．

なぜ，押し行程と伸び行程でオイルの流れる流路を個別に設定しているのでしょうか．押し行程（圧側）では，路面からの入力をばねの力と合わせて吸収するという働きが求められます．一方，伸び行程（伸側）では，ばねが伸びようとする力に抵抗するという働きが求められます．つまり，要求される力が異なるため，一つの同じ穴を使って減衰力を発生させるのではなく，個別に設定できるようにしているのです．

画像提供:日立 Astemo 株式会社

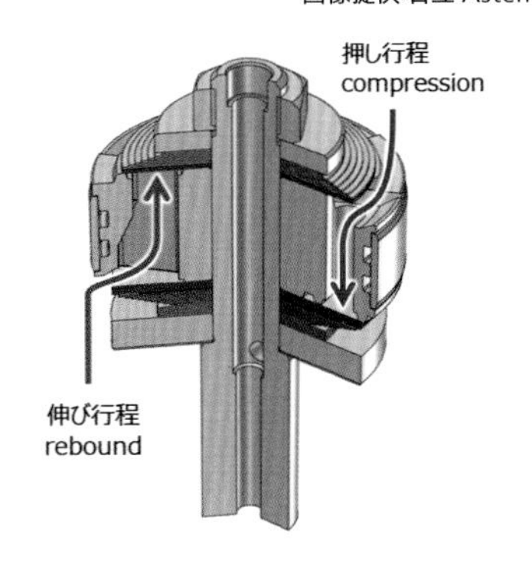

図 5-21　減衰力発生機構とオイルの流れ

減衰力特性をグラフで表現してみましょう．試験機で特性測定する場合，一定のストローク量の範囲をストローク速度を変えながら伸び縮みさせ，発生した力を測ります．ばね特性同様に縦軸を力，横軸をストロークとして，測定した力を連続的にプロットすると楕円状の減衰力 - 変位特性線図が得られます（図 5-22A）．この線図から各ストローク速度で発生した力の最大値を読み出し，横軸をストローク速度としてプロットしたものが減衰力 - 速度特性線図（図 5-22B）で，減衰力特性を表す指標として広く使われていますが，切り出した部分的な特徴であることに留意する必要があります．

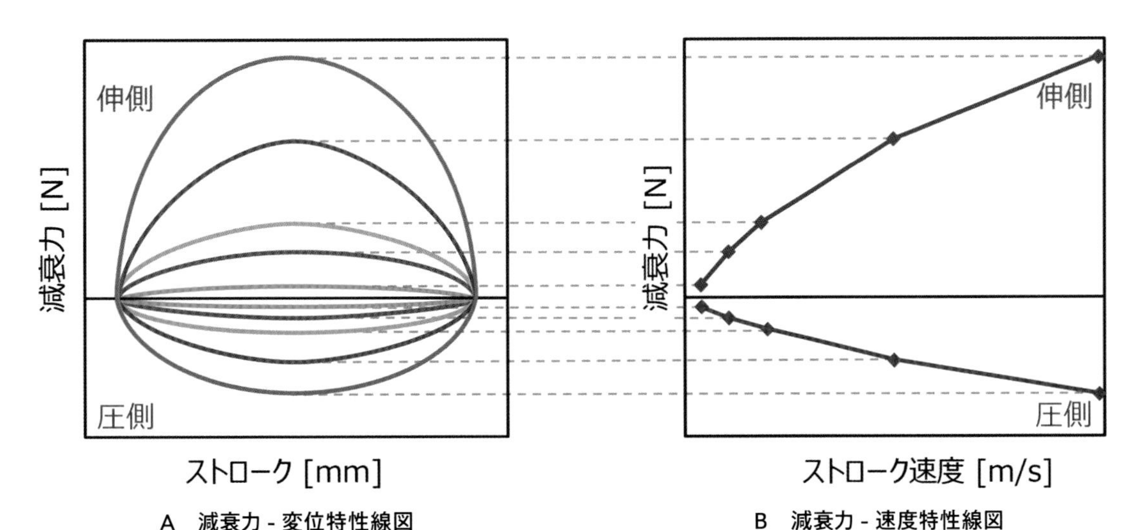

A　減衰力 - 変位特性線図　　B　減衰力 - 速度特性線図

図 5-22　減衰力特性のグラフ

支持部材・ばね・ダンパのもつ特徴をうまく活かして，姿勢を制御し，乗り心地と運動性能を確保しているのだよ

減衰特性を決定づけるダンパの設計要素

ダンパが減衰力を発生する原理と機構について説明してきましたが，その内部仕様の組合せはかなりの数になります．では，内部に組み込まれるピストンとバルブの構成と，これらの組合せによって，どのように減衰力特性が設定できるのかを解説していきます．

ダンパ内部の減衰力は，小さな穴とバルブがたわんだ際の小さな隙間をオイルが通過する際の抵抗力です．この穴と隙間で構成される機構は，大きく二つに分類できます．一つは「チェックバルブタイプ」で，もう一方は「ピストン・積層バルブ併用タイプ」です．

チェックバルブタイプは，穴を塞いだり，開放したりして，オイルの流れる方向を規制する役割を持ちます．通常ピストンの上面や下面にあり，ロッド軸方向に必要なリフト量だけストロークするように設置されて，オイルの圧力によって作動させます．

ピストン・積層バルブ併用タイプは，ピストンに開いた穴を塞ぐように薄い円盤状のバルブを何枚も積み重ねる（積層する）構造をしています．バルブの厚さは0.1～0.5 mm まで何種類かあり，外周から中心に向かって切り欠きが入ったスリットバルブなどもあります．バルブの板厚と外径，形状を組み合わせることによってたわみ方を調整し，狙いの減衰力を得られるようにするのです．また，積層できるバルブの枚数によって，調整できる減衰力の細かさが異なります．より細かい調整が要求される場合は，バルブの格納スペースが大きいダンパを使用する必要があります．

バルブがたわむ量はとても小さく，ダンパの内部にゴミが混入しバルブに噛み込むとバルブが開いたままとなり，正常に減衰力を発生できなくなります．そのため，内部へのゴミが侵入しないよう注意が必要です．

「チェックバルブタイプ」

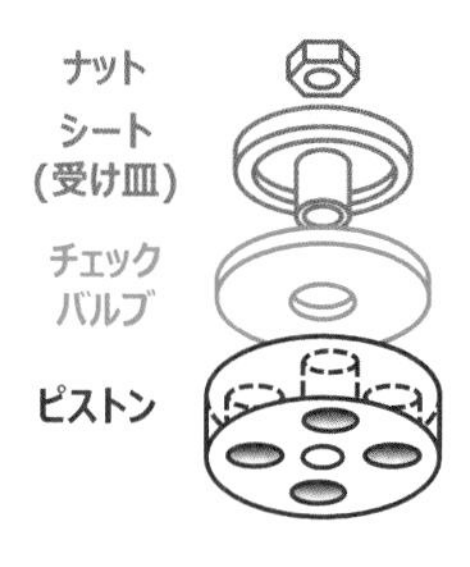

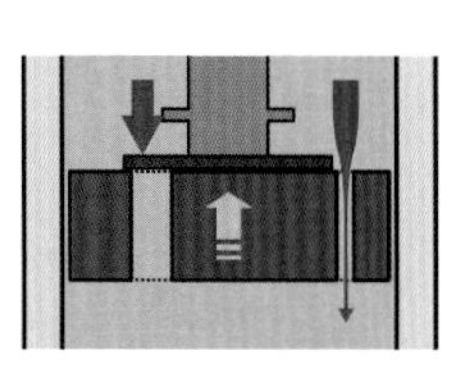

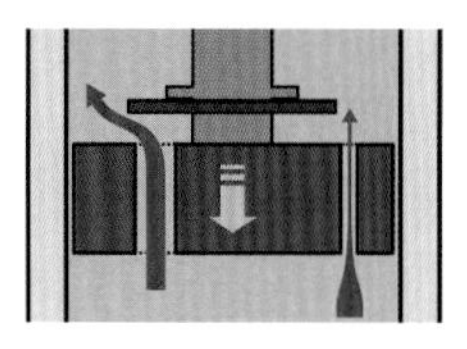

チェックバルブが
開いたり閉じたりして
流れを制御

「ピストン・積層バルブ併用タイプ」

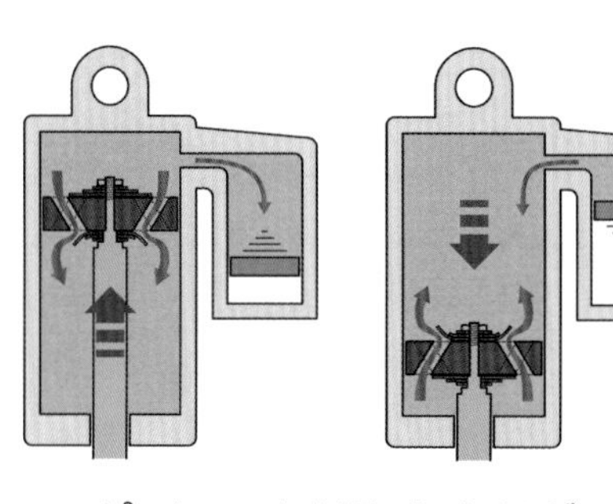

ピストンの穴を通ったオイルが
バルブをたわませながら流れる

図 5-23　ダンパのバルブ機構

ピストンは，穴の数，大きさ，形が設計要素になります．穴が設けられたピストンはストロークの速度が速くなるにしたがって，減衰力が二次関数的に増加するという特性を持っています．これを二乗特性と言います．ピストン穴の直径を小さくすることで，その基本特性は変わりませんが，高い減衰力を得ることができます．また，穴の数を変えることによっても，得られる減衰力特性を増減させることができ，穴の数を増やすと得られる減衰力は低くなります．

得られる減衰特性は，ピストンに開いた穴の総面積で検討することができ，Φ 1.4 の穴が 4 個開いているピストンとΦ 1.0 の穴が 8 個開いているピストンは，計算上概ね同じ減衰力が得られます．しかし，穴の総面積が同じであっても，実際に組み込んで走行確認すると乗り味やフィーリングが異なる場合があります．

積層バルブは，外径・板厚・枚数の組み合わせが，設計要素になります．たわませるバルブの枚数を増やした場合は，減衰力の特性カーブが上下に平行移動するような変化が得られます．バルブがたわむときの支点となるバルブの外径を変えた場合は，特性カーブの傾きを変えることができます．バルブの板厚と枚数から計算される剛性によって，得られる減衰力を推定することが可能です．しかし，ピストン同様，数値上の剛性が同じであっても，薄いバルブを多く重ねた場合と，厚いバルブを少ない枚数で調整したものでは，フィーリングに差異がでる場合があります．

これらのピストンと積層バルブの設計要素をうまく組み合わせることで，減衰力特性は二乗特性・2/3 乗特性・比例特性など，さまざまな特性をつくり出すことができます．

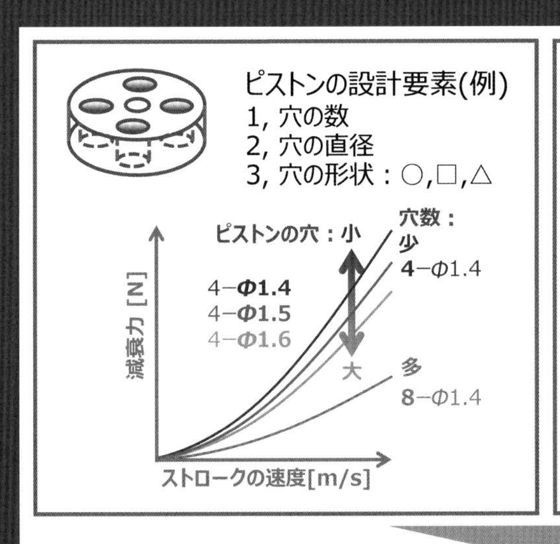

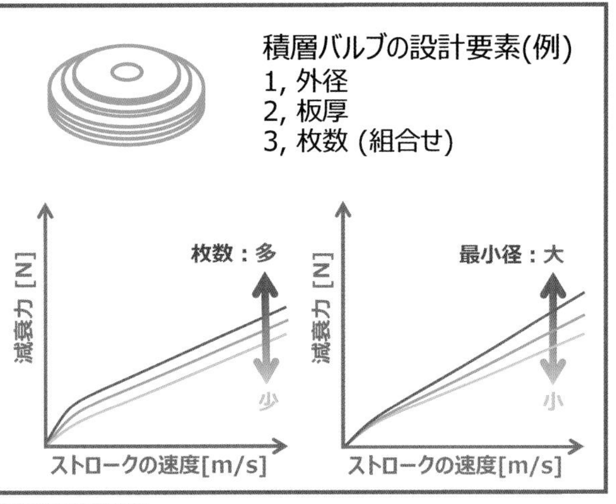

ピストンとバルブの組合せ次第で・・・

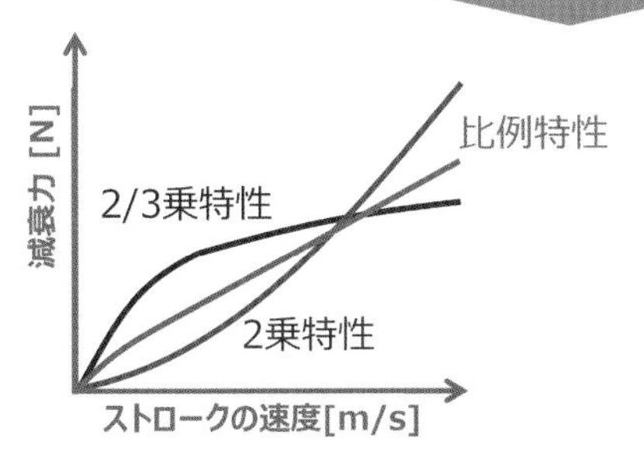

ピストンと積層バルブの組合せで
車両の要求性能に見合った
減衰力特性にしていく

図 5-24　ピストンとバルブの設計要素

フロントフォークの構造

テレスコピックフロントフォークの構造は，ピストンメタルタイプとチェリアーニタイプの二つがあります．また，チェリアーニタイプは，主にフローティングバルブ式とインナーロッド式の二つの形式が分けられます．ここでは，主流となっているチェリアーニタイプの構造と特徴について説明していきます．

フローティングバルブ式はフリーバルブ式とも呼ばれ，インナーチューブの先端に設けられたバルブでオイルの流れを規制しています．このバルブをフローティングバルブといい，縮むときはオイルが流れ，伸びるときは閉じるというチェック機構を持っています．

フロントフォークが伸びる行程では，フローティングバルブが閉じてオイル室 A が狭くなっていきますから，シリンダに設けた上側の穴からシリンダ内にオイルが流れ込み，その際の抵抗で減衰力が発生します．縮む行程においては，オイル室 B が狭くなっていきますが，フローティングバルブが開いてオイル室 A に流れ込みます．しかし，インナーチューブが入り込んできて容積が小さくなりますから，下側の穴からシリンダ内にオイルが流れ込んで減衰力が発生します．

この形式は構造が簡単で安価ではありますが，得られる減衰力が穴のサイズと位置に依存しているため，セッティングの幅が狭いという特徴を持っています．

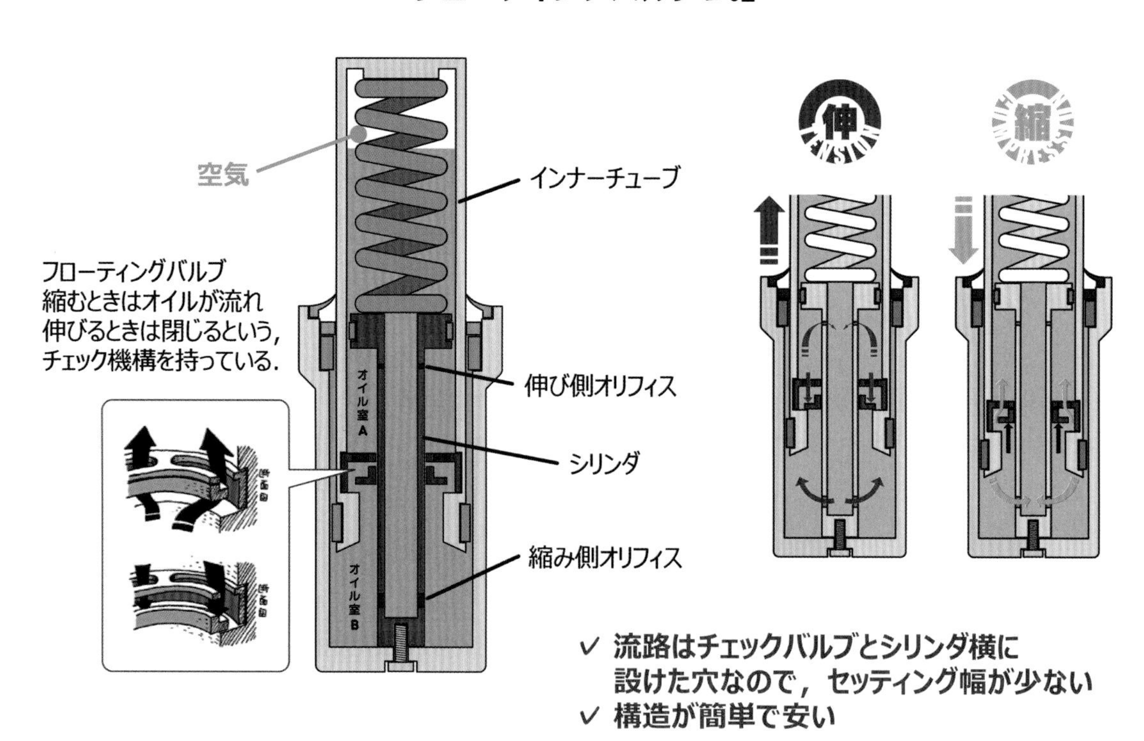

図 5-25　フローティングバルブ式フロントフォークの構造

インナーロッド式はカートリッジ式とも呼ばれ，ピストンとベースバルブを内蔵したシリンダとピストンが固定されたインナーロッドから構成されます．ベースバルブはシリンダ底部に固定され，シリンダは正立タイプの場合はアウターパイプ，倒立タイプの場合はインナーパイプの内側底部に固定されています．

ピストンとベースバルブは同様の構造で，オイルが流れる通路が，上から下と下から上の二つ，互い違いに設けてあります．通路の出口は，薄い金属の板であるバルブでオイルが一方通行で流れるよう蓋をしています．下側のバルブは固定されていて，上から下へオイルが流れてきたときはバルブがたわみ，抵抗を生じながらその隙間をオイルが通過します．一方，上側のバルブは上下に動くことができ，下から上へオイルが流れたときには，バルブが上に動くことにより小さな抵抗でオイルを通過させます．このようにピストンは細かな部品が組み合わされた構造となっています．では，オイルの流れを見てみましょう．

フォークが伸びるとオイル室Aが狭くなっていきますが，ピストン上部のバルブは通路に蓋をしてしまいます．オイルは下側のバルブをたわませながら流れ，その際の抵抗が減衰力となります．ストローク量が大きくなると，外に出たインナーロッドの体積分のオイルが，室外から流れ込みます．しかし，ベースバルブ上側のバルブは開いているため，オイルは抵抗なく流れ込みます．フォークが縮むとオイル室Bからオイル室Aへ流れるオイルによって，ピストン下側のバルブは閉じられ，上側のバルブが開きます．そのため，大きな抵抗なく流れます．一方で，シリンダ内に入り込んできたインナーロッドの体積分だけ，オイル室Bのオイルは行き場を失います．そのオイルは，ベースバルブの下側のバルブをたわませながらオイル室外に流れます．このときの抵抗が減衰力となります．

インナーロッド式は構造が複雑で高価ですが，減衰特性の調整がピストンとバルブの組合せで行えるので，設定の自由度が高いという特徴を持っています．

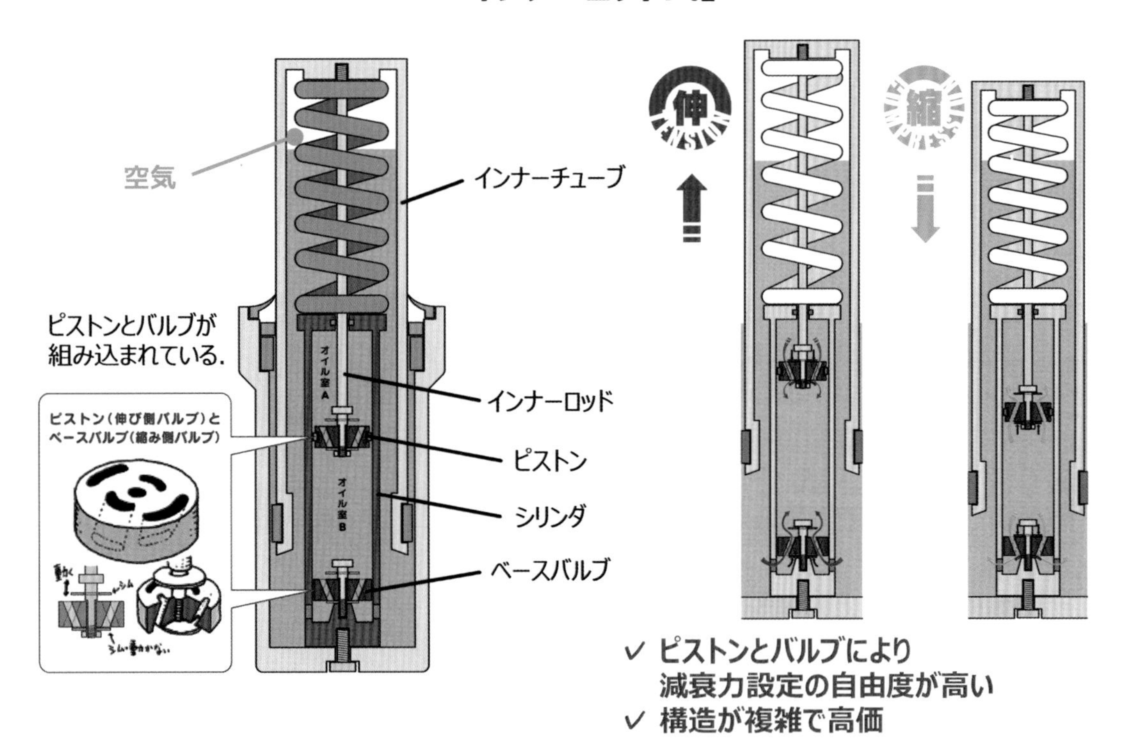

図 5-26　インナーロッド式フロントフォークの構造

リアダンパの構造

二輪車のリアサスペンションに用いられる筒形のダンパ構造は，図 5-27 のように分類されます．

最も簡単な構造が，オイル室に空気も入れてしまう「単筒倒立型の気液同室」タイプです．このダンパを正立や横置きで使用すると，ピストン部分がオイルに浸からない状態になるため，減衰力が正常に発生できなくなります．また，このタイプでは押し行程で空気とオイルが混ざり気泡が多くなってしまい，減衰力の発生に遅れが出やすいという特徴をもっています．

気泡の発生を抑制し，減衰力の発生が遅れにくくするために，シリンダで空気とオイルを分離させたのが，「複筒正立式の気液同室」タイプです．このタイプは，二つの筒の間をつなぐオイル通路が常に油中になければならないため，正立型が原則であり，横置きや倒立での使用ができません．

単筒倒立型の気液同室タイプに対し，フリーピストンで空気とオイルを分離して，減衰力発生を安定化させたものが，「単筒倒立型の気液分離」タイプです．このダンパは，空気とオイルが完全に分離されているため，倒立での使用に限らず，正立や横置きでの使用が可能となるのです．

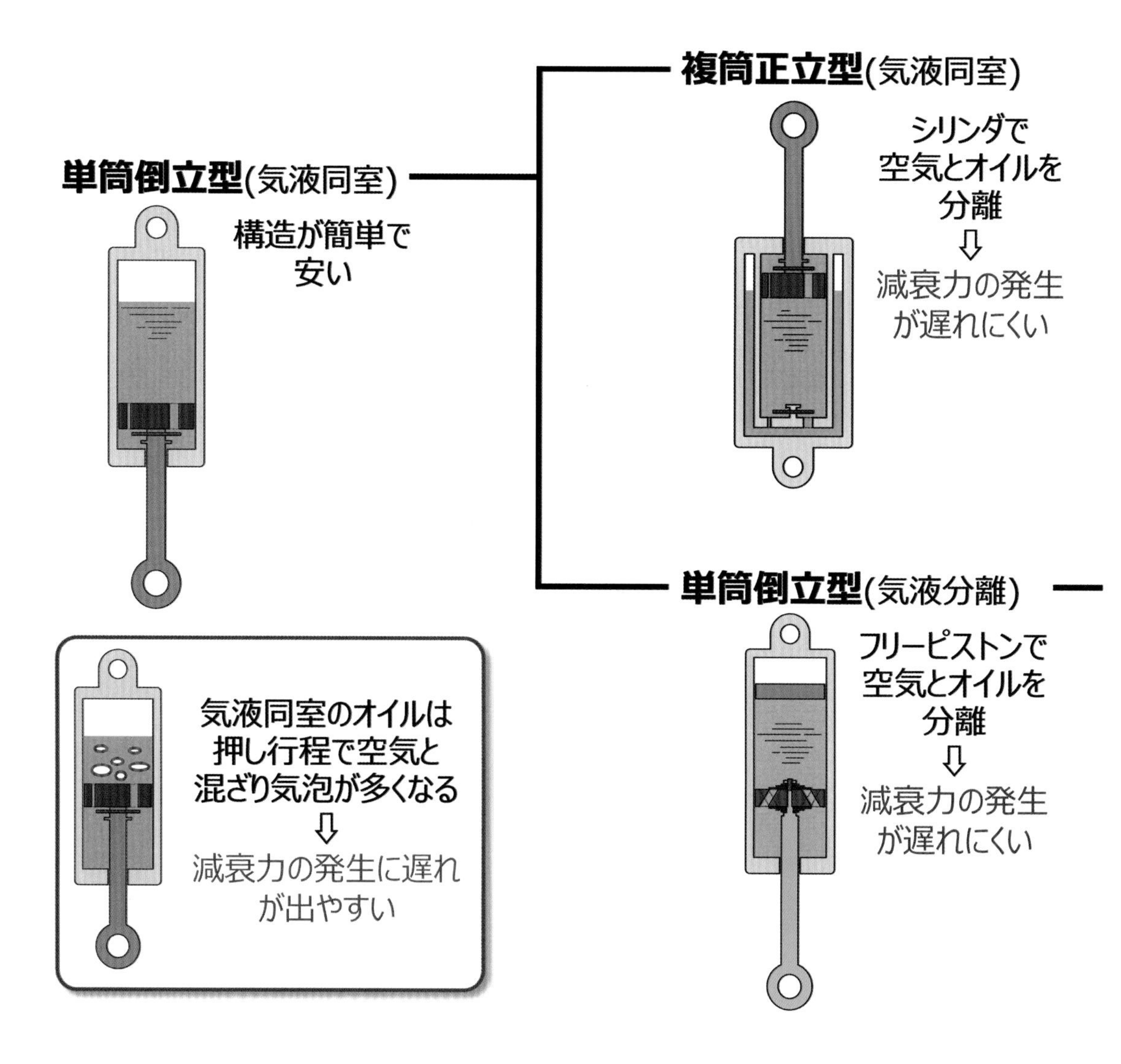

図 5-27　リアダンパの構造

単筒倒立型の気液分離タイプは，ガス室をシリンダの上部に設ける必要があるため，ダンパの全長が長くなってしまうという短所があります．そこで，本体のシリンダとは別にサブタンクを設け，その内部に空気などを封入するガス室を設けた「ガス室別体　単筒倒立型」タイプが考えられました．このタイプも置き方の制限はなく，サブタンクが別体であることから，車体にレイアウトしやすいという長所を持ちます．

気液を分離する機構には，フリーピストンを使ったものと，ゴム製のブラダを使ったものがあります．ブラダタイプの方がオイルの冷却性が良く，フリクションへの影響が少ないという利点があります．

さらに，進化したダンパ構造の一つが，シリンダを二重構造としつつ，ピストン上下のオイル室を通路でつないだ「ツインチューブ　オイル還流式」です．通路上に，伸びおよび縮み側のバルブと調整用のニードルを設けており，それぞれの行程の減衰力調整が容易であるという特徴を持っています．調整機構が一箇所に集まっていることから，電子制御用のアクチュエータを設置しやすいという長所も持っています．

ダンパの構造によって発生できる減衰力や，セッティングの自由度，レイアウトのしやすさ等それぞれ特徴があるため，車両の要求性能に見合った構造を選択する必要があるのです．

※ツインチューブ　オイル還流式

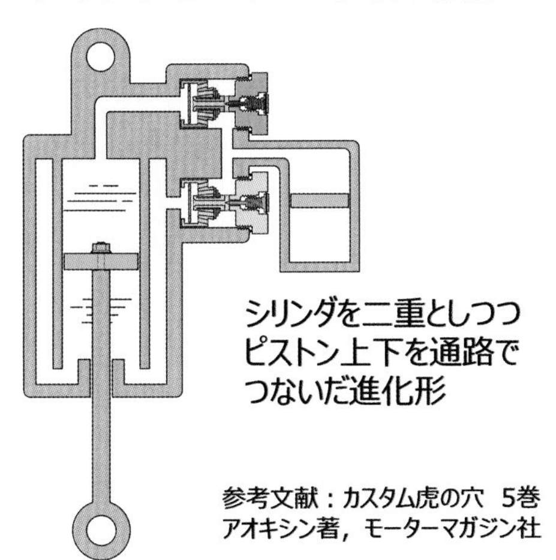

参考文献：カスタム虎の穴　5巻
アオキシン著，モーターマガジン社

発生できる減衰力や
セッティングの自由度
レイアウトのしやすさ等
それぞれ特徴がある
↓
車両の要求性能に見合った
構造を選択する

―― ガス室別体 単筒倒立型(気液分離)

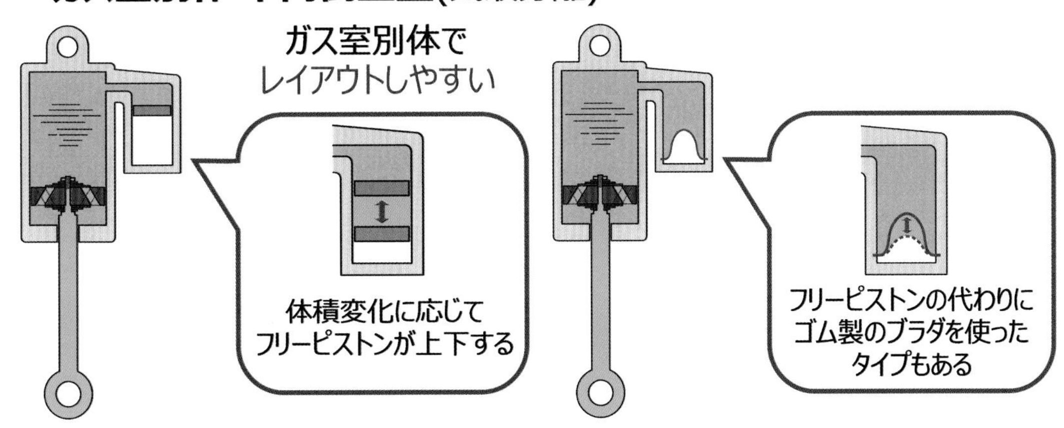

5.3 サスペンションの開発

サスペンションの設計とテスト

サスペンション開発のプロセスを紹介しよう

設計とテストの流れ

サスペンションのセッティングと聞いて皆さんが思い浮かべるのは，調整機構がついたクッションユニットのアジャスターを回して，ばねのプリロードや減衰力の調整を行うことでしょう．一方，車両の開発や専門のショップにおいてのサスペンションセッティングは，車体諸元や目標性能から荷重を計算してばね定数を選定し，ダンパユニット内部に組み込まれるピストンやバルブの組合せで調整していく作業を指します．さらに，車両の開発では，クッションユニットの調整だけでなく，サスペンションの形式やレバー比，支持部材の強度・剛性などを，設計していくのです．

本節では，サスペンションの設計とテストの流れについて，その概要を解説していきます．

○ 設計段階

サスペンション開発は，目標を設定することから始めます．目標は機種ごとに異なり，完成車メーカーとサスペンションメーカーの間で，車のコンセプトや狙いとする車体挙動のイメージを共有し，決定します．

例えば，スクータータイプとスーパースポーツタイプの車では達成したい性能が異なれば，かけられるコストにも差があります．そのため，市場の動向やユーザーの評価，自社製品と競合製品の比較などの情報を参考に協議して，評点や具体的な達成条件を目標として設定します．そして，その目標をどのような構造や部品構成で達成するのかを机上計算や仮説を立てて検討し，実際に部品を作るための設計を進めていきます．

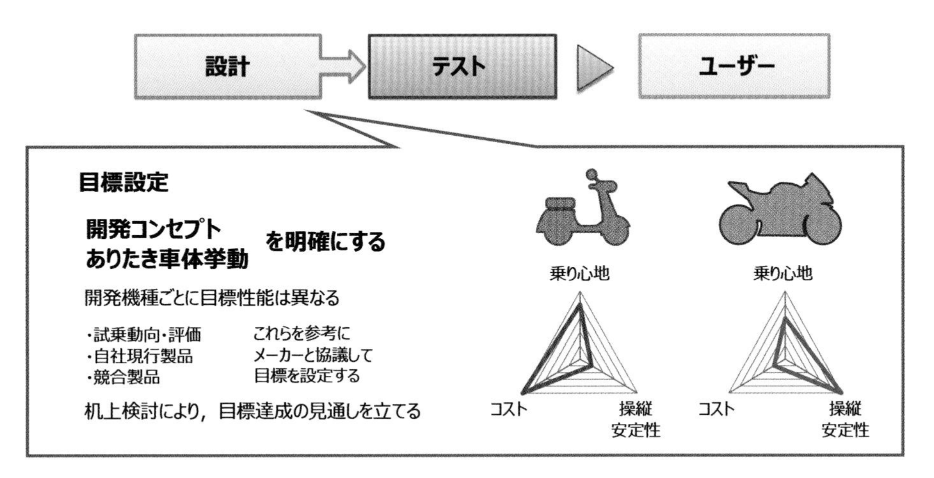

図 5-28　サスペンションの開発プロセス~設計段階

○ テスト段階

次に試作品を製作し，テストにて機能や性能を確認していきます．テスト段階においては，机上検討で立てた仮説について，データを活用しながら検証していきます．試作品が設計通りにできているのか，部品単体での台上テストから特性を把握し，確認します．

試作品が設計通りにできていれば，完成車に組み付けて実走評価に移ります．実走評価は，主にフィーリング評価を，狙い通りの車体姿勢が得られているかを管理しながら行うとともに，サスペンションストロークや車体挙動を計測し，車体がどんな状態・姿勢のとき，サスペンションがどれだけ動いているのか，数値での検証も行います．

また，世界中の市場での使われ方を想定し，様々な路面で乗り方を変えて走行します．このように，データと官能評価から総合的に判断し，セッティングを煮詰めていくのです．

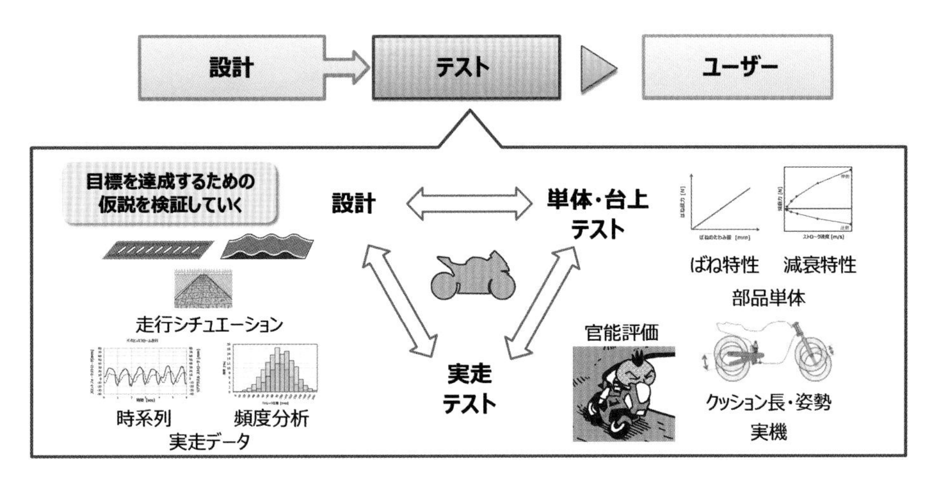

図 5-29　サスペンションの開発プロセス~テスト段階

サスペンションの設定はどう決めるの？

ばね特性の設定

二輪車の開発においては，55～75 kg のライダを標準体重としながら，様々な体型のライダが乗車しても機能に満足できるように，サスペンションの各要素を設計しています．

ばね定数は，乗り心地，共振特性，吸収エネルギー，旋回や制動などの動的な車体姿勢などを考慮して総合的に選定します．必要なばね定数を決めた後に検討するのがプリセット量であり，静的な車体姿勢が狙いのフロントアライメントやホイールベースとなるよう設定します．プリセット量は，車体質量に対するクッションユニットの釣り合い位置を変化させ，車体姿勢を決定づけるからです．では，どのように設定すればよいのでしょうか．

図 5-30 にあるように，「全伸び」，「空車」，「１名乗車」の三つの状態でサスペンションストロークを確認します．このうち全伸びから１名乗車までのサスペンションストロークを「サグ」値と呼び，サグ値がホイールトラベルの 1/3 程度になるようプリセット量を設定するのが標準的です．縮み側のストロークが路面の突起を乗り越えたときの衝撃を吸収するために必要であるのに対し，乗り越えた後にタイヤを速やかに追従させたり，加減速時のピッチ運動に対してタイヤの接地を維持させたりするために，伸び側のストローク量を確保することが重要となるからです．これらの設定を行ったうえで，実際の走行における姿勢を確認し，ばね特性の合わせ込みを行うのです．

一方で，標準設定から離れた体重のライダが乗った場合や荷物を搭載した場合，設計時に想定した車体姿勢からわずかにズレが生じ，運動性能の違いとして感じられることがあります．このような場合は，ばねのプリセット量をユーザー自身が調整することで，姿勢を補正することができます．その手順は，開発における手順を参考に設定すると良いでしょう．

静的

「サグ」値の把握

※管理長さ

「全伸び」 a1 b1
・前後の車輪が宙に浮いている
サスは伸びている

「空車」 a1-a2 b1-b2
・前後の車輪が地面についている
車体の質量分サスは縮んでいる

「1名乗車」 a1-a3 b1-b3
・前後の車輪が地面についている
・ライダー乗車
空車より更にサスは縮んでいる

動的

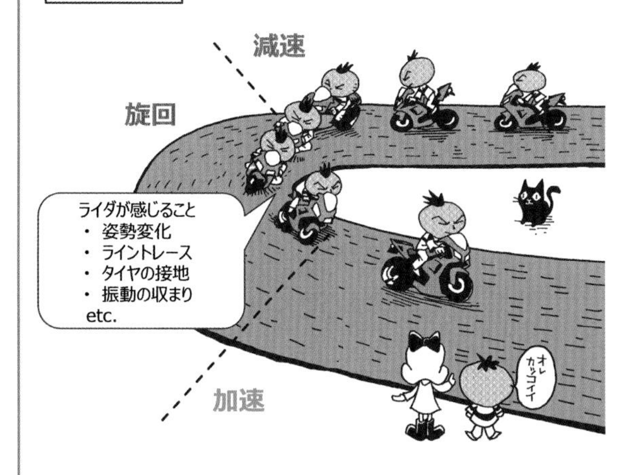

実走行では時々刻々と車体姿勢が変化する．
サスペンションの設定をしていくには・・・

徐々に速度を増したり，加減速を強めたときの姿勢変化，
直進から旋回に移る時の操舵フィーリング，
様々な路面における振動の収まり具合や追従性など，
いろいろな乗り方で試し，挙動変化を確認して決めていくのです．

図 5-30　車体姿勢の設定

車体姿勢への影響をデータで見てみよう

ライダの体重差が車体姿勢へ及ぼす影響について，実際に車両を使って検証してみましょう．125cc のスポーツバイクを用い，体重 75 kg の一般ライダとそのライダより体重が軽い声優・夜道雪さんが，静止した車両に乗車したときのクッションストロークを計測し，その結果を比較するという検証を行いました（図 5-31）．

体重が軽いライダが乗車した場合，全伸びの位置からのストローク量はフロントフォークが 21.8 mm，リアクッションが 8.7 mm でした．一方，重いライダーが乗車した場合は，フロントは 29.3 mm，リアは 12.6 mm でした．数値を見る限り，体重が重いライダが乗車した方が，クッションが大きく沈み込んでいることは明白です．

では，前後クッションストローク計測結果を，フロントはキャスタ角で，リアはレバー比でアクスルストロークに換算して整理します（図 5-32）．結果，軽いライダが乗車した場合，フロントアクスルで 6.8 mm，リアアクスルで 10.9 mm，ストロークが少なくなっています．すなわち，前後の関係から，車高は 6.8 mm 高く，車体姿勢は前下がりの姿勢（0.2 度）であることが分かります．

これらの結果から，軽いライダが乗車した場合，停車時に足が地面につきにくくなったり，また，運動性能にも変化が生じることが考えられます．したがって，プリセットを調整し，車体姿勢を合わせることが重要となるのです．

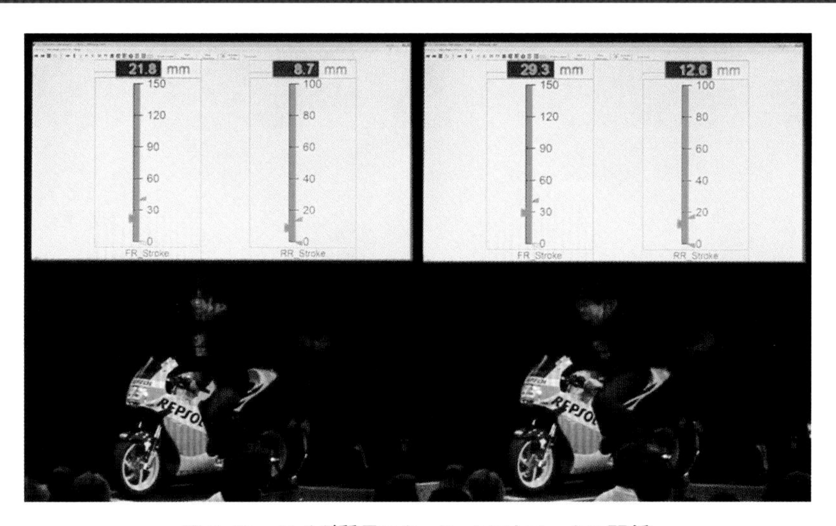

図 5-31　ライダ質量とクッションストロークの関係

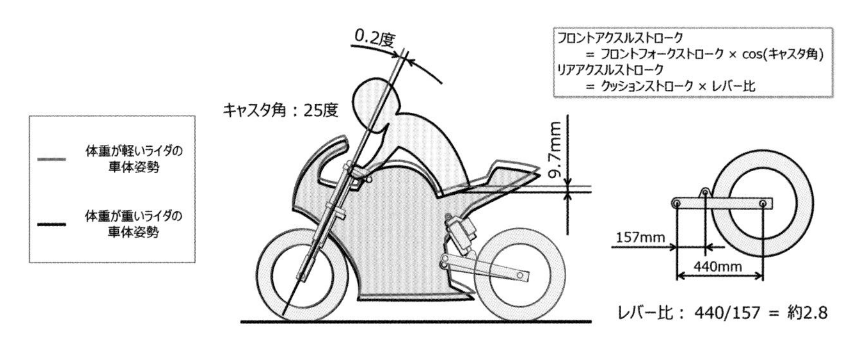

図 5-32　ライダ質量が車体姿勢に及ぼす影響

サスペンションのセッティング

二輪車の開発におけるサスペンションセッティングプロセスの一例を，図 5-33 に示します．

現状のセッティングでのテストライダによる走行後のコメントが，「リアの姿勢が低く，曲がりにくい」というものだったとします．このようなコメントだけでは，次にどう対処すべきかを判断することは困難です．そこで，「いつ・どこで・なにが・どうなって・そう感じたのか？」といった聞き取りを行い，車体挙動の状況把握を行います．例えば，リアの低さは常に感じるのか，それとも特定の場所なのか．仮に，特定のコーナーで感じるのだとしたら，ブレーキング時なのか，それともコーナー脱出時なのか．細かく状況を聞いたうえでリアが低く感じる理由を推測します．聞き取りをした結果から要因分析を行い，「どうしてそういう挙動になっているのか」を考えていきます．そのうえで，対策案を検討していくのです．例えば，コーナー脱出の加速時にリアが低く感じる場合，リアサスペンションのストローク量が大きすぎることが要因として考えられます．この場合の対策はリアダンパの縮み側減衰力を高くする，すなわち縮む動作の抵抗を上げることでストローク量を減らすことが有効となります．

「リアの姿勢が低い」という一見，簡単なニーズに対しても，サスペンションで対策できる要素はいくつも考えられます．図 5-33 の例では，“姿勢の改善”という課題に対し，車体挙動が釣り合った状況である「定常状態」と，ライダの操作に対して車体が応答している状況である「過渡状態」という 2 つに分類して状況把握を行っています．また，上段は「ばね」による対策，下段は「ダンパ」による対策項目に整理しています．ばねは縮められた量によってばね反力を，ダンパはストロークする速さによって減衰力を生じます．改善したい項目が何に起因するのかによって対策する対象の要素を適切に選択する必要があるのです．

このように，しっかりと状況把握してサスペンションの構成部品（サスペンション特性）と車体挙動の相関を要因分析することで，狙い通りの車体挙動とすることが可能になるのです．

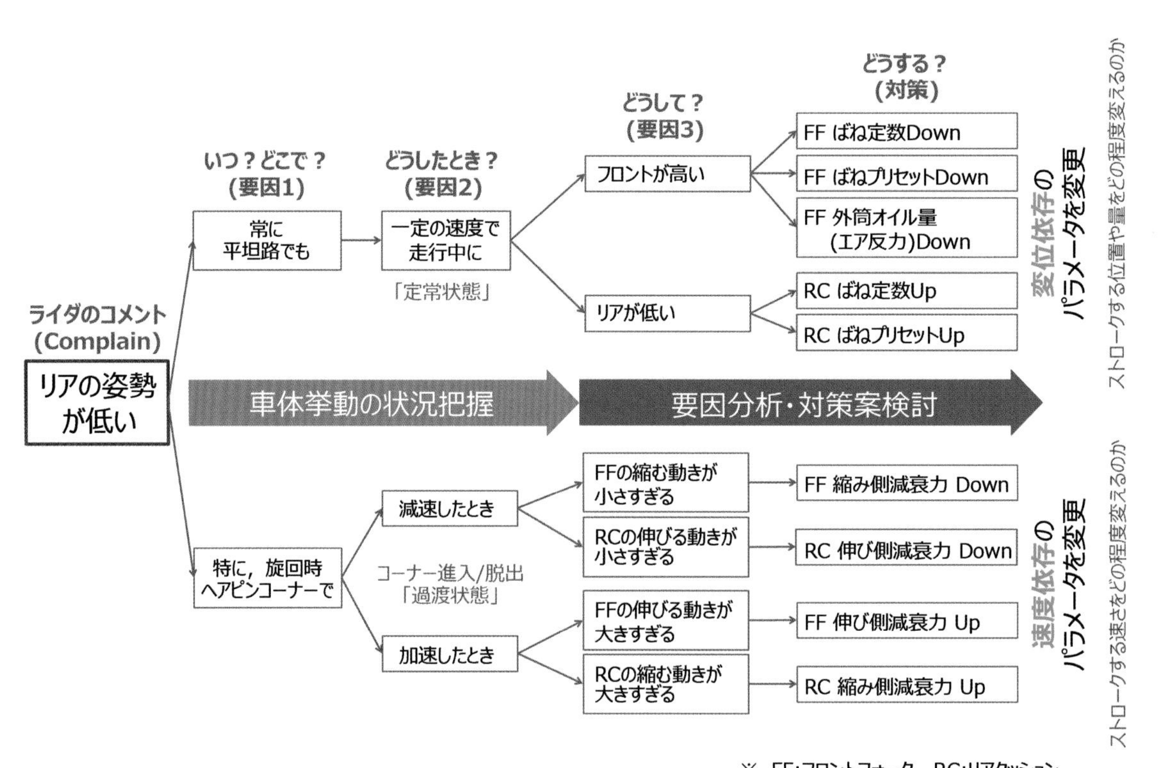

図 5-33 サスペンションのセッティングフロー

減衰力調整機構

サスペンションの調整機構(アジャスターとも呼ばれる)といえば，プリロード調整機構や減衰力調整機構が挙げられます．このうち減衰力調整機構は，主にスポーツタイプ車に装備され，内部仕様に依存する減衰力の基本特性は変えられませんが，車体挙動をユーザーが好む方向へある程度調整することができます．では，その構造を解説してきましょう．

減衰力調整機構の構造としくみについて，その一例を図 5-34 に示します．減衰力発生部分として，ピストンとバルブからなるメインのオイル通路とは別にオリフィスを設けており，ニードルロッドという部品でオリフィスの面積を変えられるようにしています．

車両開発においては，コラム『減衰特性を決定づけるダンパの設計要素』にて説明した通り，目標とする挙動が得られるようメインのオイル通路にて減衰力を決定し，様々なシチュエーションで安全に走れるように減衰力調整機構の標準位置を設定しています．

ユーザーの好みに調整できるのが減衰力調整機構の利点です．しかし， 多くの調整機構はねじ式であるため，車速やシチュエーションによって最適な調整位置が異なる場合，その都度一旦停車してからねじを回して調整しなければなりません．

そこで登場したのが，調整用のニードルロッド位置をモータで電気的に制御するシステムです．ニードルロッドの可動位置を制御プログラムに設定し，ハンドル付近にあるボタンを用いて切り替えさせることができるようにしたもので，走行中でも減衰力を調整することが可能となりました．

また，モータを使ったシステムは，ライダ自身による減衰力調整を容易にするだけではなく，自動的に減衰力を変更する電子制御式サスペンションにも応用されています．電子制御式サスペンションは，車体の加速度センサや角速度センサから走行中の姿勢や挙動を判断し，状況に見合った減衰力に変更していきます．リアルタイムに減衰力を変えられるため，幅広いシチュエーションでライダがより良いと感じる車体挙動を実現させることができるのです．

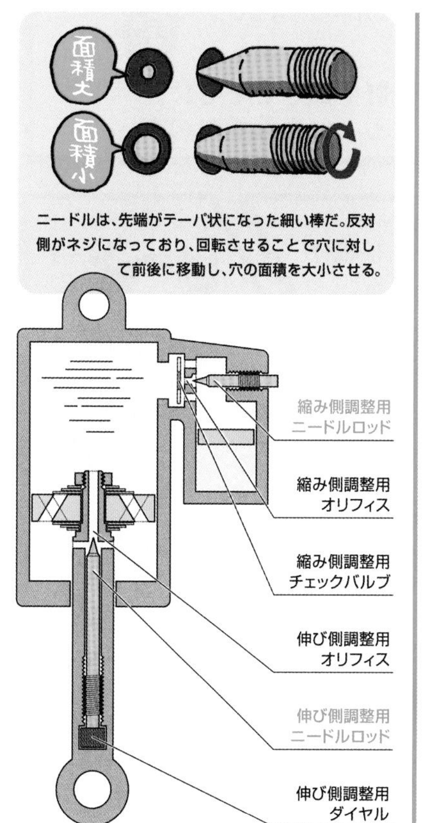

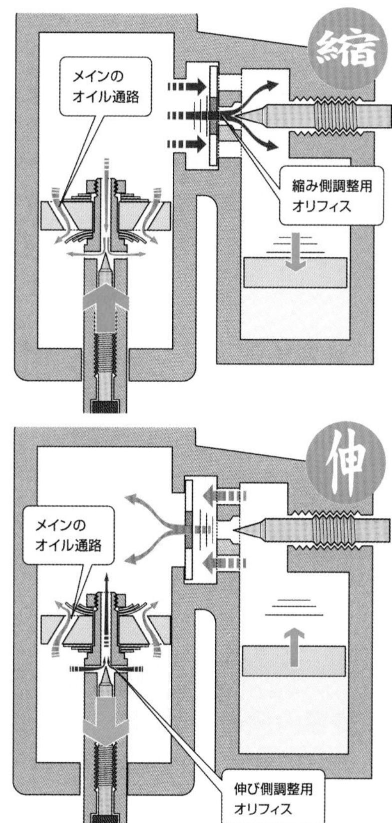

縮み側調整用のオイル通路は2種類あります（左図･上）。中央の穴が【縮み側減衰調整用オリフィス（穴）】で、ニードルによって面積が変えられます。外側の【バイパス通路】は、比較的スムーズにオイルを通す大きめの穴で、これに【チェックバルブ】が組み合わされます。チェックバルブは、図の左右方向に動くことができ、バイパス通路を開閉します（ないものもあります）。

ユニットが縮む時、リザーバタンクへ移動するオイルに押されチェックバルブはバイパス通路を塞ぎ、オイル通路は中央の穴（オリフィス）のみとなります。この穴の面積を【ニードル】によって調整することで、縮み側の減衰力が変化します。伸びる時は、リザーバタンクからシリンダへ戻るオイルに押され、チェックバルブは図の左側へ移動、バイパス通路が開きます。オリフィスにもオイルは通るが、多くのオイルは面積が広いバイパス通路を通るので、減衰力はほとんど発生しません。当然、ニードルによる調整も、伸び側にはほとんど働きません。

伸び側の減衰調整は、ピストンロッドに設けた【伸び側調整用オリフィス（穴）】の面積をニードルロッドで調整する構造が主流です（左図･下）。ニードルロッドは、ピストンロッド内部に同軸状に収まっており、ロッド下部まで伸びてダイヤルや調整ボルトに繋がっている構造です。

図 5-34　減衰力調整機構の一例

ライディングフォームと操作のひみつ

二輪車は，ライダが体を使って操縦することができる乗り物であり，
ライディングフォームを考えることは，上達する一つの方法といえる．

例えば，旋回イン側に体を落とし込む
フォームについて考えてみよう．
身体の重心が車体右側に移り，
より曲がるように感じるだろう．

ライダの重心位置によっては，車体は曲がり続けようとする特性になる．

旋回中に身体を動かすと
旋回の釣り合い状態が
崩れてしまう．

旋回中に操舵してしまうと，
曲がり続けようとする特性
が変化する．

腹筋・背筋で上体を支え，
ハンドルに力が加わらない
ようにする．

ライディングフォームを考える場合，体の位置や動きとともに，
体重移動した際にハンドルへ加わる力を意識することも重要なのだ．

一方，ハンドルに力を加えると
挙動を変化させられるといえる．

旋回中，車体が
起きてくる場合，

旋回内側の
ハンドルを
押すと

バンクし続け
ようする．

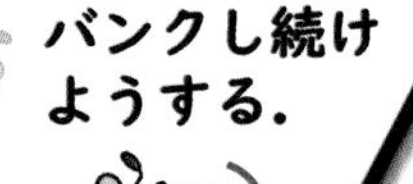

ハンドルを操作すると，
前輪タイヤが力を出す
状態を直接的に変化
させることになる．
バンク角が深い時や
滑り易い路面では
操作には細心の
注意が必要
なのだ．

旋回中，
車体のバンクが
深くなる場合，

旋回内側の
ハンドルを
引くと

舵が切れ
起きよう
とする．

急に大きな
力は加えないこと．

第6章

ブレーキ工学

6.1 ブレーキ時の運動

二輪車が「止まる」運動の基本

ブレーキって止まるときにかけるよね?

二輪車のブレーキング

二輪車を運転している際に，ブレーキ操作が必要となる状況が描かれています．一つ目は，交差点に差しかかり，交通標識や信号機に従って停止する場面です．二つ目は，進路前方に小動物などが飛び出してきたり，落下物などの障害物があったりした場合に，ブレーキをかけて回避する場面で，いわゆる急制動といわれる操作です．これらは，「止まる」という運動にブレーキを使用する状況です．

もう一つ忘れてはならないのは，自車が走行中にカーブに差し掛かった場合や前方の車両との車間距離を保つために，自車の速度を下げる場面です．減速といわれる状態ですが，特に，二輪車では，ブレーキを使い減速した場合にピッチングが大きく発生します．このピッチングを利用して，二輪車が曲がる運動を変化させることができるため，ブレーキングは重要なライディングテクニックの一つとして扱われています．

本節では，「止まる」，「減速する」といったブレーキを使って制動したときの運動について，基本的な計算や考え方を解説していきます．

ブレーキによる運動って計算できるの?

停止時間と制動距離

車輪がある速度 V で進んでいる状態から，一定の割合で減速し，停止する場合を考えてみましょう．停止までにかかった時間を T とすると，減速度は速度の時間変化ですから，この関係から停止時間は式(1)で求められます．次に，停止までに走行する距離である制動距離 L を考えてみます．速度と時間の関係をグラフに示すと，図 6-1 の様に示されます．一定の速度で走る車両がある時間で走行する距離は，速度と時間の積で求められます．すなわち，グラフ中の面積が距離を表します．ですから，グラフ中の三角形の面積から距離を求めることができ，式(2)が成り立ちます．つまり，制動距離は速度と停止時間，あるいは減速度から求められるのです．例えば，車速 100 km/h で走行中の車両が 100 m で停止した場合には 7.2 秒かかり，このときの減速度は 3.86 m/s^2 であると計算されます．なお，一般的に加減速の大きさは，重力加速度(9.81 m/s^2)で除した数値を用い，計算例で示した 3.86 m/s^2 は 0.4 G と表現されます．

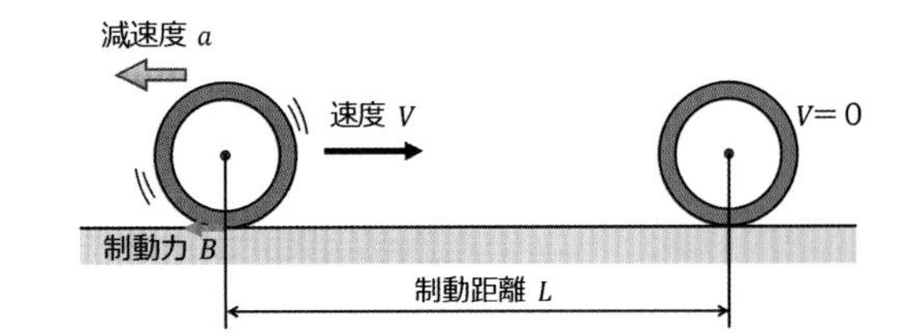

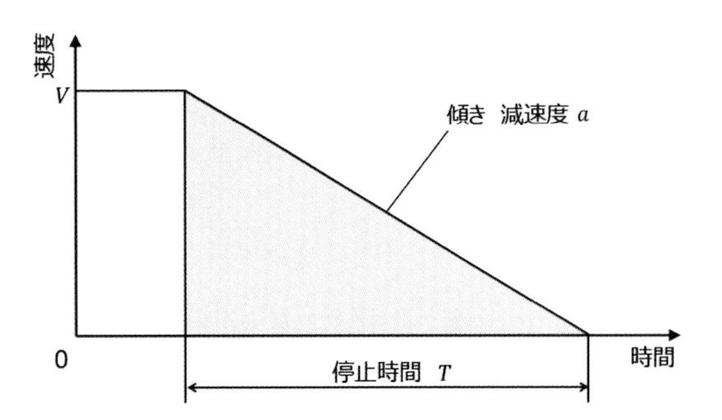

減速度 $a = \dfrac{V}{T}$ より，停止時間は $T = \dfrac{V}{a}$ (1)

制動距離 $L = \dfrac{1}{2}VT = \dfrac{1}{2a}V^2$ (2)

図 6-1 停止距離の計算

制動力と摩擦係数

一定速度 V で進んでいる質量 m の車輪に制動力 B が与えられると減速度 a で速度が低下します．このとき，制動力と減速度の間には運動の法則が成り立ち，式(3)で表すことができます．一方，車輪は重力で路面に押し付けられ，垂直抗力 N が発生しています(式(4))．路面とタイヤの間の状態が均一だとすると摩擦係数 μ は一定値となり，発生しうる最大の制動力は摩擦係数と垂直抗力の積である式(5)となります．μ は一般的なアスファルト路面とタイヤでは 0.8 程度と言われ，ここで発生できる最大減速度は 0.8G になることが分かります．

以上のことから，垂直抗力，すなわちタイヤの接地荷重を増すことで制動力を高めることができるといえ，車輪の質量に関係なく摩擦係数が同じであれば同様の減速度を発生させることができるのです．

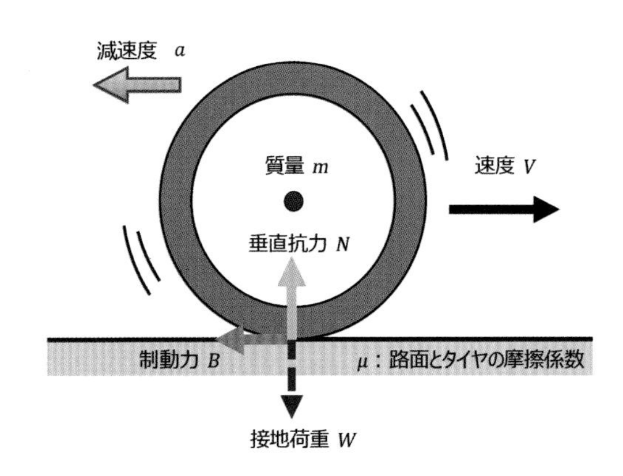

制動力と減速度の関係 $B = ma$ (3)

垂直抗力と接地荷重の関係 $N = mg = W$ (4)

摩擦力が最大となる状態では $B = \mu N$ (5)

であり， $\mu = \dfrac{B}{N} = \dfrac{ma}{mg} = \dfrac{a}{g}$ の関係となる

図 6-2 制動力と摩擦の関係

二輪車における制動

ここまでは，制動時の運動について一輪の車輪を用いて説明してきました．では，二輪車にした場合，どのように考えればよいのでしょうか．

二輪車は車輪が前後に二つあり，それぞれに制動装置が設けられていますから，前後輪に制動力が発生します．そのため，車両の制動力は前輪の制動力と後輪の制動力を足し合わせた式(6)で示されます．

一つの車輪で説明した通り，制動力は車体質量と減速度の積と釣り合いますから，減速度は前後の制動力の合力を車体質量で割った式(7)で計算されます．例えば，前輪の制動力が 680 N，後輪の制動力が 300 N とし，車体質量が 200 kg だとすると，減速度は(680 + 300)/200 = 4.9 m/s^2，0.5 G と計算されます．

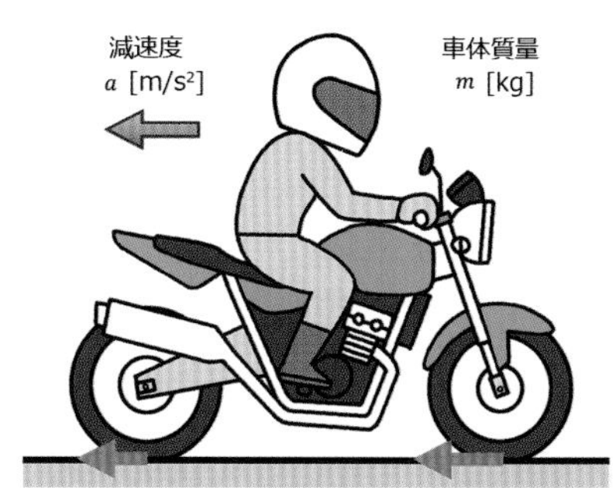

$$B = ma \text{ より } (B_f + B_r) = ma \quad (6)$$

$$\text{減速度} \quad a = \frac{(B_f + B_r)}{m} \quad (7)$$

図 6-3　制動力と減速度

ブレーキングの強さを計算してみよう

車速と制動距離，減速度について，具体的な例を挙げて計算し，比較してみましょう．

二輪車の運転免許を取得する際の検定課題である急制動．大型二輪の合格基準は，乾燥路面では車速 40 km/h から 11 m の距離で停止することです．減速度は速度と制動距離で求められ，

減速度 = (40/3.6)^2/(2 × 11) = 5.6 m/s^2(0.57G)

であることが計算できます．

一方，サーキットで行われるロードレースにおけるブレーキング時の減速度について計算してみます．コース形状によりますが，直線路では車速が 300 km/h に達したのちに，コーナーに進入する手前 250 m の地点からブレーキを使用し，100 km/h まで減速するような場面がよく見かけられます．このとき，減速に要した時間が 4.5 秒とすると速度の差分は 200 km/h ですから，以下の値になります．

減速度 = (200/3.6)/4.5 = 12.3 m/s^2(1.26 G)

この比較から，検定課題である急制動の減速度に対し，レースにおけるブレーキング時の減速度は，2 倍の大きさであることが分かります．皆さん，レースにおけるブレーキングがどのくらいの強さであるのか，この数値から想像してみてください．

図 6-4　免許取得時の検定項目である急制動

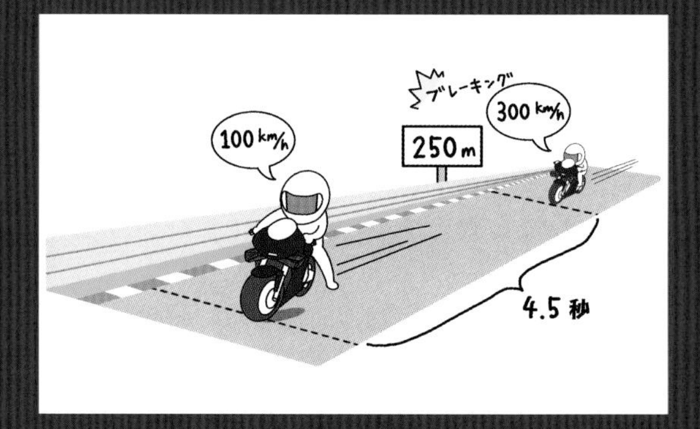

図 6-5　レーシング走行におけるブレーキング

荷重の移動

二輪車が静止して釣り合った状態では，前後輪の接地点にかかる荷重 W_f，Wr は，重心位置と前後輪の位置関係から式(8)(9)で決まります．

次に，この二輪車が減速度 a で速度を低下させた場合を考えます．車体は前方に走り続けようとするため，制動力と釣り合う慣性力 F が前向きに働きます．このとき，ライダはこの力によって前にのめるように感じられます．慣性力は車体の重心点に働きますから，後輪接地点回りでみると車体を回転させるモーメントが生じます．一方，上下荷重の後輪接地点回りのモーメントは，自重 mg と前輪接地点における抗力 N_f によって生じます．これらの釣り合いから，制動により車両が回転しようとした場合の接地荷重は，静的な接地荷重 W_f，Wr に対し ΔW 分だけ変化することになります．この変化は，荷重が後輪から前輪へ移ることから，一般的に荷重移動と言われます．

これらのモーメントの釣り合い関係から，変化する荷重の大きさは，式(10)で計算することができます．この数式から，荷重の変化は，車体質量，ホイールベースおよび重心高さによって決まり，同じ質量の車両であれば，ホイールベースが長いほど変化する荷重が小さく，重心高さが高いほど変化する荷重は大きくなります．そのため，四輪車に比べホイールベースが短く重心が高い二輪車は，接地荷重の変化が大きくなるのです．

では，実際にどの程度の荷重変化が発生するのかを，計算してみましょう．カテゴリーの異なる車両の諸元を用いて計算してみます．表 6-1 は，小型スクーター車と大型スポーツ車に，70 kg のライダが 1 名乗車した状態の諸元です．これらの値を式(10)に代入し，減速度を 0 G から 1 G まで変化させて計算します．図 6-7 は，横軸を減速度，縦軸を前後輪の接地荷重としたグラフです．減速度の上昇とともに前輪荷重は増加，後輪荷重が減少していきますが，その変化度合いである傾きは，車両によって異なることが分かります．減速度を 0 G から 0.5 G に変化させた際の接地荷重変化量(図 6-7 中，ΔW_{sc}，ΔW_{sp})は，スクーターでは 435 N ですがスポーツ車では 608 N と 1.4 倍ほど違います．得られる制動力の限界は摩擦係数と接地荷重の積で決まるため，荷重変化量が大きいスポーツ車の方が，減速時により高い前輪の制動力が得られます．

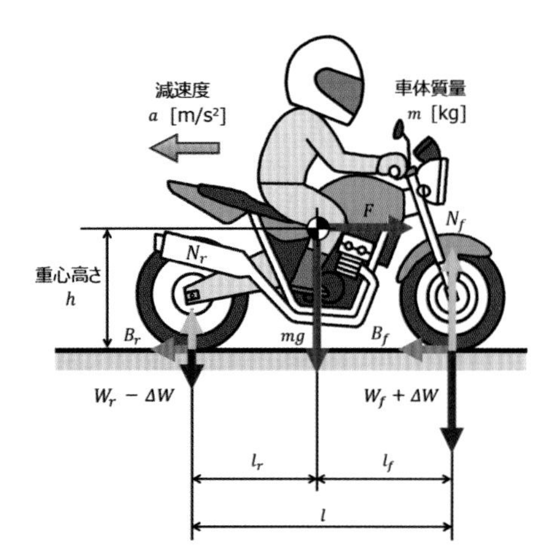

静的な状態では

前輪接地荷重　$$W_f = mg * \frac{l_r}{l} \qquad (8)$$

後輪接地荷重　$$W_r = mg * \frac{l_f}{l} \qquad (9)$$

慣性力による後輪接地点回りのモーメント

$= mah$

上下荷重による後輪接地点回りのモーメント

$= mgl_r - (W_f + \Delta W)l = \Delta Wl$

モーメントの釣り合いを考えると

$$\Delta Wl = mah \quad \text{よって}\ \Delta W = ma\frac{h}{l} \qquad (10)$$

図 6-6　制動時の力の釣り合い

表 6-1　車両諸元（一名乗車）

	スクーター車	スポーツ車
質量　[kg]	170	280
ホイールベース　[m]	1.27	1.45
重心高さ　[m]	0.662	0.642
前輪接地荷重　[N]	678.8	1318.5
後輪接地荷重　[N]	988.9	1428.3

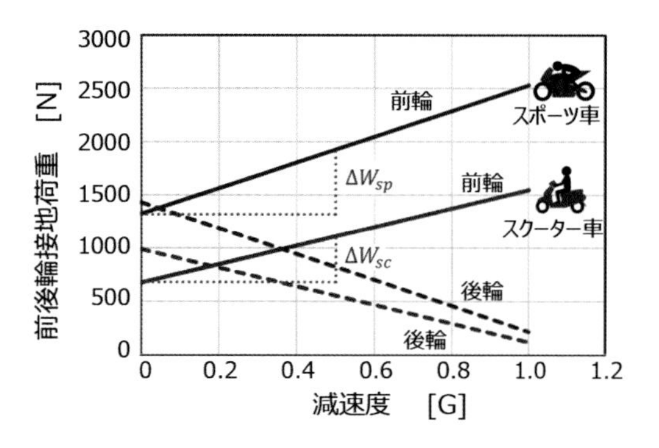

図 6-7　制動による荷重移動

制動力の前後配分

二輪車のブレーキは，右手で操作する前輪ブレーキと，右足あるいは左手で操作する後輪ブレーキの 2 系統に分かれています．二輪車における急制動の操作について，教習所やライディングスクール等で，前輪ブレーキを強めにかけ，後輪ブレーキを補助的に使うよう教わったと思います．特に，前後の制動力を 10 割としたときに，前輪ブレーキは 7 割，後輪ブレーキは 3 割でかけると良いと教わった方もいらっしゃるかと思います．この前後輪ブレーキの配分は，何を根拠に良いとされているのでしょうか．この根拠について解説していきます．

摩擦係数と制動力の関係は式(5)の通りであり，前後輪の接地荷重変化を考慮すると式(11)，(12)で表すことができます．接地荷重および荷重変化の項を整理すると，式(13)，(14)となります．この式は，二輪車で前後輪のブレーキを最大限使用して，最大の制動力が発生する状態を表しています．

荷重移動の計算同様，小型スクーター車と大型スポーツ車の諸元を式(13)，(14)へ代入して，$\mu = 0.1$ から 1.0 までの前後制動力を計算し，グラフ化したものを図 6-9 に示します．これを理想配分曲線といい，あらゆる路面状況に対して最も高い制動力が得られる効率の良いブレーキ配分を表しています．

では，理想配分で制動した場合に，急制動に相当する減速度が得られる $\mu = 0.5$ のときの数値を見てみましょう．スポーツ車では，前輪制動力 963 N，後輪制動力 410 N であり，比率を見てみると前輪 0.70，後輪 0.30 となっています．スクーター車では，前輪制動力 557 N，後輪制動力 277 N であり，比率は前輪 0.67，後輪 0.33 となります．どちらも，およそ前輪 7 割，後輪 3 割であり，この制動配分が効率良いといえるのです．ですから，冒頭に記述した教えは，物理的に正しいといえます．

以上のように，最も高い制動力を得て最大限の減速を行うには，前後輪の荷重変化に応じたブレーキ操作を行う必要があります．そのため，ブレーキシステムのコントロールのしやすさが重要となるのです．

図 6-8　制動力の配分

制動力　$B = \mu N$　より

$$B_f = \mu(W_f + \Delta W) \tag{11}$$

$$B_r = \mu(W_r - \Delta W) \tag{12}$$

式(8)(9)(10)で整理すると，次式となる

$$B_f = \mu(mg\frac{l_r}{l} + \mu mg\frac{h}{l}) \tag{13}$$

$$B_r = \mu(mg\frac{l_f}{l} - \mu mg\frac{h}{l}) \tag{14}$$

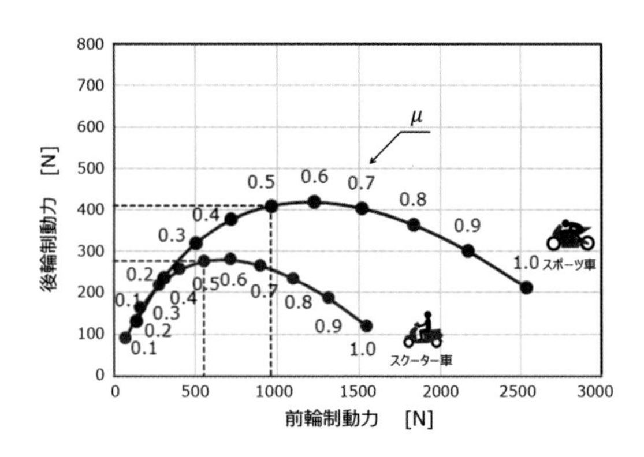

図 6-9　理想制動力配分

ブレーキ操作を楽にする～前後連動ブレーキシステム

前後輪の制動力には理想配分があり，荷重変化により前輪のブレーキを後輪のブレーキよりも強くかける必要があることを説明しました．二輪車では，制動力の配分はライダの操作に任されています．しかし，初心者や運転が不慣れなライダは前輪ブレーキを強くかけられず，後輪のブレーキだけを使う人も見られます．

そこで，片側のみのブレーキ操作で両輪のブレーキが作動するようにしたものが前後連動ブレーキシステム（Combined Brake System：CBS）です．特に，後輪ブレーキの操作により前輪ブレーキの制動力が発生するようにしたシステムが，小型モーターサイクルやスクーターなどに広く普及しています．

また，ライダの技量によらず，より理想的な配分となるような制動力の発生を実現するため，車両の状態をブレーキの制御にフィードバックする電子制御式の前後連動ブレーキシステムも開発されています．

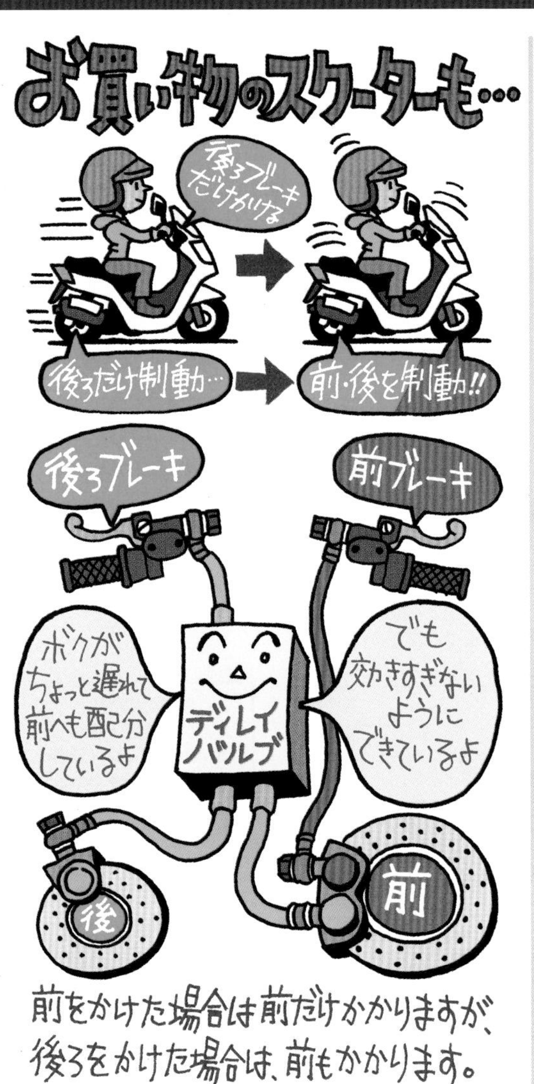

図 6-10　CBS の構造イメージ

前後輪のロック限界

制動力の理想配分曲線は，前後の車輪が同時にロックする場合を示しています．しかし，実際には前後輪のどちらか一方だけがロックする場合が多く，操作系が分かれている二輪車のブレーキにおいては，意図的にどちらかの車輪をロックさせることが可能なのです．

ここで，後輪の制動力がゼロで，前輪だけがロックする状態を考えてみましょう．前輪制動力は式(11)に示されている通りで，そのときの前輪の接地荷重変化は，式(8)および式(10)から式(15)で求められます．この二つの関係から，式(16)が得られます．この式は，二輪車で前輪のみのブレーキを最大限使用して，最大の制動力が発生する状態を表しており，μ = 0.8 のときグラフ上では点 A となります．

同様に，前輪の制動力がゼロで，後輪だけがロックする状態を考えてみます．後輪制動力は式(12)で示され，そのときの後輪の接地荷重変化は，式(9)および式(10)から式(17)で求められますから，式(18)が得られます．この式は，後輪のみのブレーキを最大限使用して，最大の制動力が発生する状態を表すことになり，μ = 0.8 のときグラフ上では点 B となります．

これらの式から求められた二つの点と，理想配分曲線上の前後輪が同時にロックする点 C をそれぞれ結んだ線を，ロック限界線といいます．前輪および後輪ブレーキを併用して制動したときに，このロック限界線を超えると前輪あるいは後輪のロックが発生することになります．このグラフから，高 μ 路面にて前輪ブレーキのみで制動すると，ロック限界に達する制動力が減少してしまうことが分かります．そのため，前後輪の制動配分を適切にコントロールする必要があるのです．

後輪制動力はゼロで前輪だけロックした場合

前輪制動力は

$$B_f = \mu(W_f + \Delta W)$$

であり，前輪の分担質量変化は，

$$\Delta W = B_f \frac{h}{l} \qquad (15)$$

となる．これらの式から，次式が得られる．

$$B_f = \frac{\mu l W_f}{l - \mu h} \qquad (16)$$

前輪制動力はゼロで後輪だけロックした場合

後輪制動力は

$$B_r = \mu(W_r - \Delta W)$$

であり，後輪の分担質量変化は，

$$\Delta W = B_r \frac{h}{l} \qquad (17)$$

となる．これらの式から，次式が得られる．

$$B_r = \frac{\mu l W_r}{l + \mu h} \qquad (18)$$

制動による減速度は式(6)より求められる．

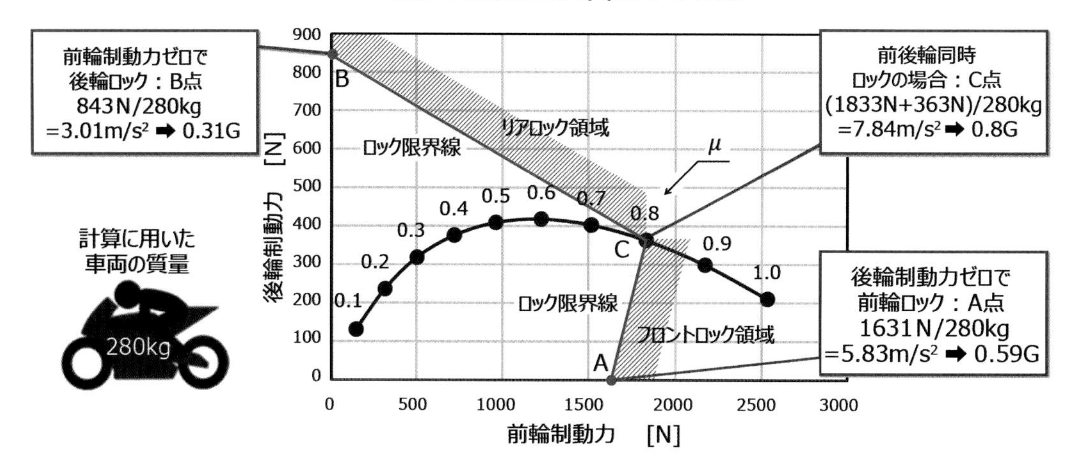

図 6-11　ロック限界線

制動時のスリップ

ここまでは，二輪車の制動力やその配分について考えてきましたが，制動力は路面とタイヤの間に作用する力です．この制動力とタイヤはどのような関係で相互に作用するのでしょうか．

制動力が発生する場合，ブレーキが作動することによって車輪速度と車体速度（車輪からみると，路面の速度と等しい）に速度差が生じます．この速度差と車体速度との比をスリップ比と呼びます．

図 6-12 は，横軸をスリップ比とし，縦軸にタイヤに発生する制動力（舗装路面と市販タイヤとの組合せ）を示したものです．制動力は，タイヤがたわむことによって路面に伝達されます．

スリップ比がゼロ，つまり車輪速度と車体速度が同一の場合，前後方向のタイヤのたわみは生じず制動力は発生しません（図 6-12A）．スリップ比の増加に伴ってタイヤがたわみ，制動力が発生することになります（図 6-12B）．

しかし，スリップ比が 10～20%で最大値を取り，それを超えるスリップ比ではタイヤのたわみが過大となりすべってしまうため，制動力は減少してしまいます（図 6-12C）．急激なブレーキ操作によってホイールロックが発生した場合は，車輪速度はゼロになりますからスリップ比が 100%となり，この状態では制動力は最大値よりも小さな力しか発生できません．

以上のようなメカニズムから，最大の制動力を発生させたい場合には，単に強くブレーキを操作するのではなく，タイヤやタイヤと路面の間の状態を感じながら，スリップ比を適切にコントロールするようなブレーキ操作が必要となるのです．

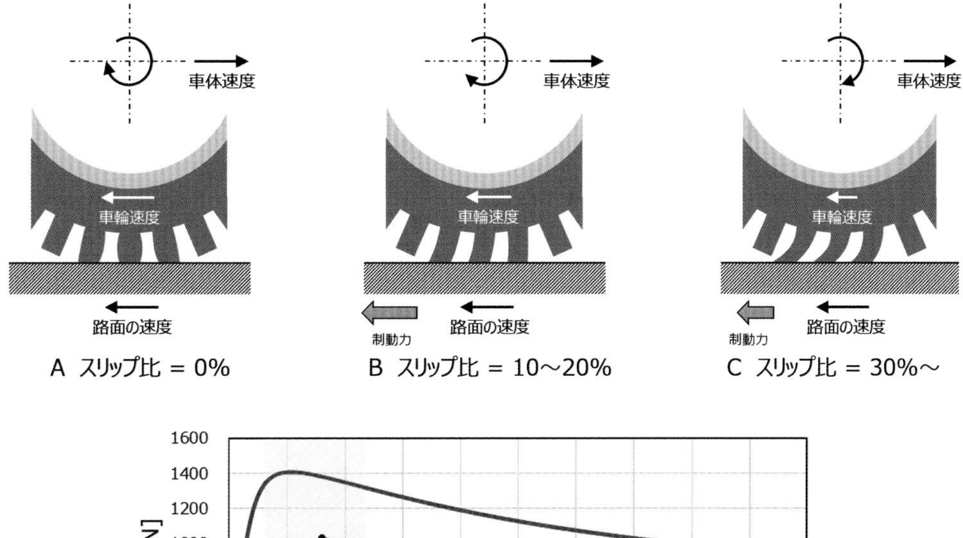

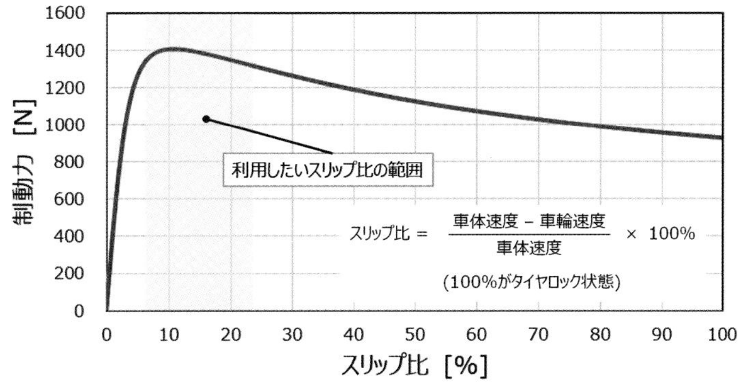

図 6-12　スリップ比と制動力

**少し難しい数式かもしれないが，
ブレーキ時の運動も，理論的に説明できるのだよ**

ブレーキ操作を楽にする～アンチロックブレーキシステム

ブレーキを強くかけすぎた場合に，通常のブレーキシステムを持つ二輪車では車輪がロックし，車体挙動をコントロールしにくくなります．また，車輪がロックしてスリップしてしまうと，制動距離も伸びてしまいます．これらの事象から，初心者ライダがブレーキを強くかけることに不安や抵抗を感じたりするでしょう．

この課題に対して，車輪がロックしないようブレーキを制御する装置が，アンチロックブレーキシステム（Anti-lock Brake System：ABS）です．下図は，前輪ブレーキのみ 1 系統の ABS の動作を解説したもので，

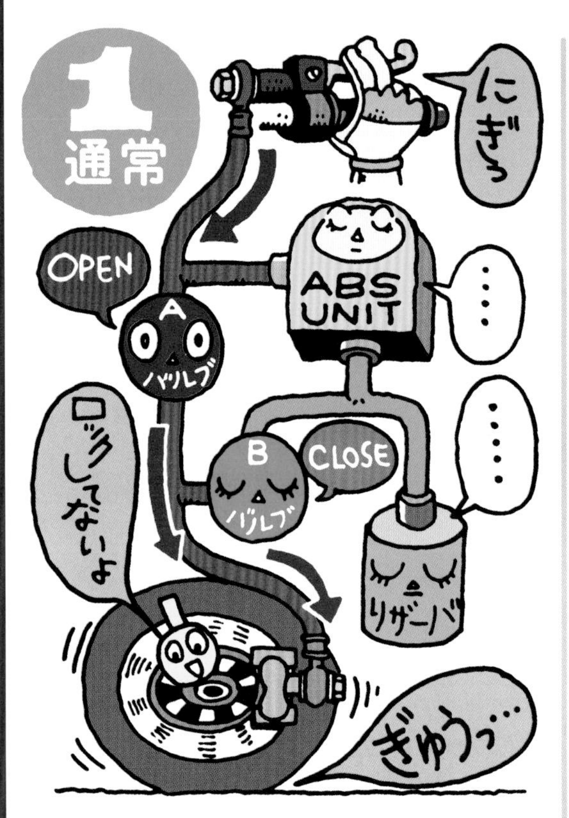

通常時は、マスタシリンダからの**入力液圧がそのままキャリパへ伝わる**ように設定されています。

ABSに設けられたバルブをA,Bとすると、バルブAは開きバルブBは閉じています。強くブレーキをかけると、車輪がロックしそうになります。

車輪のロックを検出すると、バルブAを閉じ入力液圧を遮断、バルブBを開き**キャリパ側を減圧**させます。

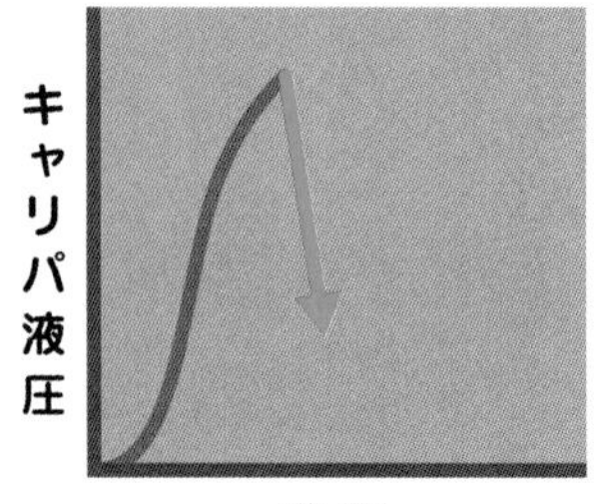

同時にポンプを作動させ、キャリパ側のブレーキ液をマスタシリンダに汲み上げます。これをライダが、レバーのキックバックとして感じます。

4つの作動状態に分けられます(ブレーキシステムの構造や部品名称は，5-2節の解説を参照のこと)．ABSシステムは，1秒間に200回の間隔で前後輪の回転速度を監視し，スリップの大きさに応じて②から④の動作を切り替え，ブレーキの液圧を制御しています．車輪がロックしないため直進時であれば車両が安定し，ライダは不安なく最適なブレーキをかけられるのです．

また，前後連動ブレーキと連携したシステムや，旋回中の挙動も安定化するように制御を行うシステムも開発され，市販車に装着されています．

車輪のロックの弱まりに応じて、バルブBを閉じて**キャリパ側の液圧を一定の状態に保持**します。

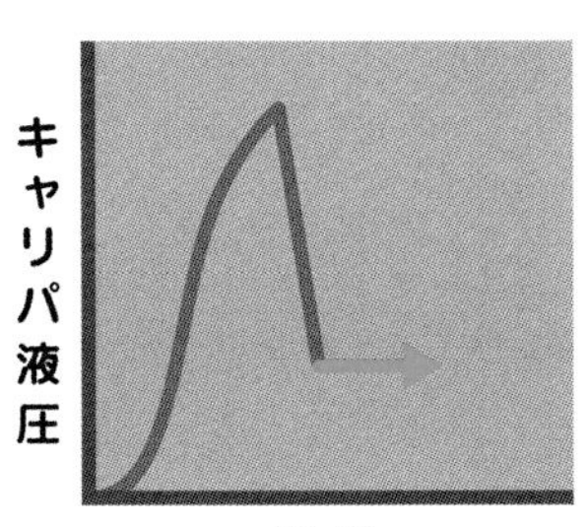

この状態で車輪がロックから回避するのを待ちます。その間、ポンプは作動を続け、リザーバ内にあるブレーキ液を汲み上げ続けます。

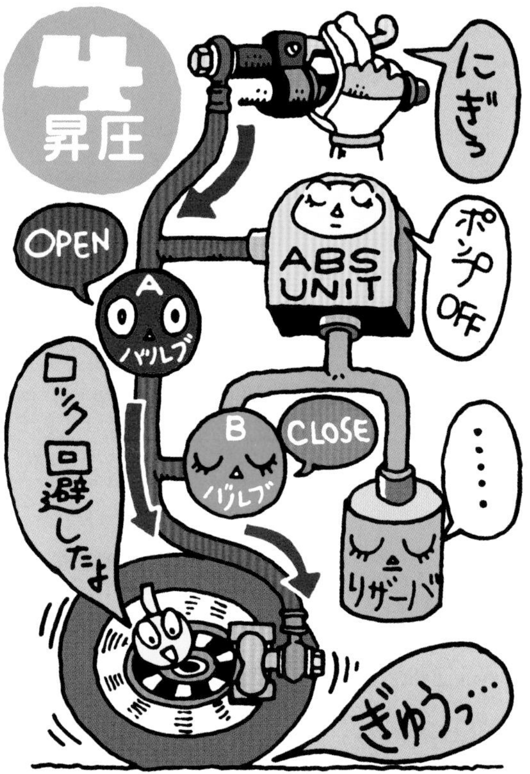

車輪のロック回避を検出すると、再び制動力を得るためバルブAを開き、**入力液圧を開放**します。

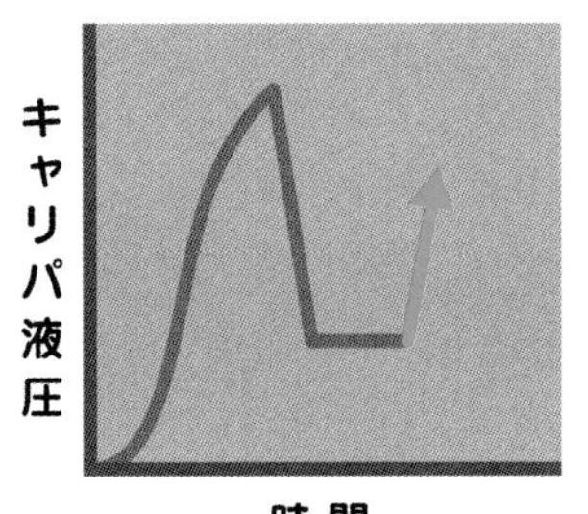

マスタシリンダからキャリパへの液圧が開放され、キャリパ側の液圧が上昇します。1秒間に200回、車輪の回転を確認し、2～4を切り替えます。

6.2 ブレーキの構造とメカニズム

二輪車を止める装置のしくみ

ブレーキってどういう仕組みなの?

ブレーキの起源と進化

1885 年にドイツのゴットリープ・ダイムラーが製作した，ガソリンエンジンを搭載した二輪車（ライトラート）には，当時の自転車同様のブレーキが装着されていました．それは，上図左に示すような，レバーでワイヤーを引っ張り，アームでシューを車輪に押し付け，制動力を得るという仕組みです．最高速度は 12 km/h といわれていますから，このブレーキ装置（制動装置，ブレーキともいう）で十分であったのかもしれません．

上図右は，現代のスポーツ車に装着されているブレーキです．ワイヤーは油が通るホースに換わり，液体の圧力（液圧）を用いて鉄の円盤をパッドで挟みこんで制動力を得るという仕組みに進化しています．近年の市販二輪車は排気量にもよりますが，最高速度が 100～200 km/h 程度ですから，速度に見合った制動力が必要であり，正常な進化といえるでしょう．しかし，回転する物体に別の物体を押し付けて，摩擦で制動力を得るという基本原理は変わっていません．

本節では，二輪車に採用されているブレーキの仕組みと構造について，解説していきます．

制動の仕事と運動エネルギー

消しゴムをこすりつけて紙に書いた文字を消してみると，ほんのりと温かくなっていることが感じ取れるでしょう．摩擦を伴う運動には一般的に熱が発生します．ブレーキも同様に熱が発生します．これを解説するために，車両の運動状態を運動量や運動エネルギーというもので考えてみましょう．

物体に力を加えて移動させることを，仕事をするといいます．物体に力を作用させ，力の方向にある変位だけ移動させた場合，力は物体に対して仕事をするといい，仕事は「力×変位」で示されます．また，物体が仕事をする能力をエネルギーといいます．図 6-13 に示すように，質量 m の車両が速度 V で走行している状態を考えます．この車両に一定の制動力 B を作用させて，速度が 0 となった時点で制動をやめることとします．走行抵抗を考えなければ，制動距離，制動力と加速度の関係は，6.1 節で示した式(1)および(2)で表され，この間にした仕事は「制動力×制動距離」という関係から式(3)で算出されます．質量 m，速度 V で走行する車両は，この式に示すエネルギーを持っていることになり，これを運動エネルギーといいます．

運動エネルギーは，J(ジュール)という単位で表され，1J は 1 N の力で 1 m の距離を移動させるときのエネルギーに相当します．例えば，車速 80 km/h で走行している質量 270 kg の二輪車が持つ運動エネルギーは，およそ 67 kJ になりますが，この数値だけをみても感覚的に分かりにくいでしょう．1 グラムの水の温度を 1 ℃上げるために必要なエネルギーは約 4.2 J です．ここで，200 ml の水に 67 kJ のエネルギーを与えたとすると，約 80 ℃上昇することになります．すなわち，湯呑一杯分の 0 ℃の水が，お茶を入れるのに適切な 80 ℃にできるくらいのエネルギーといえるのです．

このように，ブレーキは運動エネルギーを摩擦によって生じる熱エネルギーに変換しているのです．そのため，ブレーキは，発生する制動力が熱によって変化しないようにすることが求められます．

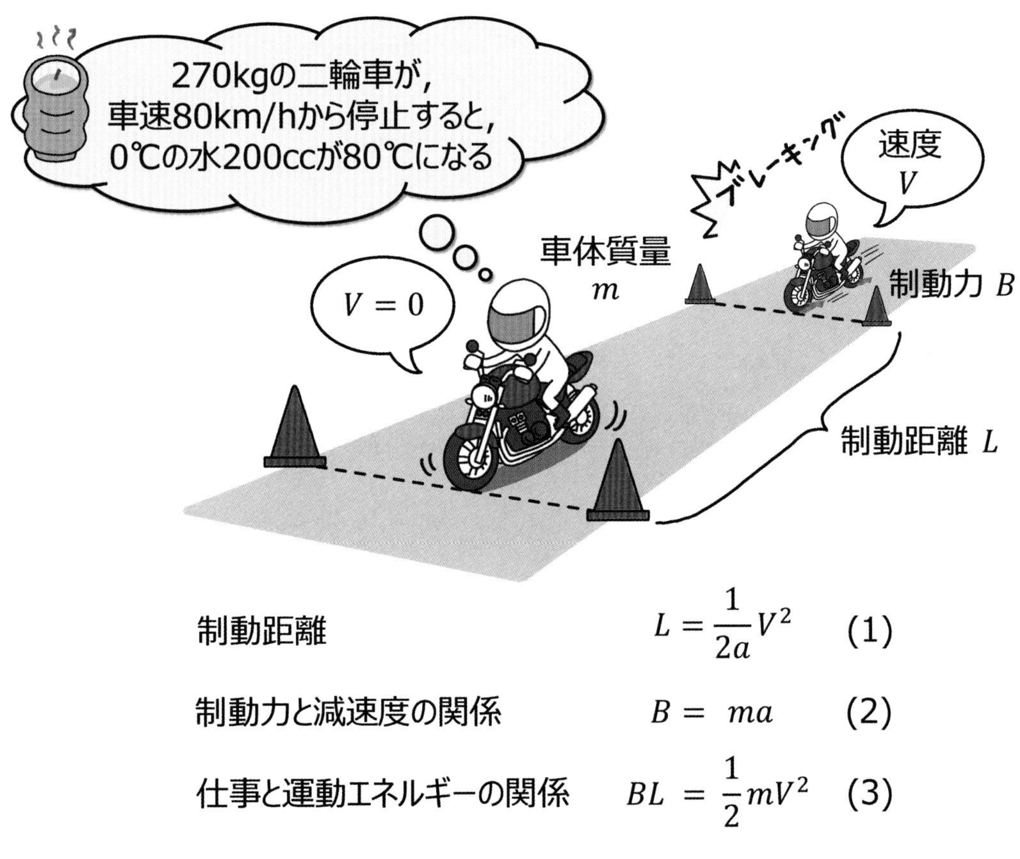

制動距離 $$L = \frac{1}{2a}V^2 \quad (1)$$

制動力と減速度の関係 $$B = ma \quad (2)$$

仕事と運動エネルギーの関係 $$BL = \frac{1}{2}mV^2 \quad (3)$$

図 6-13　仕事と運動エネルギーの関係

ブレーキはどうやって摩擦を生んでいるの?

ブレーキの種類と特徴

運動エネルギーを摩擦によって熱エネルギーに変換する装置であるブレーキは，どのような構造になっているのでしょうか．二輪車のブレーキ構造は四輪車と同様に，摩擦の発生方法の違いでドラムブレーキとディスクブレーキの二つに分けられます．

ドラムブレーキは，車輪と同軸上に筒状のブレーキドラムを配置し，その内側から，ブレーキシューと呼ばれる摩擦材を貼り付けた部品を押し付けることで摩擦を発生させる機構です．

ディスクブレーキは，車輪と同軸上に円盤状のブレーキディスクと呼ばれる板を配置し，ブレーキパッドと呼ばれる摩擦材を貼り付けた部品でその板を挟むことで摩擦を発生させる機構です．

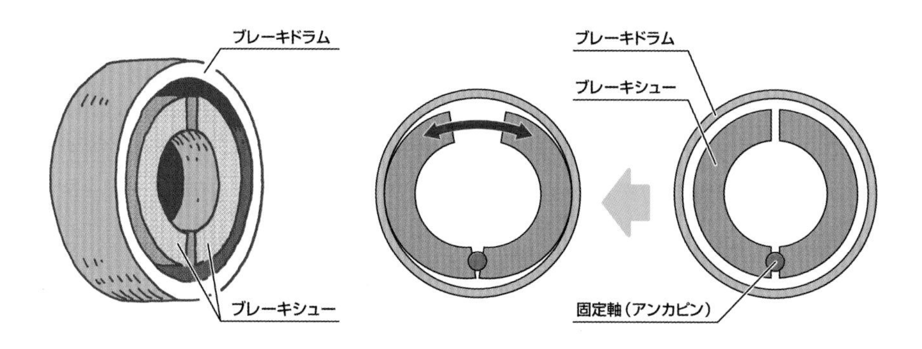

図 6-14　ドラムブレーキの概念図

力を増幅する原理

● てこの原理

王冠とも呼ばれる瓶の蓋は，指の力だけでは開けることは難しいでしょう．しかし，栓抜きを使うと容易に開けることができます．大きな力を加えたい蓋の縁に栓抜きを掛けますが，この点を作用点といいます．栓抜きの柄を力点といい，ここに力を加えます．そして，栓抜きの先端で蓋の上面と接触する部分を支点といい，この点を中心に回転運動させることで，小さい力で大きな力を発生させられます．これが，てこの原理です．はさみや釘抜きなど，身近な道具にも使われている力を増幅する原理であり，ブレーキにもこの原理が多用されています．

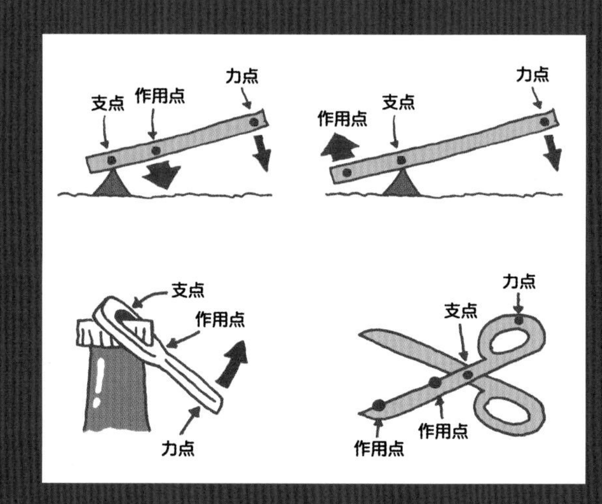

スポーツ車のブレーキには，そのほとんどにディスクブレーキが採用されています．しかし，小型のモーターサイクルやスクーター等では，まだまだドラムブレーキが装着されています．では，どのような長所・短所があって，使い分けられているのでしょうか．

ドラムブレーキの長所は，コストが安く，軽量であることです．しかし，操作入力に対して制動力の立ち上がりが急激になりやすく，コントロール性はディスクブレーキに比べ劣ります．また，摩擦を発生させる機構が覆われているため放熱性が悪く，熱による制動力の変化が起きやすいという短所もあります．さらに，ドラム内部に水が入ると抜けにくく天候等の影響を受けやすいのです．ディスクブレーキはドラムブレーキに比べ，操作入力に対して制動力がリニアに立ち上がり，コントロールしやすいという長所があります．加えて，放熱性や水はけの面でもドラムブレーキより優れ，整備性が良いことも特徴です．一方，構造が複雑なためコストが高くなるという短所をもっています．

ディスクブレーキは制動力が安定して得られるという点で，負荷の高いフロントブレーキに多用されています．それに対して，ドラムブレーキは，低コストを生かして小型車のリアブレーキを中心に採用されています．このように，ブレーキの構造は，車両の性能や特徴に合わせて選定されているのです．

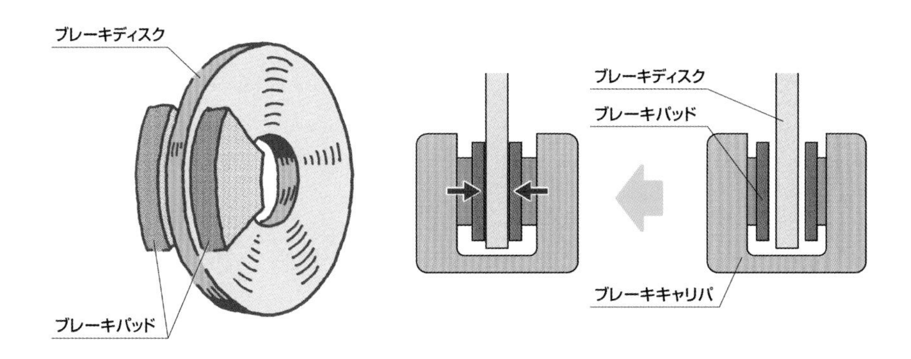

図 6-15　ディスクブレーキの概念図

● **パスカルの原理**

外筒がフラスコのような形をした注射器があるとします．この球形の外筒には同じ大きさの穴がいくつも開けられています．この注射器を押すと，すべての穴から同じ勢いで水が流れ出します．これが，パスカルの原理で，ある容器に密閉された液体の一部に圧力を加えると，容器の内壁のあらゆる方向に同じ大きさの圧力が加わるのです．例えば，水が満たされた水槽の両端に面積の異なる開口部があり，板で密閉されているとします．小さい板の上に体重 40 kg のウサギさんが乗ると容器内で圧力が伝わり，大きい板が持ち上がります．大きい板の面積が小さい板の 4 倍だとすると，ウサギさんの体重の 4 倍である質量 160 kg のオートバイを板の上に載せると釣り合うのです．

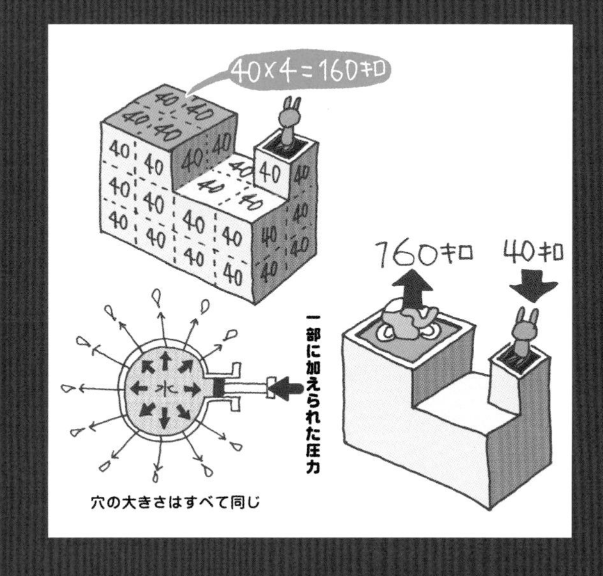

ドラムブレーキの構造

ドラムブレーキには機械式と油圧式の二つがありますが，二輪車で使われるドラムブレーキのほとんどが機械式です．その基本構造は力を伝達するブレーキケーブルやブレーキロッド，荷重を受けるカムレバー(ブレーキアーム)，カムレバーと連動してブレーキシューを押し広げるカム，シューを支持するアンカピンより構成されています．

ケーブルやロッドが引かれるとカムレバーによってカムが回され，ブレーキシューがアンカピンを軸にして広がることでドラムに押し付けられ摩擦が生じます．ドラムの回転方向に対し，カム側が手前でアンカ側が先にあるものをリーディングシュー，その逆をトレーリングシューと呼び，ブレーキシューの組み合わせによりリーディングトレーリング型とツーリーディング型があります．

画像提供:スズキ株式会社

図 6-16　ドラムブレーキ

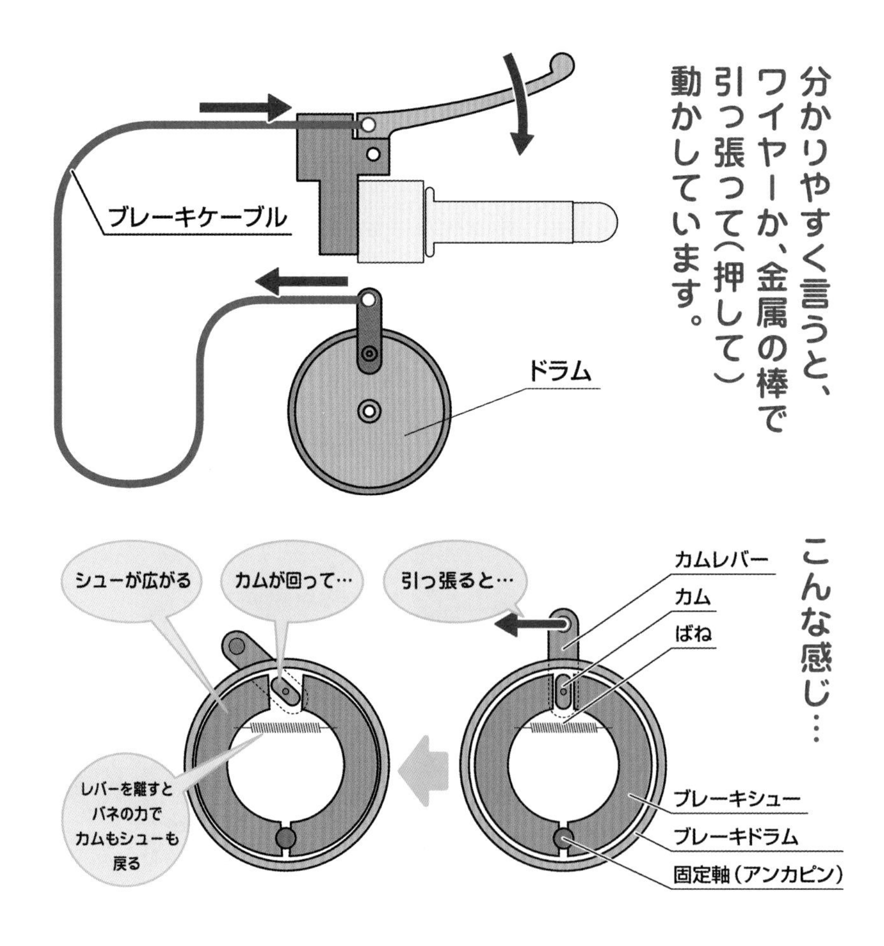

図 6-17　ドラムブレーキの構造

ドラムブレーキのサーボ効果

図 6-18A にリーディングトレーリング型ドラムブレーキを示します．リーディングシューであるシューA をドラムに押しつけた際，シューにはドラムの回転方向へ引きこまれる力が発生します．これがサーボ効果(自己倍力効果)です。この力によってシューがより強い力でドラムに押しつけられ，急激に摩擦力が上がるのです．逆にトレーリングシューであるシューB には，シューを戻そうとする力が働きます．そこで，両方のシューをリーディングシューとしたのがツーリーディング型です(図 6-18B)．より高い制動力が得られますが，後退時の制動力は大幅に低下します．

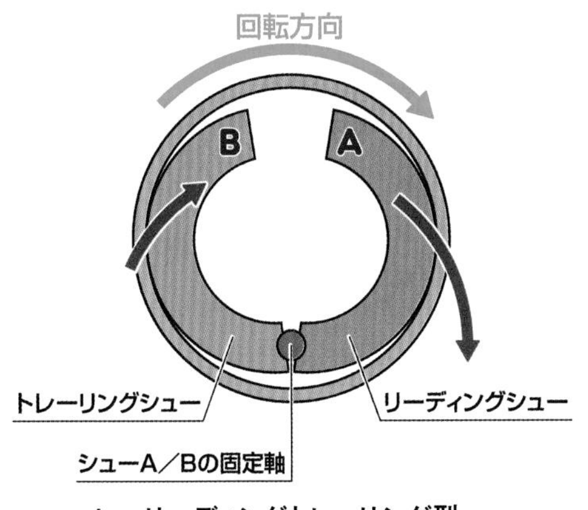

A. リーディングトレーリング型

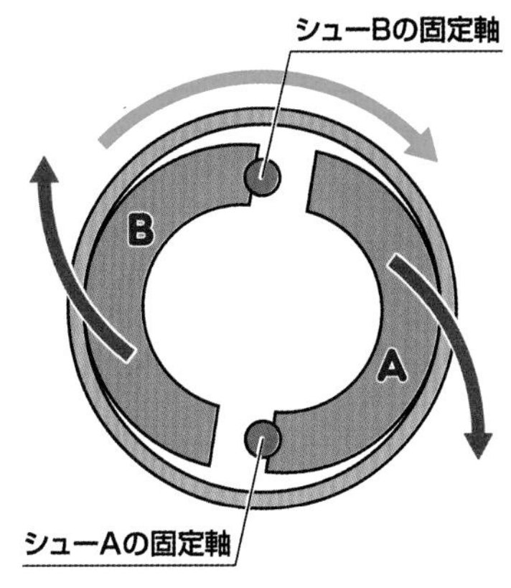

B. ツーリーディング型

図 6-18　サーボ効果

機械式の伝達機構

ライダが操作するレバーと摩擦を発生させる機構を結ぶのが伝達機構です．ドラムブレーキによく用いられる機械式ブレーキの伝達機構を解説します．

機械式ブレーキにおいてレバーやペダルの入力機構からドラムへの荷重の伝達に用いられるのがブレーキケーブルです．レバーからの入力を摩擦による損失無くドラムに伝えると同時に，良好な操作フィーリングを得るためにストロークの損失を少なくすることが要求されます．一般的に，荷重を伝えるインナケーブルは硬鋼線単より(細い鋼線を単純にねじってより合わせたもの)が用いられ，組み合わされるアウタケーシングは摩擦を減らすために内側にポリエチレン製ライナ入りのものが採用されています．

ブレーキロッドは，主に後輪の機械式ブレーキにおいて，ペダルからドラムへの荷重の伝達に使用されます．途中に障害物がある場合は必要に応じて曲げた形状のロッドが使われますが曲げが大きくなると荷重伝達の際にストロークの損失が大きくなり，ペダルの操作感がグニャグニャになります．そのような場合はロッドの外径を太くしたり，ロッドとペダルの接続部の形状を工夫したりするなどの考慮が必要となります．

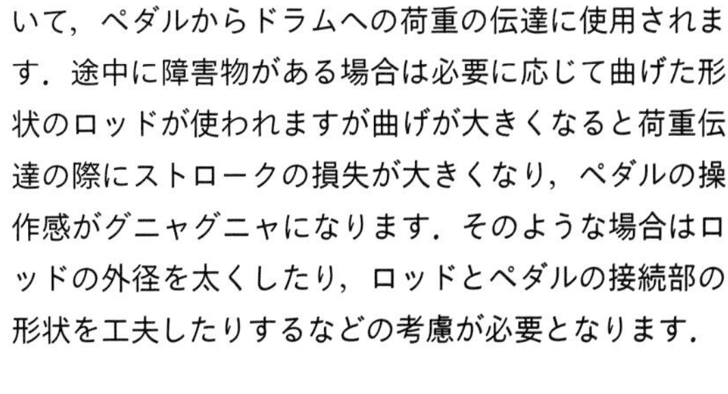

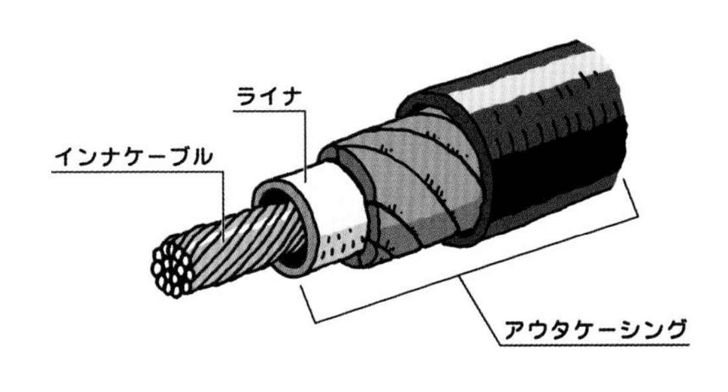

図 6-19　ブレーキケーブル

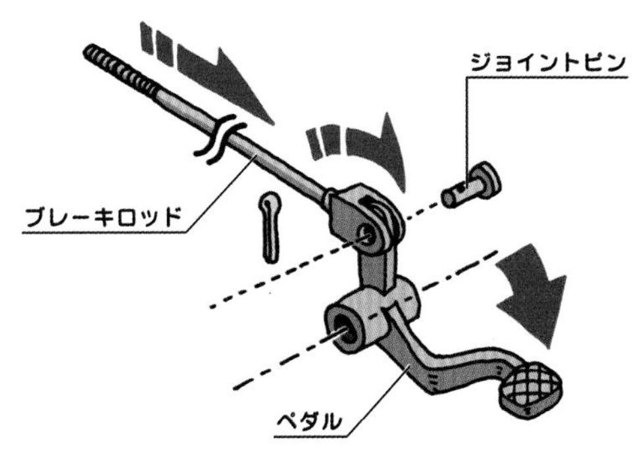

図 6-20　ブレーキロッド

ディスクブレーキの構造

ディスクブレーキのシステムは，ブレーキディスク，ブレーキパッドのほか，レバーやペダルによる入力を液圧に変換するマスタシリンダ，内部にシリンダを設けピストンが摺動するキャリパ，液圧をキャリパに伝達するホースから構成されます．

現在使われている二輪車のディスクブレーキは，ほとんどが液圧で作動するタイプになっています．その作動のメカニズムは，車輪と一体で回転するブレーキディスクを，キャリパの中にあるピストンによりパッドで挟み込んで制動力を発生します．図 6-22 に示すように，レバーが引かれるとマスタシリンダのピストンが押され，ブレーキ液（ブレーキフルード）に力が加わります．同時に，ブレーキ液が接しているすべての面に圧力（単位面積当たりの力）が加わりキャリパピストンが押し出されます．ディスクブレーキの方式には，一つの車輪に対して一枚のブレーキディスクが取付けられたシングルディスク方式と，二枚のディスクが取り付けられたダブルディスク方式があり，ダブルディスク方式は大きな制動力が要求される前輪に用いられます．

図 6-21　ディスクブレーキ

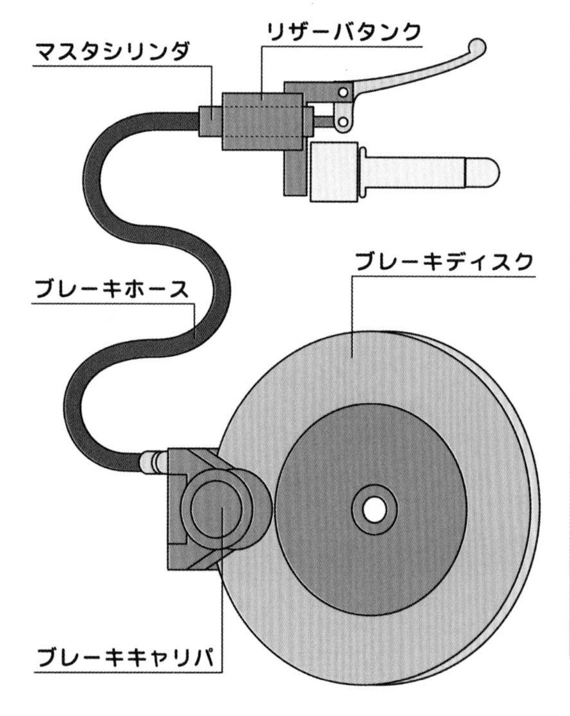

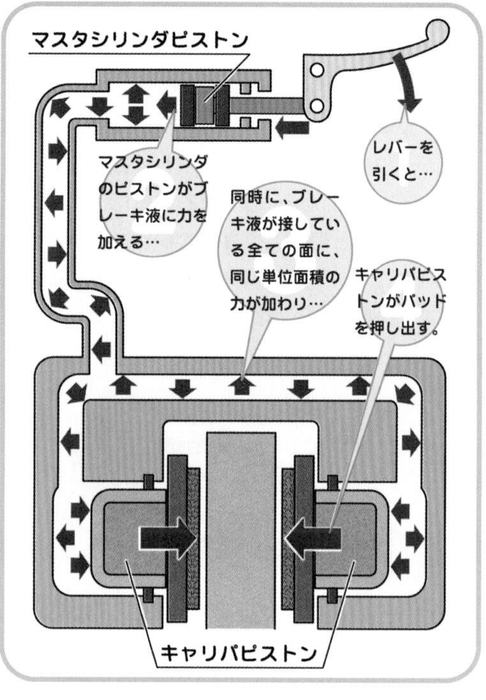

図 6-22　ディスクブレーキの構造

キャリパの構造

キャリパは，キャリパボデーの支持方式により固定型と浮動型の二つに大別できます。固定型はピストン配置の特徴から対向ピストン型ともよばれ，浮動型の中でも，キャリパボデーがスライドピンにより浮動されるものをピンスライド型と呼びます．

固定型は，キャリパボデーをブレーキディスクとの相対位置が変化しないよう固定して，ディスクの両側に配置されたピストンがパッドを直接押す構造です．キャリパ自体が動かないため応答性がよく，微妙なコントロールが可能になります．

浮動型は，ブレーキディスクに対してキャリパボデーを摺動または揺動できるように支持したものです．ピストンは片側にのみ配置されていますが，挟む力が対向型の半分になるということはなく，ピストンがパッドをディスクに押し付けると，その反力によって反対側のパッドもディスクに押し付けられて，制動力が発生します．キャリパ全体がスライドすることにより反対側のパッドが押し付けられることから，応答性は対向型に対して劣ります．ピストンとシリンダが片側で済むことから，コストが安いというメリットがあります．

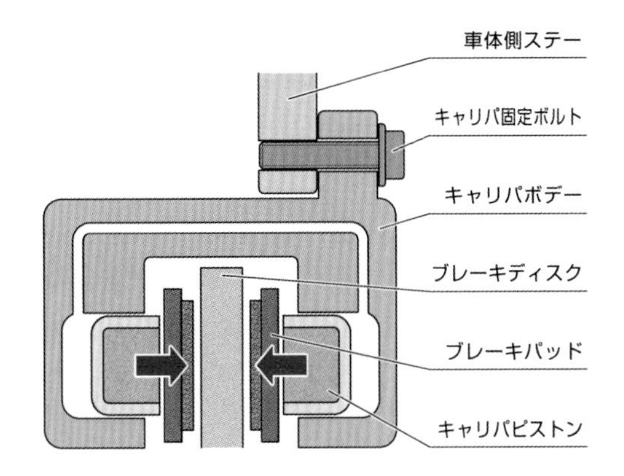

図 6-23　固定型キャリパ

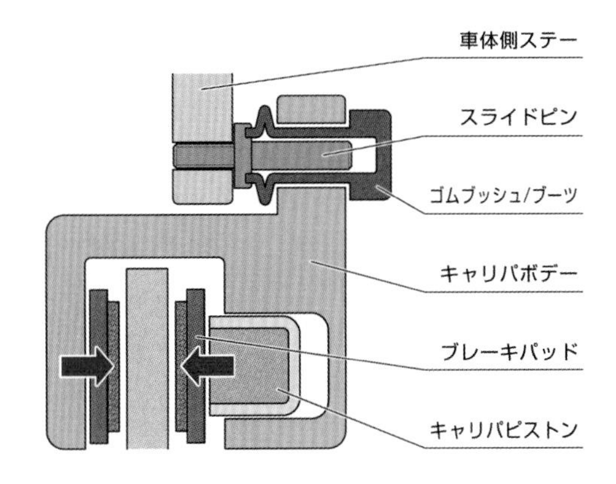

図 6-24　浮動型キャリパ

キャリパの仕組み

キャリパのシリンダ内側には，ゴム製のピストンシールがはめ込まれており，ピストンとシリンダの隙間からブレーキ液が漏れないようにするオイルシール機能を持っています．このピストンシールは，ゴムの弾性力を使ったもう一つの機能があります．液圧が上昇しピストンが押し出されたときに，シールはピストンに密着しているため引っ張られてたわみます．液圧が減少しピストンを押す力がなくなると，たわんだシールが元に戻ろうとし，シールに密着しているピストンも戻されます．このピストンを引き戻す機能を，ロールバックといいます．さらに，ブレーキパッドが摩耗してピストンが押し出される量が増えると，ピストンとシールの間にすべりが生じ，パッドとディスクとの隙間が自動的に調整されることでレバーの操作量が一定に保たれます(図 6-25 左)．

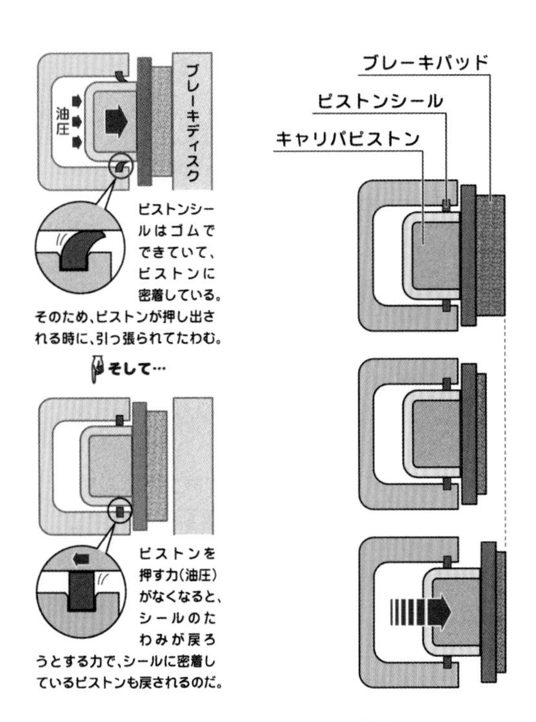

図 6-25　ロールバック構造

マスタシリンダの構造

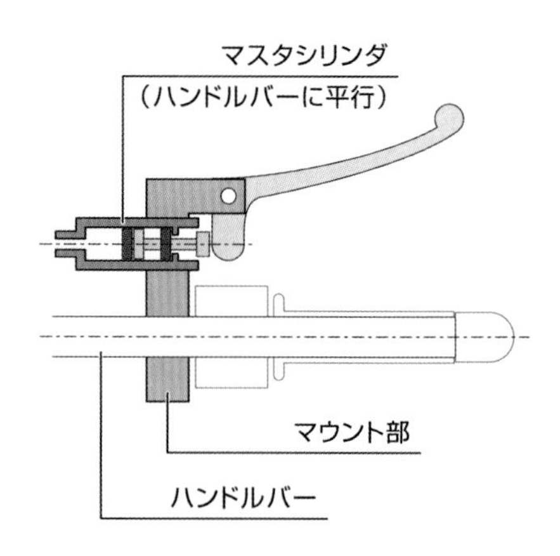

図 6-26　マスタシリンダの構造

レバーやペダルなどの操作力を液圧に変換する装置がマスタシリンダです．図 6-26 はフロントブレーキ用のマスタシリンダの構造を示したものです．マスタシリンダはレバー（またはペダル）で動作する注射器のようなもので，作動原理はレバー操作力によってピストンが動かされ，ピストン先端のゴム製のカップがブレーキ液を押し出すことで圧力を発生させます．また，シリンダにつなげられたリザーバタンクから，パッド摩耗時に不足するブレーキ液が補充されます．

図 6-27 のように，マスタシリンダのピストンを押す力が入力されると，キャリパのピストンを押し出す力が出力されます．この力はパスカルの原理に則り，ピストンの断面積比に応じて増幅されます．キャリパのピストン断面積をマスタシリンダのピストン断面積で割った値をピストン比や油圧レシオといいます．ブレーキのピストン比は純粋な液圧の増幅率ではなく得られる挟む力で考え，一般的に，対向ピストン型キャリパは反作用分を考慮して片側のピストン個数で計算するのに対し，ピンスライド（浮動）型キャリパではピストン個数で計算します．例えば，対向型 2 ピストンキャリパで，一つのピストン断面積が 600 mm^2，マスタシリンダのピストン断面積を 100 mm^2 とすると力は 6 倍となります．これに対し，ピンスライド型 1 ピストンキャリパでは，マスタシリンダのピストン断面積が同じとするとキャリパのピストン断面積が同じ 600 mm^2 であるとき，同じピストン比が得られます．このピストン比は，値が大きいほど，同じ入力でも出力は大きくなります．

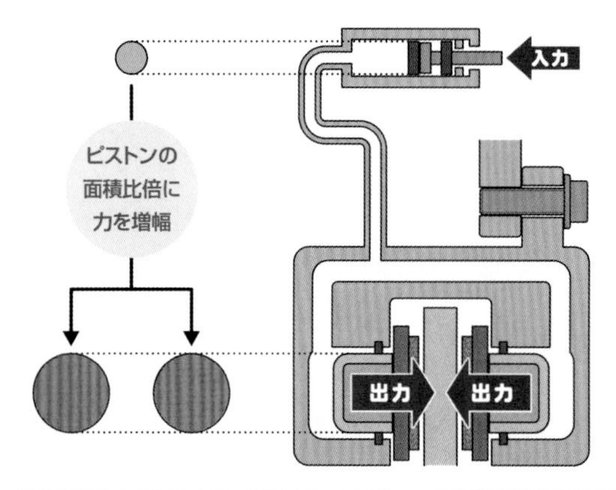

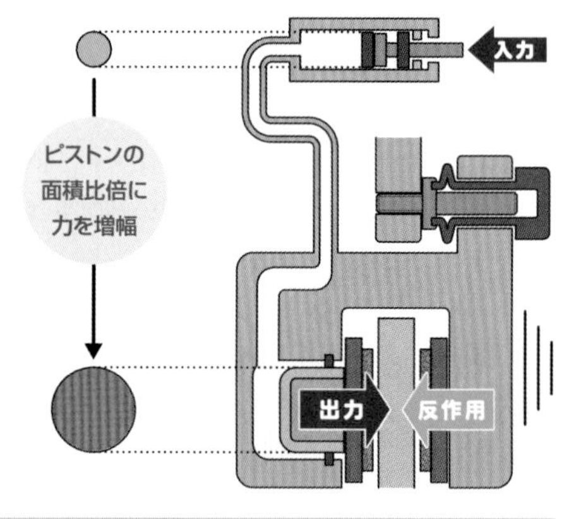

対向ピストン型（左）は、出力（キャリパ）側のピストンの数が2倍＝断面積も2倍＝面積比も2倍となる。しかし、ピストン径が同じなら、対向ピストン型とピンスライド型の**挟む力は同じ**である。
そこで、ブレーキシステムにおいてピストン比を算出する場合、ピンスライド型を基準としてそれに合わせ、**対向ピストン型の場合は、片側ピストンの総断面積で計算する**のが一般的である。

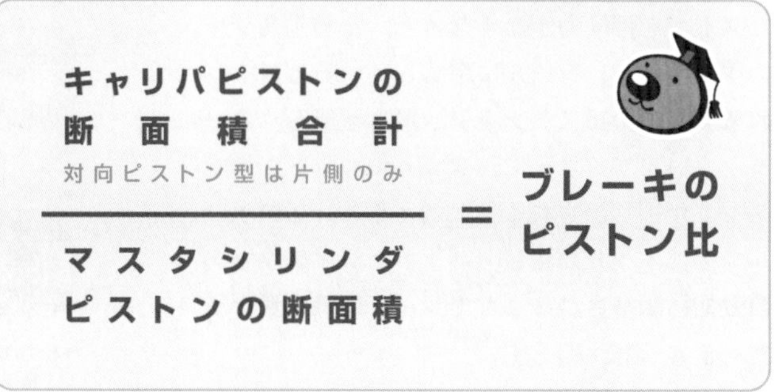

図 6-27 ブレーキのピストン比

ブレーキホース

ブレーキホースは，油圧式ブレーキにおいてマスタシリンダとキャリパ間の液圧を伝達するために広く使われています．市販車に装着されるブレーキホースは，ゴムと補強糸により構成されるものが主流です．

ホースを車体にレイアウトする際には，ハンドルを左右いっぱいに転舵した状態や，サスペンションが全屈・全伸の状態，さらにそれらの条件を組み合わせた状態において，ホースが他の部品と接触したり，極端に折れ曲がったり，突っ張ったりしないよう配慮が必要です．

良好な操作フィーリングを得るため，膨張量の異なるホースが使い分けられています．液圧が上がった時のホースの膨張量が多すぎると，レバー(ペダル)のストロークが大きく柔らかなブレーキフィーリングとなり，少なすぎるとレバー(ペダル)のストロークが少なくコントロール幅の少ないブレーキとなってしまうのです．

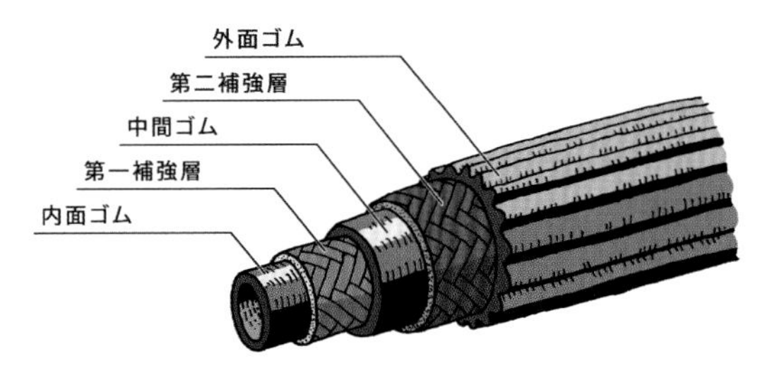

図 6-28　ゴム製ブレーキホースの断面

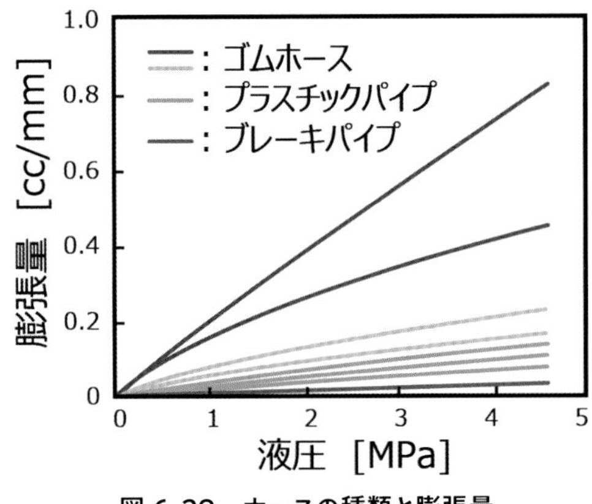

図 6-29　ホースの種類と膨張量

ブレーキパッド

ブレーキパッドは，操作フィーリングを決定する最重要部品であり，ブレーキ効力や摩耗などのブレーキ特性は，ほぼパッドの摩擦材により決まるといえます．パッドには温度に対する制動力変化の少なさや，耐摩耗性能，静粛性といった性能が求められます．

パッドの摩擦材は，繊維を樹脂で固めた非石綿系と，金属粉を高温高圧で焼結させた無機系の二種類に分類され，一般的に，非石綿系の摩擦材を使ったパッドはレジン系やセミメタル系，無機系の摩擦材を使ったパッドはシンタード系や焼結パッドと呼ばれています．

パッド摩擦材には，表面の溝による熱膨張した空気の破裂音防止，面取りによるブレーキ鳴きの抑制，過大な熱負荷時の反り防止などの配慮がされています．

	非石綿系摩擦材	無機系摩擦材
組成	スチール繊維(セミメタル系)やロックウール，アラミドなどの繊維(ノンアスベストス)をフェノール樹脂で熱成形したもの．レジン系とも呼ばれる．	銅、スズ、鉄などの金属粉を，高温高圧で焼結(粉末冶金法)させたもの．焼結合金．シンタード系とも呼ばれる．
特徴	・リニアに効力が上がる特性 ・熱伝導率が低く，断熱性に優れる ・静粛性に優れる ・コストが低く抑えられる	・摩擦係数が高く，絶対的な効力は高い ・熱による変化が少なく，耐フェード性がよい ・水に強く，耐摩耗性が良い ・コストが高い
外観		

画像提供：日立Astemo株式会社

図 6-30　摩擦材の種類と特徴

ブレーキディスクの種類と構造

乗用車のブレーキディスクは，鋳鉄製が主流です．しかし，二輪車のブレーキは外観部品となるため，錆びにくくする必要があるとともに，より軽量で高強度が求められることなどから，ステンレス合金製のものが主流となっています．また，ブレーキパッドの摩擦材表面のクリーニング効果・軽量化・外観向上を目的として，摺動部の抜き穴が設けられるのも二輪車用ブレーキディスクの特徴の一つです．

ブレーキディスクは，制動による摩擦熱で高温となりますが，あまりに温度が高いと素材の強度低下によるクラックなどの恐れがある為，ディスク表面温度が上がり過ぎないよう，ディスク径や板厚などが決められています．さらに，熱負荷はディスクの摺動部に集中するため，ホイールに固定された中央部との温度勾配によってディスクが皿状に反ってしまうことがあります．それを防ぐ目的として，パッドとの摺動部をフローティング構造としたものが大型機種などに採用されています．

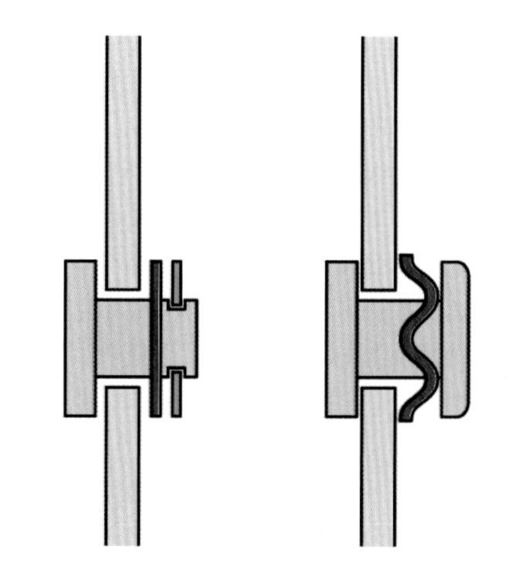

図 6-31　ディスクのフローティング構造

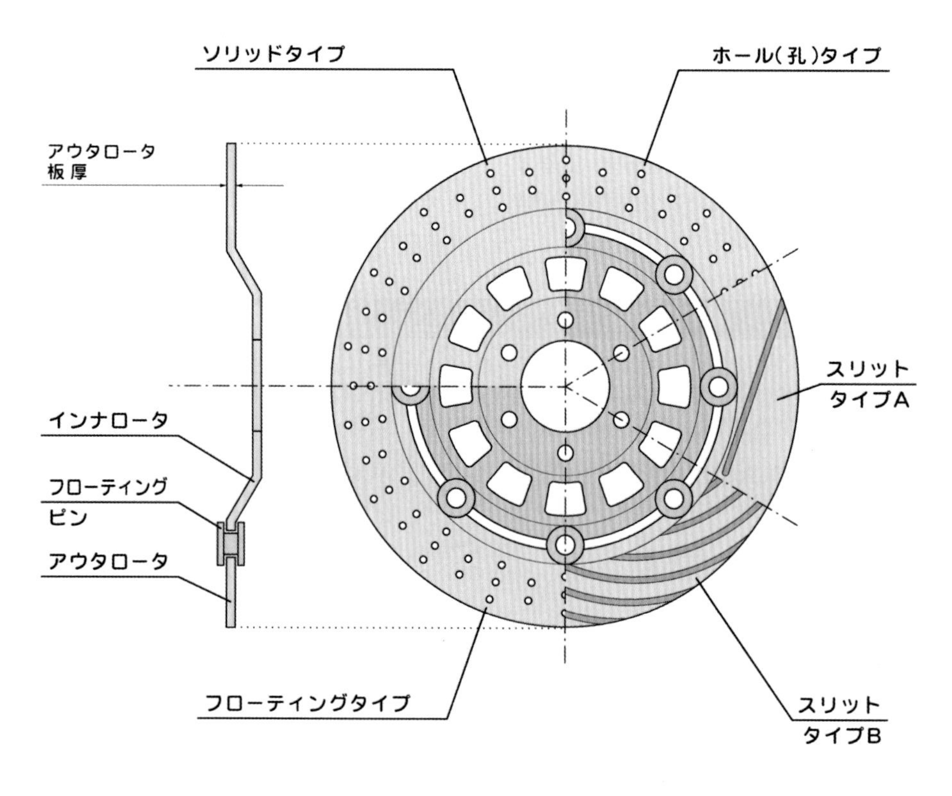

図 6-32　ブレーキディスクの種類

ブレーキの入力装置

二輪車用ブレーキの入力装置には，ハンドルバーに装着されるブレーキレバーと，通常，車体右側のフットレスト前方に装着されるブレーキペダルの 2 つがあります．

ブレーキレバーは，図 6-33A に示すように手の操作力をテコの原理で拡大するとともに，力の方向を変えてマスタシリンダ，またはブレーキケーブルに伝達します．レバーにはユーザーの好みに対応できるように，レバー位置のアジャスターが装備されているものもあります．

ブレーキペダルは，図 6-33B のように足の操作力をテコの原理で拡大し，ブレーキロッドやブレーキケーブル，あるいはマスタシリンダに伝達します．

レバーやペダルのテコの比を，レバーレシオ（ペダルレシオ）と呼び，入力点から支点の距離を支点から作用点の距離で割った数値で示されます．レシオを大きくすると，同じレバーストロークでも得られる制動力を上げることができますが，レシオを大きくし過ぎるとレバーの操作フィーリングがグニャグニャになってしまうことがあるため，適切な値とする必要があるのです．

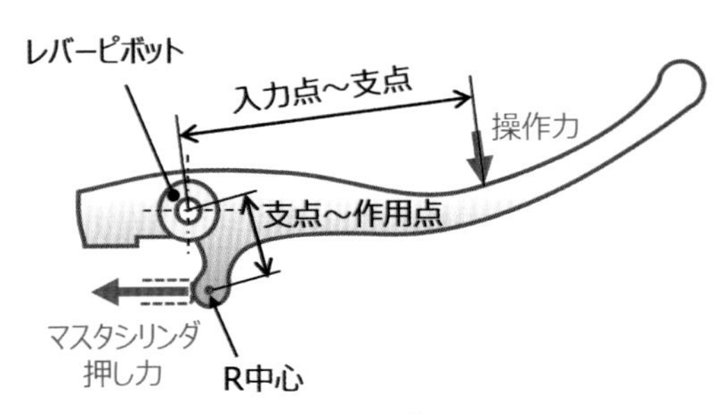

(A) 油圧式ディスクブレーキ用レバー

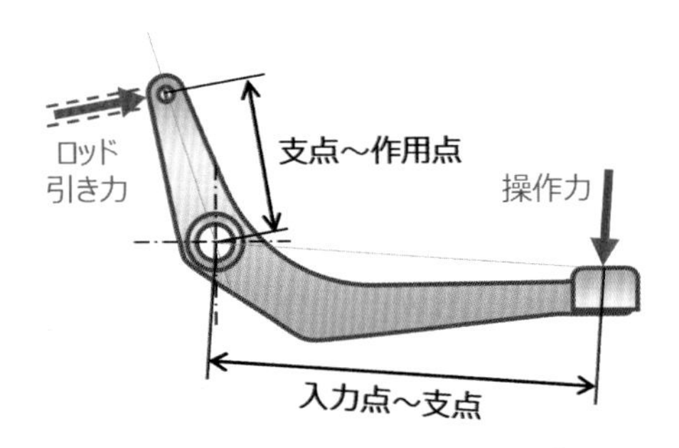

(B) 機械式ドラムブレーキ用ペダル

図 6-33　ブレーキの入力装置

ブレーキの操作フィーリング

ブレーキは，車両を減速させるだけでなく，ピッチング挙動などの車体姿勢を制御できる装置です．したがって，ブレーキには高いコントロール性が求められます．

コントロール性は，主にライダの操作フィーリングで評価され，数値で示す場合はブレーキ入力（ストロークや荷重）と減速度などの出力の関係で示されます．図 6-34 は，二つの異なる操作フィーリングを表すグラフを模式化したもので，横軸はブレーキ入力，縦軸は車両の減速度を示しています．特性 a は，入力に対して減速度がリニアに得られる特性といえ，一般的に扱いやすい特性とされています．一方，特性 b は，弱い入力では得られる減速度は小さく，入力を強めると減速度が急に立ち上がる特性を持っています．このような特性では，弱い入力では利きが悪く感じてしまう反面，強く入力したときには急にホイールロックに至ってしまうため，ライダはコントロールが難しいと感じてしまうのです．

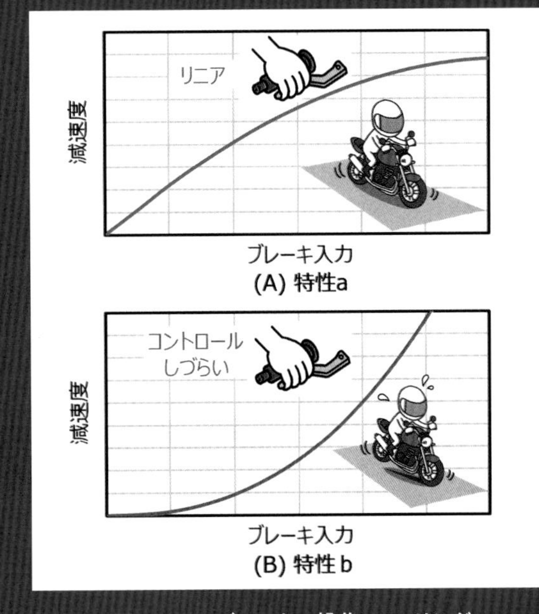

図 6-34　ブレーキの操作フィーリング

制動力を計算してみよう

液圧式ディスクブレーキを例にとって，実際に，レバー入力から制動力までを計算してみましょう．

入力されたレバー荷重が，反力分だけ損失することを考慮すると，ブレーキパッドをディスクへ押付ける力は，レバー入力から反力を引いた力にレバーレシオ，ピストン比ならびに効率を掛けて求められます．

パッドがディスクに押し付けられ発生する力は摩擦力 F であり，$F = \mu N$ の関係からパッドとディスクの間の摩擦係数 μ と押付け力 N により計算されます．発生した摩擦力により車輪に制動力が発生しますが，力は，ディスク有効半径とタイヤ半径の比率で減少します．ですから，ディスク有効径をタイヤ半径で割った数値を摩擦力に掛けることで，制動力が求められます．

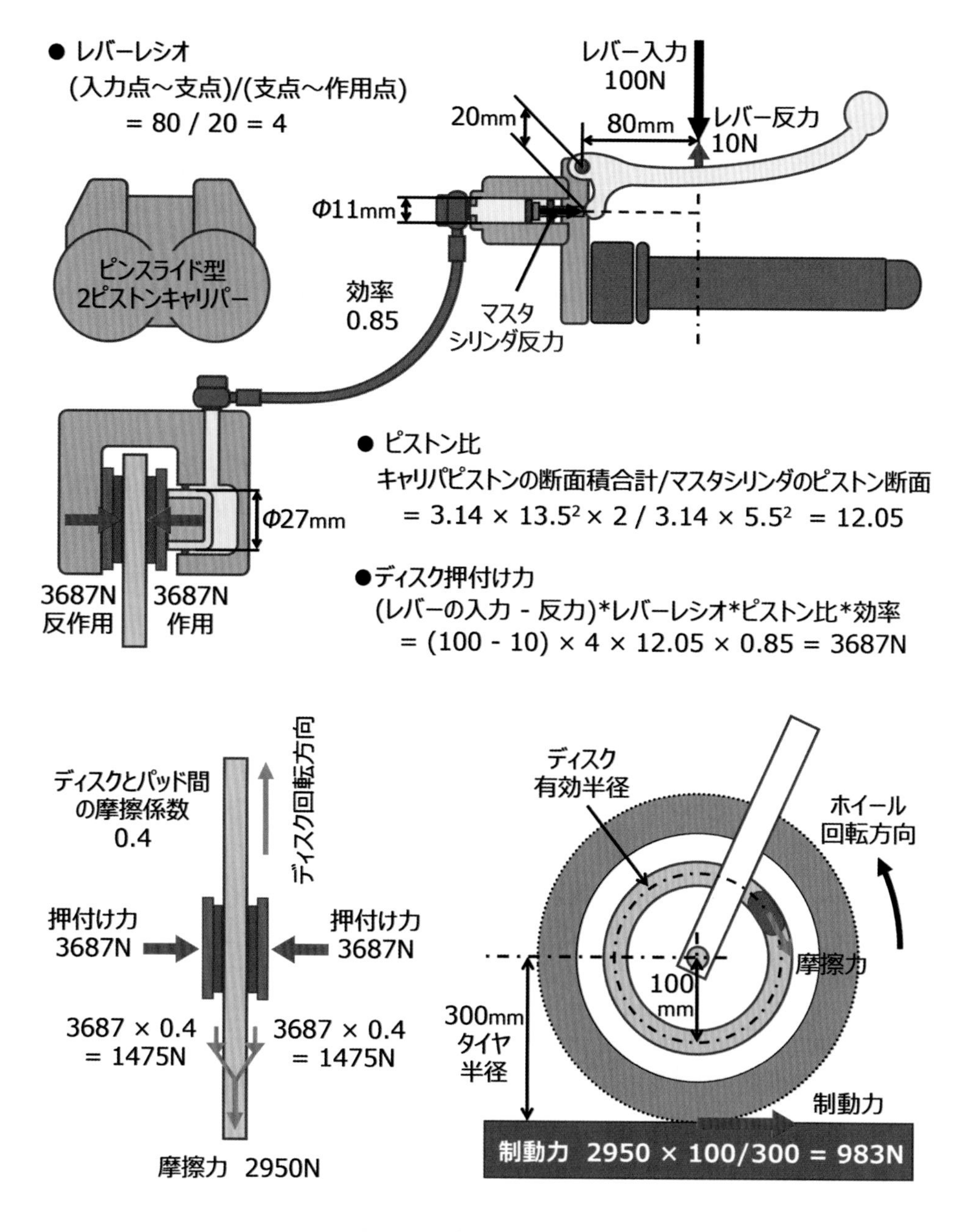

図 6-35　制動力の計算例

ブレーキから発生する音

ブレーキをかけた際に，ブレーキ操作の強さによらずブレーキ装置周辺から「キー」と音が発生することがあります．これはブレーキ鳴きといい，特に，ブレーキが消耗した場合や，メーカー指定外のブレーキパッドを装着した場合に起こりやすい現象です．この音は不快なだけでなく，故障や不具合の発生を予感させライダを不安にさせます．なぜ音が鳴るのでしょうか．

運動エネルギーを熱エネルギーに摩擦で変換するブレーキでは，摩擦を発生させたときにブレーキディスクなどに振動が発生し，それが増幅されることによって音が発生してしまうことがあります．図 6-37 は，ブレーキ鳴きが発生する際のブレーキディスクおよびホイールハブの振動形態を解析したもので，ホイールハブを起点にねじれているのが見て取れます，この様な振動がブレーキ鳴きの要因となるのです．図 6-38 に示すように，ブレーキの鳴きは，音の周波数によっていくつかに分類できます．周波数によって音質が異なるとともに，振動形態や車両の速度など発生する条件にも違いがあります．

二輪車のブレーキは，ブレーキディスクがホイールハブに，キャリパがフロントフォークに取り付けられているなど，関連する部品が多岐にわたっています．そのため，ブレーキの点検整備はパッドやキャリパだけでなく，各部の締付なども重要となります．また，ブレーキを設計する際には，システムがもつ振動形態を配慮しながら進める必要があるのです．

図 6-36　ブレーキ鳴き

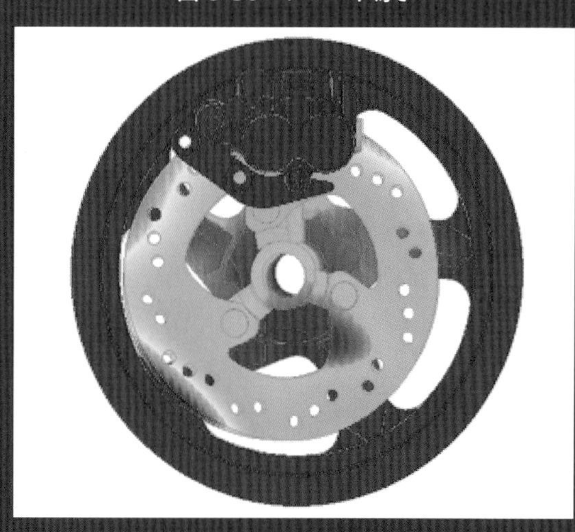

図 6-37　ブレーキディスクの振動形態

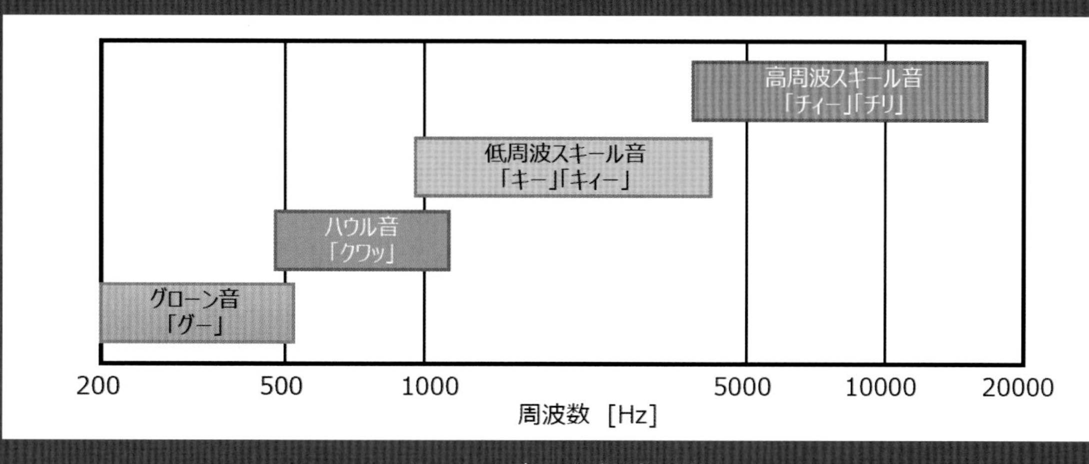

図 6-38　ブレーキ鳴き音の種類

キャッホー!!
たーのしー!

参考図書

- 二輪車の運動特性専門委員会：二輪車の運動特性とそれを取り巻く環境，自動車技術会
- 自動車技術ハンドブック　第1分冊　基礎・理論 編
- 自動車技術ハンドブック　第6分冊　設計(シャシ)編
- 自動車技術ハンドブック　第7分冊　試験・評価(車両)編(旧版)
- V. Cossalter：Motorcycle Dynamic，Lulu. com
- 長江ほか：長江啓泰のバイクに乗るためのABC，啓正社
- ヤマハ発動機株式会社モーターサイクル編集委員会：モーターサイクル，山海堂
- カヤバ工業株式会社：オートバイのサスペンション，山海堂
- ガエターノ・コッコ：モーターサイクルの設計と技術，スタジオ タック クリエイティブ
- 安部正人：自動車の運動と制御，山海堂
- 竹原伸：はじめての自動車運動学，森北出版
- 横溝ほか：エンジニアのための人間工学，日本出版サービス
- Dupuisほか：全身振動の生体反応，pp. 54–61，名古屋大学出版会
- 宇野高明：車両運動性能とシャシーメカニズム，グランプリ出版
- 三田村楽三：車はなぜ曲がるか？—限界コーナリングのダイナミクス，山海堂
- 酒井秀男：タイヤ工学—入門から応用まで，グランプリ出版
- 日本ゴム協会：ゴム技術入門，丸善出版
- 株式会社ブリヂストン：自動車用タイヤの基礎と実際，山海堂
- 武藤真理：カースタイリング別冊おもしろ自動車空力学，三栄書房
- 東大輔ほか：自動車空力デザイン，三樹書房
- ロバート・ボッシュ GmbH：ボッシュ自動車ハンドブック，日経BP
- アオキシン：カスタム虎の穴１～マフラー・ライポジ編～，モーターマガジン社
- アオキシン：カスタム虎の穴２～タイヤ・チェーン編～，モーターマガジン社
- アオキシン：カスタム虎の穴３～ブレーキ編～，モーターマガジン社
- アオキシン：カスタム虎の穴４～サスペンション構造編～，モーターマガジン社
- アオキシン：カスタム虎の穴５～サスペンション調律編～，モーターマガジン社
- 和歌山利宏：ライディングの科学，グランプリ出版
- 和歌山利宏：タイヤの科学とライディングの極意，グランプリ出版
- つじつかさ：バイクのメカ入門，グランプリ出版
- ライダースクラブ編集部：ライテクQ&A，枻出版社
- 大車林－自動車情報事典，三栄書房

参考文献

- R. S. Sharp：The Stability and Control of Motorcycle，Journal of Mechanical Engineering Science，Vol. 13，No. 5（1971）
- 山崎俊一：タイヤの構造力学と制動性能，日本ゴム協会誌，第80巻，第4号,（2007）
- 編集委員会：入門講座 やさしいゴムの物理　補講④，日本ゴム協会誌，第83巻，第4号,（2010）
- 藤井ほか：二輪車の操縦特性調査，ヤマハ技報2009-12　No. 45，（2009）
- 青木ほか：フレーム剛性が二輪車の直進安定性に及ぼす影響の解析，日本機械学会論文集，C編，Vol. 64，No. 625，（1998）
- D.J. N. LIMEBEERほか：Bicycles，Motorcycles，and Models，IEEE Control Systems Magazine，October 2006
- 若林ほか：二輪車用電子制御式油圧ステアリングダンパの開発，Honda R&D Technical Review，Vol. 16，No. 1,（2004）
- 手塚ほか：二輪車の旋回時における車体垂直平面内の振動特性解析，Honda R&D Technical Review，Vol. 16，No. 1,（2004）
- 片山ほか：ライダの重心位置および慣性モーメントの測定，自動車研究，Vol. 7，No. 10（1985）
- 景山ほか：人間・二輪車系の運動特性と各種制御入力について，日本大学生産工学部報告，Vol. 22，No. 2（1989）
- 内山ほか：Study on Weave Behavior Simulation of Motorcycles Considering Vibration Characteristics of Whole Body of Rider，SETC2018，2018-32-0052/20189052.（2018）
- 片山ほか：ライダの振動特性の測定，自動車技術会論文集，No. 35,（1987）
- Cossalterほか：The Effect of Rider's Passive Steering Impedance on Motorcycle Stability，Identification and Analysis，Meccanica，（2011）
- 中川ほか：二輪車の乗車姿勢の違いがライダ振動特性に及ぼす影響，自動車技術会2019年春季大会学術講演会予稿集（2019）
- 景山ほか：二輪車のハンドル系における人間の要素，日本機械学会論文集（C編），Vol. 50，No. 458（1984）
- 景山ほか：二輪車を運転するライダの振動特性に関する研究，自動車技術会2017年春季大会学術講演会予稿集（2017）
- 近藤：自動車の操舵と運動間に存在する基礎的関係について，自動車技術会論文，No. 5（1958）
- 井口：二輪車の運動力学（1）/（2），　機械の研究，Vol. 14，No. 7/8（1962）
- 木村：二輪車を操縦するライダモデルの開発，とことんわかる自動車の運動と制御2016，p. 1–13（2016）
- 西村ほか：MotoGP開発における完成車シミュレーション技術，自動車技術会 モータースポーツシンポジウム,（2017）
- 谷一彦：大型スクータ用コンバインドABSについて，Motor Ring，No. 30，自動車技術会，（2010）
- 中田ほか：二輪車のブレーキ鳴き新解析手法と適用事例，Honda R&D Technical Review，Vol. 13，No. 2,（2001）
- 丹羽ほか：ブレーキ鳴き騒音と高性能化する鳴き防止材，ニチアス技術時報，NO. 312（1999年2号）
- Daniel Wallner：Experimental and Numerical Investigations on Brake Squeal，PhD Thesis University of Technology GrazDaniel Wallner：Experimental and Numerical Investigations on Brake Squeal，PhD Thesis University of Technology Graz（2013）

～編集者～

二輪車の運動特性部門委員会　みんなのモーターサイクル工学講座
編集ワーキンググループ

内山　一　（本田技研工業株式会社）
淺川　優　（日立Astemo株式会社）
岩橋　義季（日立Astemo株式会社）
岩本　太郎（カワサキモータース株式会社）
宇田　真　（株式会社ブリヂストン）
大谷　匡史（住友ゴム工業株式会社）
木谷　友哉（静岡大学）
木村　哲也（ヤマハ発動機株式会社）
杉田　尚之（スズキ株式会社）
西尾　実　（アブソリュート株式会社）
西村　正嗣（本田技研工業株式会社）
林　孝記　（株式会社ブリヂストン）
平澤　順治（茨城工業高等専門学校）
牧野　公昭（KYBモーターサイクルサスペンション株式会社）
持山　博俊（スズキ株式会社）

〜 イラスト・キャラクタデザイン・装丁〜

アオキシン

〜イラスト〜

寺崎　愛

〜協力〜

梅本　まどか
大関　さおり
難波　祐香
美環
夜道　雪

みんなのモーターサイクル工学講座　運動のひみつ

定価：2,530円（税抜価格 2,300円）
2022年3月4日 初版第1版

編集発行人　小酒 英範
発行所　公益社団法人自動車技術会
〒102-0076　東京都千代田区五番町 10番2号
電話 03-3262-8211　FAX 03-3261-2204

印刷所　株式会社アクセア

ISBN 978-4-904056-91-2
Printed in Japan